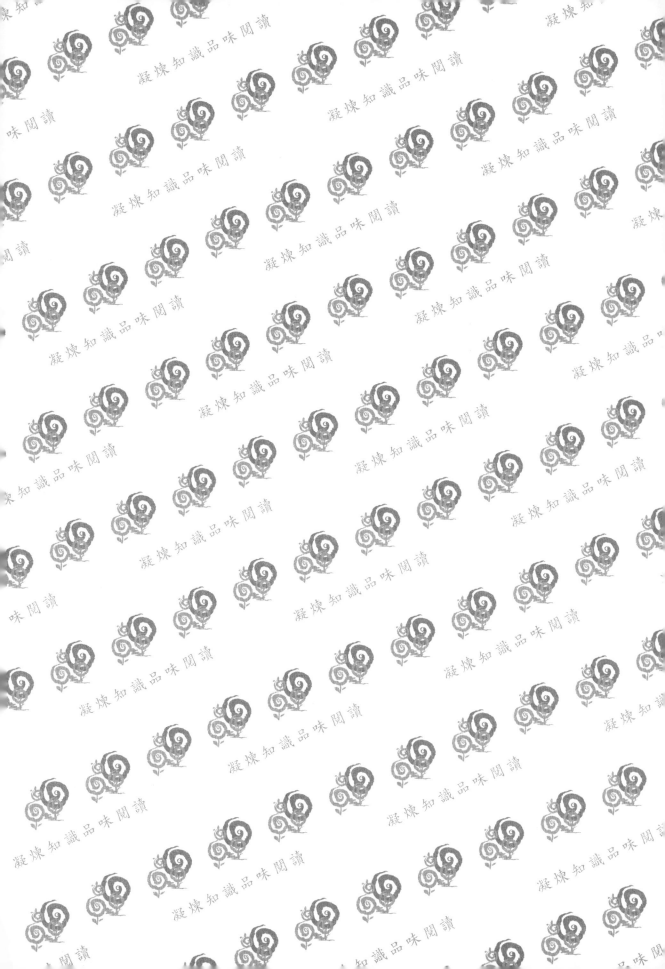

永續農業之植物病害管理

黃鴻章 黃振文 謝廷芳 編著

五南圖書出版公司 印行

薛富盛校長　序

　　人類為求糧食與能源供應無虞，毫無節制地利用自然資源，破壞生態環境。西元1960年起，許多先進國家創導綠色革命（Green revolution），培育高產量之作物品種，以機械化從事單一作物之大面積生產，藉以解決糧食供應不足的問題；然而長期不當地使用化學肥料及化學農藥，導致土壤鹽化或酸化、農產品農藥殘留等問題層出不窮，影響農業生產環境，消耗自然資源及破壞生態平衡，進而影響農業的永續經營。

　　「永續農業」是指在農業操作過程中兼顧生態環境、生產利潤、技術可行性及社會發展之農業經營管理方式，合理利用現代化科技以管理農業資源，在維護生態環境安全的前題下，生產優質且安全的農產品，使農民獲得合理利潤，並永續利用有限的自然資源。

　　臺灣地處熱帶與亞熱帶氣候區，常年處於高溫多溼環境下，適合多種作物病蟲害的發生與傳播，嚴重影響農產品的產量與品質。近年來，政府極力提倡與發展「永續農業」，期待充分利用各種栽培管理措施，並搭配農作物資源循環利用，藉以生產安全農產品。在農產品生產的過程之中，如何有效管理作物病蟲害的發生，是較為棘手而必須立即克服的問題。在農業永續經營的考量下，農作物的病害管理策略，必須符合現今消費者對安全農產品的期待，採取降低破壞環境、強化作物生產潛能的作法。

　　師者，傳道、授業、解惑也。《永續農業之植物病害管理》一書即在呼應解決前述的問題需求下應運而生。本書作者黃鴻章博士為旅居加拿大之植物病理學者，亦是中興大學第十五屆傑出校友，是國內外著名的生物防治專家，擁有豐碩的學術著作；黃振文博士為現任興大副校長，是理論與實務結合的傑出教授，有許多植物保護專利與技術產品；謝廷芳博士為農業試驗所花卉中心主任，師承前二位的研究精華，開創多項植病非農藥防治技術。這三位均是國立中興大學的畢業校友，亦是植物病理領域的佼佼者。有鑑於植物病理學的專業不易讓社會大眾明瞭，他們遂以科普的型態呈現植物病理的要義，全書由植物病害之病因與病原菌特性、植物病害之傳播、植物病害之管理、植物病害與人生等方面進行闡述，文字淺顯易懂，又可快速進入專業殿堂，真是一本不可多得的優良科普書籍，特為文推薦。

國立中興大學校長

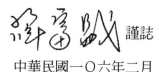 謹誌

中華民國一〇六年二月

孫守恭教授　序

　　一般有關植物病理的書或單篇的論文，字詞都有著不同程度的艱澀；尤其諸如此類的文章常夾雜一些不易懂的拉丁學名，即使是農學界的人士也有閱讀的困難。如今本書三位作者以淺顯易懂的通俗化 （popularization） 文筆，撰寫 20 篇重要的植物病害與防治相關文章，筆者雖未篇篇閱讀，但讀過幾篇後，深覺他們的文筆與英人 E. C. Large （1902-1976） 在 1940 年出版的 *The Advance of the Fungi* 著作有異曲同功之處。Large 在著作中以通俗化的筆法記錄早期發生的作物病害如：馬鈴薯晚疫病 （1845）、葡萄露菌病 （1847）、玫瑰、葡萄白粉病 （1868）、十字花科根瘤病 （1868）、蛇麻白粉病 （1869）、咖啡銹病 （1869） 等等。同時也記載 1880 年以後英國農業呈現蕭條不振的景象及美國農業日益崛起的情形。直到 1918 年歐戰發生，英、法等國出現糧荒，仰賴美國運送小麥補充英國的匱乏；然而不久之後，美國的小麥遭到銹病肆虐，導致產量鉅減。幸有植物病理學家發現小麥銹病之生活史係以小麥與野生小蘗相互循環依存，是故以剷除田埂上之小蘗作為防病的策略；惟小蘗不易完全徹底剷除，因而改行抗病育種工作。依個人之見，Large 之著作雖文字簡明易讀，卻與本書三位作者之文章不能相媲美，原因在於本書之論著除文筆簡明外，尚有試孫守恭教授序驗佐證，且有病原菌的生態觀察及生活史的研析，尤其對於真菌菌核生命的延續，更有深入的觀察與研究。他們發現菌核在缺乏外在營養下仍可發芽，並以其母體自身的養份孕育出幾個新的菌核以確保菌體的延續；他們更引用「春蠶到死絲方盡」的詩詞禮讚這種生命無私的奉獻。顯然他們對生命真諦的體悟與對本書撰寫的用心，確實值得與讀者分享。深信讀者對書中所列舉有關「植病與人生」的範例描述，會引發深思與共鳴。

　　我國加入 WTO 後，農產品之輸出及輸入更為頻繁，且增加病蟲害之檢疫工作量；三位作者撰寫《永續農業之植物病害管理》一書，獲得行政院農委會動植物防檢局補助出版，確實難能可貴，故樂為之序。

九十二叟

孫守恭

中華民國九十七年九月

黃鴻章、黃振文、謝廷芳　序

　　植物病害防治是農業生產體系中不可或缺的一環，也是研究植物病理學的主要目的。自從廿世紀末期以來，由於環境保護的壓力，使得世界各國的研究人員都在努力尋找替代化學農藥和化學肥料的植物栽培管理技術，祈能達成農業永續經營的目標。在廿一世紀的今日，社會大眾渴望追求健康的生活與和諧舒適的環境，更迫切要求生產安全的糧食、蔬菜、水果及花卉等。然而要生產優良高品質的農產品，卻築基於吾輩是否擁有完備的病害防治觀念與技術。本書編撰的宗旨正是符合這種現代植物保護工作的理念和需求。

　　本書三位作者在大學和研究所都是專攻植物病理學。畢業後又都在大學或農業研究機構從事植物病害之研究。各自的研究領域和方向雖然有些許差異，但是研究的課題多以研發作物病害之非農藥防治策略為主。書中所列 20 篇文章內容都是以作者自己研究發

作者黃鴻章（圖左）、黃振文（圖中）及謝廷芳（圖右）於花卉研究中心合影。

現爲主軸，加以延伸報導和進一步討論。全書包括植物病害之病因與病原菌特性，植物病害之傳播，植物病害之管理和植物病害與人生等四大部分。在植物病害之管理技術部分又區分爲耕作防治技術、病害非農藥防治技術、環境調控技術和綜合管理技術等四方面加以討論。這些章節的研究項目如健康種子、抗病育種、輪作栽培、有機土壤添加物及生物防治等都符合現今安全農業和農業永續發展理念。此外，尚涵蓋有植病與昆蟲、植病與人畜安全等。內文部分章節曾載於「植物病害之診斷與防治策略」一書中，爲使植物病害管理資料更臻完備，特增列較多的病害非農藥防治技術，以饗讀者。

　　本書的撰寫方式是透過淺顯的文字敘述，報導作者有關作物病害防治的研究發現。每一章節更加入許多作者研究過程中所收集的照片，且詳列相關的參考文獻，幫助讀者了解該報導專題的內容，以提升閱讀的廣度與深度。希望這是一本優良的作品，且能成爲農業研究與推廣人員、植物防檢疫人員、學生和農民的重要參考書。我們更盼望讀者能夠對書中某些專題產生興趣，進而繼續深入探究更多科學新知和植物保護技術，造福社會大眾。

黃鴻章・黃振文・謝廷芳
中華民國九十七年九月

作者序

本書出版沿革

　　本書於 2005 年獲得行政院農業委員會動植物防疫檢疫局補助，作者黃鴻章、黃振文首次以「植物病害之診斷與防治策略」之名交由農業世界出版社出版。該書付梓後廣獲學術研究機構、植物保護工作者、大專院校學生及農民朋友們的熱烈迴響與喜愛，在短短時間內，即已分贈殆盡。鑑於學界與業界之需求，作者乃於 2008 年（民國 97 年）再邀請謝廷芳博士為共同作者，參與撰寫、擴增篇幅，並將該書改名為《永續農業之植物病害管理》，同樣由行政院農業委員會動植物防疫檢疫局補助，並由農業世界出版社刊印 1000 冊。因為此書迎合永續農業推展之需求，激起一陣風潮，很快地又分贈殆盡，遂於 2009 年（民國 98 年）及 2013 年（民國 102 年）分別再刊印二版及三版。

　　2016 年 8 月徵得農業世界出版社同意，將《永續農業之植物病害管理》一書之版權歸還作者。本書主旨在於介紹作物病害的非農藥防治技術之理念與實務，符合現今所追求「健康樂活農業」與「安全農業」的理念。為使更多讀者能獲得本書撰述的植物病理知識與技術，作者同意將本書版權轉移給五南圖書，繼續出版，使本書更為普及，成為學界及產業界人員不可或缺的植物病害防治重要參考讀物。

作者

黃鴻章・黃振文・謝廷芳 謹識

2017 年 2 月

作者簡介

黃鴻章、黃振文、謝廷芳

黃鴻章 Hung-Chang Huang

學歷：
　　國立中興大學植物病理學學士（1963）
　　加拿大多倫多大學植物病理學碩士（1969）、博士（1972）

服務機構與職稱：
　　加拿大農業及農業食品部榮譽首席研究員（Emeritus Principal Research Scientist）（自 2007 年 1 月起）；首席研究員（Principal Research Scientist）（1998-2007）；資深研究員（1986-1997）；研究員（1974-1985）。
　　行政院農委會農業試驗所客座研究員（農業生物技術組 2008-2009；植物病理組 2010-2013）。
　　國立中興大學植物病理系講座教授（2008-2011）。

研究領域： 在加拿大農業及農業食品部服務期間（1974-2007），負責油料（canola, sunflower, safflower）、豆類（bean, pea, lentil）、牧草（alfalfa）及甜菜（sugar beet）等作物病害之研究。研究領域包括生物防治、抗病育種、昆蟲與病害之關係、花粉與病害之關係、病害流行與傳播規律、微生物安全性評估等。

研究成果： 發表 267 篇科學論文（refereed paper）、編著 5 本書（book）及兩本會刊（bulletin）、出版 65 篇特邀評論（invited review）、17 篇專書分章（invited book chapter）、以及發表 625 篇學術會議及其他報告。取得 8 項有關植物病害生物防治之專利（包括 3 項美國專利、2 項臺灣專利、1 項中國專利、2 項加拿大專利）。與作物育種人員共同註冊 30 個抗病、豐產、優質的作物新品種，包括 19 個菜豆（common bean）、4 個紅花（safflower）、3 個苜蓿（alfalfa）、以及 4 個向日葵（sunflower）。

主要榮譽獎項：
　　加拿大植物病理學會：傑出研究獎（2003）
　　中華民國植物病理學會：植物病理傑出貢獻獎（2004）和特殊著作貢獻獎（2000、2002、2003、2004）
　　日本政府科技廳：外籍專家研究（1987）
　　中華民國國立中興大學：傑出校友（2011）
　　應聘擔任客座教授或客座研究員（Visiting Professor）八次：日本科技廳（1987）、北海道州政府（特聘教授，1994）、以及中華民國國科會（1987、1997、2003、2008-2011）和農委會（2002、2012-2013）
　　應聘擔任七所大學兼任教授（Adjunct Professor）：加拿大 Manitoba 大學（1980-1990）、中國農業大學（1997-2001）、華中農業大學（1992-2002）、中國農業科學院研究生院（1998-2002）以及中華民國國立中興大學（1998-2003）和國立屏東科技大學（2005）
　　應聘擔任講座教授（Chair Professor）：國立中興大學（2008-2011）

黃振文 Jenn-Wen Huang

學歷：

國立中興大學植物病理學學士（1976）、植物病理學碩士（1978），美國喬治亞大學植物病理學博士（1990）。

服務機構與職稱：

國立中興大學終身特聘教授兼副校長（2016 迄今）。

經歷：

國立中興大學植物病理學系助教（1980~1982 年）、講師（1982~1990）、副教授（1990~1995）、教授（1995 迄今）。國立中興大學農業推廣中心主任（1998~2000）、植物病理學系系主任（2000~2006）、農資學院副院長（2004~2006）、農資學院院長（2006~2012）。國科會農業環境學門召集人（2008~2011）。教育部顧問室研究員兼領域召集人、顧問（2010~2013）。亞洲農學院校協會會長（2006~2008）。國際美育自然生態基金會營運主任委員（第 1、2、3、4 屆）。植物病理學會刊總編輯（2004~2005）。中華民國植物病理學會理事、常務理事、理事長（2006~2008）。中華植物保護學會理事、常務理事。中華永續農業協會理事、副理事長、理事長。中華民國真菌學會理事、理事長。行政院農委會農藥諮議委員會委員，植物防檢疫諮議委員會委員。財團法人植物保護科技基金會董事。財團法人遠哲科學教育基金會董事。財團法人民生科技文教基金會董事。

研究領域：

植物病害診斷鑑定，農業廢棄物循環利用，作物病害綜合管理技術開發，有益微生物防治植物病害，鐮胞菌鑑定等。

研究成果：

獲得土壤添加物、生物防治、植物營養液、栽培介質及生物製漿等 40 項專利；發表評審的學術論文 150 餘篇；研討會論文、技術報告、專書章節等 100 餘篇；編撰 8 本植病相關書籍。轉移土壤添加物、鏈黴菌、蕈狀芽孢桿菌製劑及植物健素防治植物病害等技術給予企業界量產銷售。

主要榮譽獎項：

青年獎章 (1986)；農委會優秀農業實驗研究與推廣教育獎（1986）；國科會第 26 屆遴選赴美進修人員（1987~1990）；國際同濟會十大農業專家（2003）；國立中興大學特殊貢獻獎（2006）；中華民國植物病理學會著作貢獻獎（2004、2005、2006）；國科會技術轉移獎兩次（2005、2007）；國科會甲等研究獎 10 次；跨部會署農業生技產業化「登豐獎」；中華永續農業協會永續農法傑出學術獎（2009）；臺灣農學會農業學術獎（2009）；中華民國植物病理學會學術獎（2016）；國立中興大學產學績優獎 I（2016）。

謝廷芳 Ting-Fang Hsieh

學歷：

國立中興大學植物病理學學士（1986），國立臺灣大學植物病理學碩士（1988）、國立中興大學植物病理學博士（1999）。

服務機構與職稱：

行政院農委會農業試驗所花卉研究中心研究員兼主任（2006-）、研究員兼育種系主任（2005-2006）；植物病理組副研究員（1999-2005）、助理研究員（1993-1999）及助理（1988-1993）；加拿大農部 Lethbridge Research Centre 訪問研究（2002-2003）。

主要研究領域與研究成果：

以花卉病害之研究為主，以天然植保製劑開發為輔。研究領域包括病因學、病害診斷與鑑定、病原菌生態、非農藥防治技術等。主要研究成果：發表 90 篇科學論文（refereed paper）、研討會與講習會論文 217 篇（conference paper）、編著 4 本書（book）及 15 本研討會專刊、出版 20 篇特邀評論（invited review）或專書分章（invited book chapter）、以及發表 145 篇推廣文章或技術報告。取得 2 項天然植物保護製劑與 1 項有機栽培技術專利，以及 9 項技術移轉。

主要榮譽獎項：

獲得中華民國植物病理學會著作貢獻獎（2001），榮獲 93 年度行政院傑出研究獎甲等（2004），獲得 99 年度中華永續農業協會傑出學術獎（2010），以及榮獲第 36 屆全國十大傑出農業專家（2012）。

CONTENTS・目錄

PART 1

植物病害之病因與病原菌特性

CHAPTER 1

植物病害之病因與病徵

植物病害種類繁多，單單就一棵植物而言，從根、莖、葉、花、果實及種子等部位觀察，就有許多不同的病害，更何況同一種植物病原菌，有時也會引起不同植物的不同類型病徵。

因此，一般未曾受過專業訓練者，是極不易判定植物的病害與病因。植物病理學者指出造成植物生病的病因，可以分成生物性（傳染性）與非生物性（非傳染性）等兩大類，其中生物性病原有真菌、細菌、菌質、線蟲、濾過性病毒及寄生性高等植物等；而非生物性的因子則有凍傷、日燒、乾旱、藥害、肥傷、風害、冰雹、雷電、機械傷害及環境汙染等。本文內容主要在於介紹植物病害發生的基本概念、病徵類型、生物性病原的特徵及病原菌攻擊植物的過程；進而利用彩色圖片描述不同植物病害的病徵，祈有助於讀者辨識各種不同植物的病害。

引言

　　植物病害（plant diseases）可以說是植物形態構造與生理機能發生異常的現象。由於生理機能反常，罹病植物在外表顯現各種形態的改變，如矮化、萎縮、增生、腫大、壞疽、變色、腐敗、萎凋及潰瘍等。這些形態上的異常稱之為病徵（symptoms）；有時在罹病植物體上有病原菌出現，則稱之為病兆（signs）。換句話說，植物疾病是由持續性的刺激物（continuous irritant）所致，例如真菌（fungi）、細菌（bacteria）、病毒（virus）、線蟲（nematodes）、菌質（phytoplasma）、寄生性高等植物（parasitic plants）等病原，侵入植物體後，經過不斷的刺激，再搭配適當的環境，才可使植物罹病。假若一種非生物因子或非持續性的刺激物（discontinuous irritant）使植物形態與構造突然間發生改變，則稱之為傷害（injury），例如農藥藥害、肥傷、風害、冰雹、雷電傷害等等。本文主要目的在於介紹植物病原菌所引發的各種植物病害之病徵與致病的過程，祈有助於讀者加深對植物病害的認識。

① 甘藍根瘤病（由 *Plasmodiophora brassicae* 引起）的病徵。
② 胡瓜萎凋病（由 *Fusarium oxysporum* f. sp. *cucumerinum* 引起）的病徵。
③ 長豇豆萎凋病（由 *Fusarium oxysporum* f. sp. *tracheiphilum* 引起）的病徵。

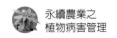
植物病害的種類

　　依植物的受害器官來分，植物病害的種類有：(1) 根部病害；(2) 莖部病害；(3) 葉部病害；(4) 花及果實病害等。若依植物類別來分，則有 (1) 農藝作物病害；(2) 蔬菜作物病害；(3) 花卉病害；(4) 果樹病害；(5) 樹木病害等。

　　至於依病害的病徵來分的話，可區分為下列數種：即 (1) 變色（discoloration）：細胞內容物發生變化，色澤改變（圖 4, 5, 7, 12, 13, 14, 16, 19, 22, 23）；(2) 穿孔（shot hole）：通常指葉部而言，病組織壞死後產生病斑或離層，易碎裂而脫落，形成圓形或不規則之穿孔。它又可分為：a. 生理性穿孔：例如有毒物質、霜害、乾旱或營養受干擾而形成；b. 病原性穿孔：例如真菌或細菌侵害所造成的穿孔；(3) 萎凋（wilting）：病原菌侵入幼苗根莖部位或近地基部，造成幼苗猝倒病（damping-off of seedling）。病原菌也可侵害成株根莖，阻礙維管束的水分運送，造成植株永久萎凋（圖 2, 3, 4, 6）。至於生理性暫時萎凋是由於熱天劇烈日曬，或土壤過分乾燥，使葉片水分蒸發量大於根部水分吸收量，則易引起暫時性的萎凋。如果植物不超過永久萎凋點，當夜晚來臨或溫度降低時，即可恢復正常；(4) 壞疽（necrosis）或局部死亡：患部組織枯死，產生斑點、塊斑或部分器官死亡（圖 8, 10, 11, 17, 18, 24, 28, 32, 33, 34, 35, 36, 43, 44）；(5) 矮化或萎縮（stunting or atrophy）：係指植物整株或部分器官受環境影響或病原菌寄生而形狀變小；(6) 腫大（hypertrophy）：植物器官因受病菌之刺激而促使形狀增大（圖 1, 7, 20, 25），其形成原因可能有二：一種是細胞體積增大（hypertrophy），另一種是細胞異常分裂，數目增加（hyperplasia），有時兩者同時發生；(7) 器官之變形（organ deformation）或置換（replacement of organs by new structures）：植物原有之健康組織全部被病原菌菌體取代（圖 42），或是原來健康植株之花器，由於病原菌的危害，因而由許多小葉所取代；(8) 木乃伊化（mummification）：罹病之果實，由於病原菌之寄生而腐爛，但仍停留在植株上而未脫落，經風乾後，變成乾腐之果實（圖 41）。通常這種乾腐的木乃伊化果實含有真菌之休眠菌絲或越冬之子實體；(9) 習性改變（alternation of habit and symmetry）：病原菌危害植物後，有時使匍伏莖的生長變成直立莖生長，或是改變單葉成複葉等；(10) 破壞器官（destruction of organs）：由生理性或病原

④

⑤

⑥

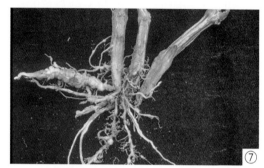

⑦

⑨

⑧

④ 香蕉黃葉病（由 *Fusarium oxysporum f. sp.
 cubense* 引起）的病徵。

⑤ 香蕉黃葉病菌引起香蕉維管束褐變的病徵。

⑥ 廣葉杉萎凋病（由 *Ophiostoma querci* 引起）
 的病徵。

⑦ 胡瓜萎凋病菌與根瘤線蟲（*Meloidogyne
 incognita*）複合感染的病徵。其中萎凋病菌引
 起維管束褐化，而根瘤線蟲則引起根部腫大。

⑧ 蘆筍莖枯病（由 *Phoma asparagi* 引起）的病
 徵。

⑨ 梨輪紋病菌（*Botryosphaeria dothidea*）引起
 枝幹樹皮疣腫龜裂的症狀。

性造成果實內部空洞，種子遭破壞；(11) 葉片、枝條、花、果實的柄基部形成離層而脫落（dropping of leaves, blossoms, fruits or twigs）；(12) 贅生及畸形（production of excrescences and malformations）：葉表皮細胞受刺激而絨毛贅生或是細胞異常分裂或增大造成瘤腫（圖 9）；(13) 分泌（exudations）：由於生理的不當或是病原菌的侵害，使樹幹、枝條流膠或分泌乳汁等；(14) 腐敗（rotting of tissue）：當細胞、細胞壁及內含物發生分解，因而產生腐敗現象（圖 15, 21, 26, 27, 29, 30, 31, 37, 38, 39, 40）。一般而言，根腐、葉及莖的腐敗、芽腐和果腐均是常見的病徵。

植物病害之主要病原

引起植物病害最重要之病原有：眞菌、細菌、菌質體、濾過性病毒、線蟲及高等寄生植物等。茲分述各病原的特徵與生態特性如下：

（一）眞菌

1. 緒言：眞菌菌體微小，不具葉綠素及維管束，通常要以顯微鏡加以觀察，但是也有大者，例如洋菇、靈芝等菇類，均可以肉眼直接觀看。現在所知的眞菌中，有 10 萬餘種是腐生性的，生活於死亡的有機物上，有助於雜質廢物的分解，是很有用的清道夫；大約 50 種可以危害人畜，例如一種尾子菌（*Cercospora apii*）可以

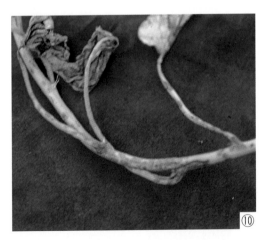
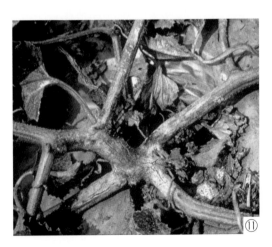

⑩ 甘薯縮芽病菌 (*Elsinoe batatas*) 引起葉柄與蔓部出現瘡痂的症狀。
⑪ 洋香瓜蔓枯病（由 *Didymella bryoniae* 引起）在瓜蔓基部的病徵。

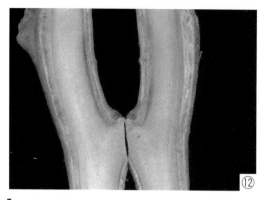

⑫番茄萎凋病菌（*Fusarium oxysporum* f. sp. *lycopersici*）引起番茄莖內部維管束褐變的病徵。
⑬由 *Ceratocystis* spp. 引起松樹樹幹橫切面藍變（blue stain）的症狀。

寄生於人之臉部，造成粗皮及瘤腫。又如一種茄鐮孢菌（*Fusarium solani*）可寄生
於人畜的眼睛，致使眼球突出而失明。其他如香港腳、牛皮癬等也都是真菌引起的
皮膚病。此外，有 8,000 餘種真菌可以引起植物病害，故幾乎沒有一種植物不遭受
真菌的攻擊。

　　2. 植物病原真菌的特徵：菌絲體是真菌的營養體，是一種細長的絲狀構造，可
區分成有隔膜與無隔膜兩大類。其中低等菌（如水生菌、露菌）的菌絲不具隔膜。
而高等菌類（如子囊菌及擔子菌）的菌絲有明顯的隔膜。孢子（spores）是真菌的
特殊繁殖體，通常由數個細胞所構成，或為單細胞，孢子主要可分為有性孢子及無
性孢子兩大類。

⑭黏菌引起甘薯葉背變紫紅色的症狀。
⑮立枯絲核菌 (*Rhizoctonia solani* AG-4) 引起絲瓜幼苗子葉變成水浸狀。

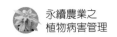
3. 真菌的生態及傳布：許多絕對寄生的植物病原真菌，例如白粉病菌、露菌、銹病菌等平時在寄主植物上生活。當寄主植物死亡時，這些絕對寄生菌的營養體也隨之死亡，僅剩某些孢子落入土中或植物的殘體部位，以不活化的形式存活。例如白粉病的子囊孢子，露菌的卵孢子，銹病菌之冬孢子或夏孢子，只有在遇到寄主時，才會再度侵入寄主而行營養生活；非絕對寄生菌可以在寄主上行寄生生活，亦可以在死亡的枯枝落葉或有機物質上行腐生的生活。一般這些菌類常以厚膜孢子或厚壁之細胞構造存活於不良的環境，以維繫生命的延續。至於病原菌的傳布大致可分成二種：

(1) 自動傳布：一些低等的水生真菌，可以產生游走孢子，利用鞭毛在水中游動。又有些子囊菌類其子囊孢子成熟之後，可從子囊殼噴射出，因而藉風傳播至遠處。

(2) 被動傳布：許多的真菌孢子均屬於被動傳布，通常是經由昆蟲、流水、風、雨、種子，農耕用具或高等動物來傳布。

（二）細菌

1. 緒言：細菌通常為單細胞，有桿狀、球形、橢圓形、螺旋形、絲形或逗點形等。其中植物之病原細菌多半為桿狀居多。大約有 180 餘種的細菌可以造成植物的疾病，所有引起植物疾病的細菌均為兼性腐生菌，並且可以在人工合成培養基上生活。具有鞭毛的細菌可以自由的移動，無鞭毛者，則不能移動。有的細菌在環境不良時，可以產生內生孢子（endospores），以抵抗高溫的傷害。細菌行二分裂法生殖，可以在極短的時間內增殖無數的細菌個體。吾人無法以肉眼看到細菌的個體，但卻可在培養基上觀察它生長的菌落。通常植物細菌性病害是發生於溫暖、潮溼的季節，設若農作物發生細菌的病害，就很難加以扼止。

2. 植物病原細菌的種類與特性：引起植物病害的細菌種類主要被歸併於六個屬，即：

(1) 農桿菌屬（*Agrobacterium*）：小短桿狀細胞，有周生鞭毛，不產生氣體及酸，不分解明膠，生長於含碳水化合物的培養基，可產生豐富的多醣黏膜，菌落無色，圓滑型。存於根圈及土中，侵入植物根和莖，引起肥大瘤腫，例如番茄癌腫病。

(2) 假單胞桿菌屬 [*Pseudomonas*（新分類屬名包括：*Burkholderia, Ralstonia, Herbaspirillum* 及 *Acidovorax*）]：長桿狀，單極生多鞭毛或雙極生多鞭毛。在固體培養基上之菌落為白色，但在肉汁培養基上，產生綠色螢光素，屬於土棲性或水棲性。小部分的「種」可侵害動物或人類，惟大部分的「種」可侵害植物，例如番茄青枯病。

⑯ 莧菜白銹病（由 *Albugo bliti* 引起）的病徵。
⑰ 芥藍黑斑病（由 *Alternaria brassicicola* 引起）的病徵。
⑱ 菩提樹黑脂病（由 *Phyllachora repens* 引起）的病徵。
⑲ 芝麻白粉病（由 *Sphaerotheca fusca* 引起）的病徵。

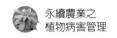

(3) 黃單胞桿菌屬（*Xanthomonas*）：長桿狀，單極生鞭毛，好氣，在固體培養基上產生不溶性濃厚黃色素，有黏膜，在碳水化合物培養基上黏膜尤多。例如十字花科蔬菜黑腐病。

(4) 歐氏桿菌屬（*Erwinia*）：桿狀，周生鞭毛，是唯一兼行嫌氣性植物病原菌，能醱酵多種碳水化合物，特別能利用水楊糖，並產生酸及氣體。可引起植物壞疽、萎凋及軟腐，例如蔬菜細菌性軟腐病與胡瓜細菌性萎凋病等。

(5) 棒桿菌屬（*Clavibacter*）：細胞為細小桿狀，有時略微變曲或呈棍棒狀，屬於好氣、半嫌氣或嫌氣，可存在於土壤中或植物殘餘物上。馬鈴薯輪腐病及番茄潰瘍病均是本屬的細菌所造成。

(6) 鏈黴菌屬（*Streptomyces*）：有些學者將它歸併於真菌中，其實它是一種放射線菌，菌絲不發達，易分段成孢子，因此有人將其歸納於細菌中。所有這屬的種均為土棲性，屬於革蘭氏陽性，可以引起馬鈴薯瘡痂病。

歸言之，各種植物病原細菌具有下列六點特性：(1) 所有植物病原細菌均不能形成內生孢子；(2) 所有植物病原細菌均為桿狀，無球形及螺旋形者；(3) 多數植物病原細菌為革蘭氏陰性（Grams negative），只有 *Clavibacter* 及 *Streptomyces* 為革蘭氏陽性（Grams positive）；(4) 所有植物病原細菌均可以人工培養，僅胡瓜細菌性萎凋病菌（*Erwinia tracheiphila*）較難培養；(5) 多數植物病原細菌為種子或種薯傳播；(6) 植物細菌性病害可分為系統性感染與局部性感染。

3. 細菌的生態與傳播：植物病原細菌可存活於土壤、枝條、種薯、種子及昆蟲體表或體內。因此它們可經由雨水、種子、昆蟲、風、農具及根的接觸等進行傳播。例如柑桔潰瘍病菌（*Xanthomonas campestris* pv. *citri*）可經雨水傳布，尤其是風雨交加時，使葉面造成傷口，便利細菌之侵入。又蘋果及梨火傷病之細菌（*Erwinia amylovora*）經由花柱頭蜜腺侵入，使花器死亡，此時於病斑上產生許多細菌黏液，即可經由螞蟻、蜜蜂及蒼蠅等傳布開來。還有利用小刀切割帶有病菌的馬鈴薯塊莖，隨後再切健薯，亦可造成馬鈴薯輪腐病的傳染。

（三）濾過性病毒（簡稱病毒）

1. 緒言：病毒是一種光學顯微鏡無法觀察到的極小個體，僅能利用活的細胞來複製，能引起各種生物的病害，從真菌、細菌、單細胞植物到大型的樹木，皆可受其感染。一種病毒可能感染一種或數種植物；同樣的，一種植物也可能被一種或數種不同病毒所感染。

病毒不會形成任何繁殖器官，但能利用寄主的細胞來進行更多個體的複製。病毒可干擾寄主細胞的代謝作用，致使寄主細胞或整個植物體無法正常的生長。植物病毒與其他病原菌間有極大的差異，除形態及大小外，其他如化學組成、物理構造、感染方式、在寄主體內的複製過程及運行、傳播方法及病徵，皆極不相同。隨科技的進步，目前吾人均利用電子顯微鏡放大一萬至數萬倍來觀察病毒的顆粒。

2. 植物病毒的構造與形態：病毒的顆粒主要由兩部分構成。外圍是由蛋白質所構成，具有保護作用的鞘稱為 capsids；中心由核酸（nucleic acid）所構成，稱為 nucleo capsid。植物病毒的核酸絕大部分是核醣核酸（ribonucleic acid, RNA），而

⑳ 杜鵑餅病 (由 *Exobasidium formosanum* 引起) 的病徵。

㉑ 結球白菜軟腐病 (由 *Erwinia carotovora* subsp. *carotovora* 引起) 的病徵。

㉒ 蘿蔔嵌紋病 (由 *Turnip mosaic virus* 引起) 的病徵。

細菌的病毒〔稱曰噬菌體（phage）〕以及大多數的動物病毒核酸，則為去氧核醣核酸（deoxyribonucleic acid, DNA）。

植物病毒顆粒的形態，可分成不對稱形及對稱形兩大類。不對稱形的病毒顆粒有短桿狀、長桿狀及子彈型，亦有絲狀者；至於對稱形的病毒顆粒，通常是一種對稱的 20 面體，每一面都是等邊三角形，這種病毒通常是球形病毒。桿狀病毒的外鞘是由成千的相同蛋白質單位以螺旋狀排列，構成兩端開口的長柱形，此種外鞘的長度視中心所包埋之 RNA 分子的長度而定。球形病毒的外鞘是一個封閉的殼，其中心的 RNA 排列方法尚不很清楚，每一種病毒之 RNA 與蛋白質的比例是一定的。

3. 植物病毒的傳播：自然界中，植物病毒必須藉由傷口才能進入植物體內，且必須在活的細胞內才能生存繁殖。因此，植物病毒可經由昆蟲或其他節肢動物、土壤中的線蟲與低等真菌、攜帶病毒的種子與營養繁殖器官及機械工具等方法傳播。

茲分別就幾種傳播病毒的媒介說明如下：

(1) 昆蟲：在田間，昆蟲傳播最普遍也最重要，已知可傳播病毒的昆蟲有蚜蟲、浮塵子、角蟬、粉蝨、蚱蜢、薊馬及甲蟲。另外，屬於蜘蛛綱的某些種類亦可傳播。昆蟲傳播病毒的方式分為二種：一為非持續性，即昆蟲在獲毒後，馬上具有傳毒能力，但此能力很快就會消失，除非再獲毒；另一為持續性，即昆蟲獲毒後，需經過一段潛伏期才能傳播，而此能力可持續一段時間。但有些病毒，既不屬於持續性，也不屬於非持續性，所以現在已逐漸以另外兩個名稱取代，一為口針式傳播，即昆蟲獲毒後，病毒僅附在口針上，然後即可傳毒；另一為循環式傳播，即昆蟲獲

㉓ 甘蔗寒害 (由寒流低溫引起白斑的病徵)。
㉔ 非洲菫葉片遭受凍害的症狀。

毒後，病毒經由昆蟲的口器、食道、腸壁進入血液中，再回到唾腺，然後此昆蟲才可傳毒。循環式的病毒不一定能在昆蟲體內繁殖，但包括所有上述所謂的持續性傳播之病毒。

㉕ 蘿蔔根瘤病 (由 *Plasmodiophora brassicae* 引起) 的病害。

㉖ 甜桃果實疫病 (由 *Phytophthora citrophthora* 引起) 的病徵。

㉗ 胡瓜疫病 (由 *Phytophthora melonis* 引起) 的病徵。

㉘ 番茄晚疫病 (由 *Phytophthora infestans* 引起) 的病徵。

蚜蟲、浮塵子、蟬、粉蝨及介殼蟲等屬於半翅目，都具有刺吸式口器，易於伸入植物組織中吸取汁液，並傳播病毒。蚜蟲傳播大部分的植物病毒，通常一種蚜蟲

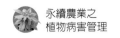
至少能傳播一種病毒。浮塵子是傳播病毒次數較多的昆蟲，它可利用口針式與循環式來傳播病毒。一般昆蟲與病毒的傳播之間常存有專一性。

(2) 營養繁殖器官：有些食用植物（如馬鈴薯、草莓、大蒜等）及觀賞用植物（如鬱金香、唐菖蒲、蘭花等）利用營養器官來繁殖，如果母株帶毒，則繁殖出來的植株亦皆帶毒。許多果樹（如蘋果、柑桔等）利用砧木來嫁接，如果砧木帶毒，則嫁接後的植株亦皆帶毒。

(3) 種子：種子帶毒率依病毒及植物種類而定，有些病毒由感病的父本花粉與健康的母本相交配後形成的種子所攜帶。病毒可在種子內度過一段很長的越冬或越夏的時間。

(4) 機械方法：有些病毒似乎完全靠機械方法來傳播，例如菸草嵌紋病毒（TMV），此種病毒易於藉枝條的修剪、工作者的接觸及植株彼此間的磨擦所造成的傷口來傳播。研究方面的機械傳播法，主要是藉病株上的汁液，輕輕擦在健株的葉片上因而傳播。輕輕磨擦的目的在於製造葉表面的傷口，以利病毒侵入感染。並非所有的病毒皆可藉此方法傳播。

(5) 線蟲、真菌：有些病毒存在於土壤中，並經由線蟲或真菌傳播侵入寄主。例如葡萄的扇葉病毒可經由劍線蟲（*Xiphinema index*）傳播；又萵苣的腫脈病毒（big vein of lettuce）可經由真菌 *Olpidium brassicae* 傳播。

（四）菌質體

1. 緒言：西元 1967 年，東京大學的土居氏等（Doi et al., 1967）首次以電子顯微鏡，由桑萎縮病、馬鈴薯簇葉病、翠菊黃萎病及梧桐簇葉病之病組織中，發現類似菌質體的微生物存在。同年，石塚氏等（Ishiie et al., 1967）觀察到四環黴素對於桑萎縮病之治療效果。此後，世界各國有關菌質體引起植物病害的研究更趨活躍。

2. 菌質體的構造及形態：近年來，由於電子顯微鏡之應用，菌質體之構造漸趨明瞭。菌質體之單位膜為脂蛋白膜。由內外兩層電子密度高之蛋白質層及中間一層電子密度稀薄之脂質層所構成，厚度約為 75 ～ 100Å。內部去氧核醣核酸呈雙重螺旋狀，但無核膜所包圍之完整細胞核，屬於原核生物。核醣核酸之大部分為類似核醣體之顆粒，而少部分則具可溶性，因此，菌質體具有遺傳情報與合成蛋白質之能

⑳ 蓮霧果實黑黴病 (由 *Rhizopus stolonifer* 引起) 的病徵。
㉚ 洋蔥灰黴病 (由 *Botrytis allii* 引起) 的病徵。

力。惟不具粒腺體及高爾基體等胞器。

　　基本上菌質體均具有上述之構造，至於形態則有桿狀、球狀至不定形。此種差異可能受制於菌種的發育階段或培養條件而有所差異。

　　3. 植物菌質病原之生態：植物之菌質病原體各由其特定種類之媒介昆蟲所傳播。其中大部分均為浮塵子類。但近年來已證實梨之衰弱症、柑桔之頑固病及立枯病分別由葉蟬及木蝨所媒介，而梧桐簇葉病之媒介昆蟲可能是一種盲椿象。關於病害發生生態方面，有些菌質病之發生具有明顯之地區性，亦有菌質病於某年忽然大發生或於大發生後又逐年遽減等事例。此種現象應與媒介昆蟲之發生生態有關，又例如從未曾發生過水稻黃萎病之地區採集之黑尾浮塵子，帶回室內進行傳播試驗，結果亦能表現具有高頻率之傳播能力。

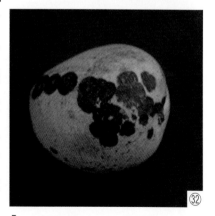

㉛ 葡萄灰黴病 (由 *Botrytis cinerea* 引起) 的病徵。
㉜ 檬果炭疽病(由 *Colletotrichum gloeosporioides* 引起) 的病徵。

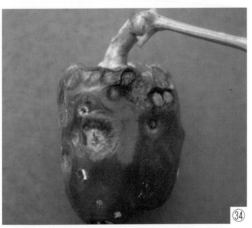

㉝ 南瓜果實炭疽病（由 *Colletotrichum lagenarium* 引起）的病徵。

㉞ 甜椒果實炭疽病（由 *Colletotrichum capsici* 引起）的病徵。

㉟ 二十世紀梨黑斑病（由 *Alternaria alternata* 引起）的病徵。

㊱ 大蒜瓣乾腐病（由 *Fusarium solani* 引起）的病徵。

㊲ 水蜜桃果腐病（由 *Fusarium solani* 引起）的病徵。

⑱ 新世紀梨蒂腐病 (由 *Phomopsis fukushii* 引起) 的病徵。
⑲ 梨輪紋病 (由 *Botryosphaeria dothidea* 引起) 在梨果上的病徵。

（五）線蟲

1. 緒言：線蟲是細小的多細胞動物，具有主要的生理系統，但缺少呼吸和循環系統。形似蠕蟲，細長圓筒狀，體不分節，頭尾尖細。有些種類的雌蟲於成熟時，體形腫大呈洋梨形、包囊形、螺旋形或腎形等。目前已知 15,000 種線蟲中，大部分是非寄生性地生活於淡水、鹹水或土壤中，以吃食細菌、真菌和藻類為生。此外，也有少部分線蟲可以寄生於動植物體，並引起人畜的不適和植物病害。由於線蟲體積太小，體呈半透明狀，故不易以肉眼直接觀察，但可借助顯微鏡或解剖顯微鏡來鑑別種類。

2. 植物寄生線蟲之形態與器官名稱：(1) 體壁：由角皮所構成。大部分植物寄生線蟲的角皮具有環狀突起，俗稱體環，有些線蟲具有尾端突起；(2) 頭部：頸部以上包括 6 片口唇及口腔開口；(3) 刺吸器官及消化系統：口針是一尖銳之刺吸器官。大部分植物寄生性線蟲口針之基部具有各種形態之肥大部分，俗稱口針節球。口針下面銜接食道，食道由食道前方體、中部食道球及後部食道球等三部分組成。線蟲的腸占了胴體很大的部分。腸前端與食道銜接，最後連接直腸，在肛門處向體外開口。線蟲腹部除了肛門之外，還有一個排泄孔；(4) 生殖系統：線蟲之卵巢有二，由陰門分別向前延伸，這種型式，稱為雙卵巢型。部分線蟲之後卵巢高度退化，成為後子宮囊；此類線蟲稱曰單卵巢型。雄蟲的交接器有交接刺、副刺及交接囊等。

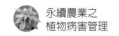

3. 植物寄生線蟲的傳播與存活：線蟲可經由農具、灌溉水、洪水、排水、家畜、野生動物、鳥、昆蟲、苗木、種子及種球等途徑傳播至遠處。許多植物寄生性線蟲可在雜草或缺乏適當寄主的土壤中，至少存活一年以上。一般線蟲在低溫存活的時間長於高溫時；有些線蟲在休眠期可抵抗惡劣的環境，並保持很長久的壽命。

⑩ 水蜜桃褐腐病（由 *Monilinia fructicola* 引起）的病徵。

⑪ 梨果褐腐病（由 *Monilinia fructicola* 引起）的木乃尹化果實。

⑫ 玉米黑穗病（由 *Ustilago maydis* 引起）的病徵。

⑬ 番茄病毒病（由 *Tobacco mosaic virus* 與 *Cucumber mosaic virus* 複合感染）在果實上的病徵。

⑭ 番茄尻腐病（由缺鈣引起）的病徵。

（六）寄生性高等植物

1. 緒言：高等植物多營自營生活，只有少數營寄生生活。植物學家認爲寄生性植物乃係退化或喪失某些生理功能，導致必須利用寄主的養分才可生存。因此，寄生性高等植物可影響寄主植物之莖、葉、種子及根等部位的發育與生長。臺灣常見之寄生性高等植物有菟絲子、槲寄生及野菰等。

2. 菟絲子：菟絲子是一種無葉植物，只具鱗葉，莖圓筒狀，可產生吸器以伸入寄主之皮層或木質部。在吸器處可分泌酵素以分解並利用寄主的養分，或可直接吸取寄主由根部吸收之養分。花爲白色、淡黃色或淺紅色，並叢生於一處。種子灰褐色，數量頗多，經常和寄主的種子相混合，成爲傳播他處的重要途徑。

3. 槲寄生：有 2-3 種的矮槲寄生，可寄生於針葉樹上，葉爲鱗片狀，爲雌雄異株，由昆蟲傳粉。產生漿果，具有爆炸性，可傳至 15 呎遠，種子具黏性，可黏在其他樹枝上繼續危害健株。

4. 野菰：爲寄生在甘蔗根部的一種高等植物，只有鱗片狀之葉，頂端開喇叭形之淺色花朵，種子無數，在臺灣濁水溪、虎尾溪、下淡水溪上游之茅草（禾本科）可以被害；在雨後，種子可順水流傳播，危害下游栽種的甘蔗根部。

微生物的寄生現象

一個生物生活在另一生物之體內或體表，並吸收所需之營養，以維持其生命，前者即是一個寄生菌（體）（parasite），而後者稱曰寄主（host）。寄生菌（體）與寄主之間的相互關係，被稱爲寄生現象（作用）（parasitism）。寄生現象在生物界頗爲普遍，許多寄生菌（體）可引起動植物之病害，就植物病害之估計，約有 8,000 ～ 10,000 種寄生性眞菌，200 種左右寄生性病原細菌，500 種以上植物病毒及 75 種菌質寄生於植物，更有許多眞菌及細菌被其他微生物寄生，形成超寄生（hyperparasite）。在眾多之寄生現象中，吾人常發現寄生性具程度上的差異。因此設法了解寄生程度的異同，將有助於認識植物病害之特性及生態。依傳統之分級法，將植物病原菌之寄生性分爲：絕對寄生（obligate parasites）、兼性腐生（facultative saprophytes）、兼性寄生（facultative parasites）及絕對腐生（obligate

saprophytes）。絕對寄生菌是指寄生菌必須生活在具有生命力的寄主上；兼性腐生菌是指菌類大部分的時間均活在寄主上，而在某種情形下，可以腐生在死亡之有機體上；至於兼性寄生菌是指菌類大部分時間生活在死亡之有機體上，但是有時可以攻擊活的植物體，因而變成寄生菌；絕對腐生菌是菌體完全依賴沒有生命的有機物進行腐生生活。植物的寄生菌，通常可以在植物體上生長及繁殖，並使寄主植物發生營養之缺失，導致生長不正常。顯然，一種寄生現象必與病原菌之致病性（pathogenicity）有關，所以寄生菌侵入寄主的能力直接關係到植物疾病的發生與進展。但是並非所有寄生菌均可致病。例如豆科植物之根瘤菌雖然寄生在豆科植物之根系，但卻有助於豆科植物之生育，其實這種現象就是一種共生（symbiosis）。一般言之，絕對寄生菌的寄主範圍非常的狹窄，只能攻擊某一種或少數的寄主，具有較高程度的寄主專一性與營養需求，例如露菌、白粉病菌及銹病菌等。至於非絕對寄生菌，通常有較廣的寄主範圍，可分泌非選擇性的毒質與酵素以攻擊寄主植物，例如菌核病菌，白絹病菌、猝倒病菌與炭疽病菌等。

病害發展的過程

植物病害的發生，隨著植物本身器官的發育時期及其所處的環境不同而有所差異。因此播種時，有種子的病害，隨後有苗期的病害；在生長期有根、莖、葉等病害；至於在生育期則有花、果實等病害。這些病害的發生是受制於植物、病原體及環境等三者間相互的關係。例如有感病性的寄主植物，在合適的環境下，遇到病原體的攻擊，即可使該植物發生病害。茲簡介病害發生的過程如下：

1. 接種（inoculation）：病原體的接種源（inoculum）以真菌的孢子、菌絲或菌核，線蟲的卵、幼蟲，細菌的細胞，病毒的粒子及寄生性高等植物的種子等繁殖體，接觸於寄主植物的器官後，在適當的溫度與溼度環境下，經由寄主植物的分泌物刺激或媒介昆蟲的幫助，即可發芽與增殖。

2. 侵入（penetration）：病原體利用機械壓力通過角質層及表層細胞或分泌酵素以軟化或溶解角質層，進而穿入植物體內。有時亦可以由氣孔、皮目、水孔及傷口等部位侵入寄主內部。

3. 感染（infection）：當病原菌（體）與寄主的細胞及組織間建立接觸的關係後，並可由寄主獲取養分即可稱曰「感染」，但若病原菌（體）遇著非自己的寄主時，病原菌也許可以侵入寄主並與寄主細胞接觸，惟寄主細胞被病原菌侵入時，會立即產生過敏性反應（hypersensitive reaction），並引起寄主細胞死亡，於是病原菌（體）便無法由寄主獲取正常的養分，終至飢餓致死。有時此種死亡的細胞可以產生某種有害物質，進而抑制病原菌的生長。這種現象通常表現在抗病品種上，是一種抗病的反應。

4. 潛伏期或孵育期（incubation）：在病原菌（體）感染寄主作物後，直到病徵出現之前的一段時期，稱為潛伏期，此時期有長有短，通常露菌病、白粉病較快出現病徵，但是炭疽病出現病徵較慢。炭疽病菌在幼果期侵入，直到果實成熟後才顯現病徵，這種現象叫做潛伏感染（latent infection）。

5. 侵害（invasion）：這是病原體感染寄主的後期階段，病原在潛伏期後，可以繼續生長與迫害寄主，就叫做「侵害」。例如蘋果黑星病菌可侵害葉表次角質層的部位；白粉病菌可以侵害表皮細胞；香蕉黃葉病菌或番茄青枯病菌可以侵害寄主的根、莖、葉的細胞等等。隨後病原體即可大量繁殖，例如細菌利用二裂法，大約10小時可以產生百萬個細菌細胞；真菌利用無性與有性生殖產生千萬個孢子；每一雌線蟲可以產生 300 個以上的卵；病毒利用寄主核酸大量複製繁殖。

6. 傳布（dissemination）：細菌通常利用鞭毛游動，藻菌類產生游走子可在水中游動，不完全菌的分生孢子藉風、雨傳布，子囊菌可自動射出子囊孢子，病毒的顆粒可經由昆蟲及農具傳布。這些現象均是病原體在植物病害環境中，得以傳播的方法。

7. 越冬（overwintering）：病原菌（體）可形成厚壁的構造，如卵孢子、厚膜孢子、冬孢子、內生孢子或菌核等，以抵抗寒冬。有時病原體可利用寄主的殘體或枝條在土壤越冬，一旦環境適宜，這些越冬病原體又將成為危害植物的最初接種源（initial inoculum）。

病原菌攻擊植物的方法

　　植物病原菌利用機械壓力與施展化學武器等兩種方法攻擊植物。爲使讀者明瞭這兩種方法，茲分述如下：

　　(1) 病原體施予寄主組織機械壓力：除了植物病毒及細菌外，其他如眞菌、線蟲、寄生性高等植物等病原均可以產生機械壓力，侵入寄主植物。線蟲可利用口針施壓力侵入寄主；眞菌的孢子可以利用分子之間的引力，把自己與寄主拉黏在一起，並於適當環境時，產生發芽管與附著器，然後伸出侵入釘。由於附著器已緊黏住寄主，因此侵入釘可產生一種穿透壓，作爲侵入寄主的基點。當然在入侵時，病原菌同時也可分泌酵素軟化或溶解寄主之細胞壁；(2) 病原菌的化學武器：病原菌通常可以產生酵素、毒質、生長調節劑及多醣類等化學物質危害植物。例如病原菌產生果膠分解酵素、纖維分解酵素、蛋白質酵素與其他各種醣分解酵素，用以瓦解寄主的組織細胞。此外，病原菌也產生具有毒性的低分子量代謝物（毒質），毒傷寄主細胞。毒質可以分成不具寄主選擇性及寄主選擇性兩大類。例如菸草野火病菌分泌的野火毒質（wildfire toxin），分子式爲 $C_{10}H_{16}O_6N_2$，不但對菸草有毒害，對於其他植物亦有同樣毒傷作用，是一種不具寄主選擇性之毒質。又如二十世紀梨黑斑病菌可以分泌 AK 毒質，僅對於二十世紀梨及近親緣的新世紀梨有毒害外，對其他梨並無傷害作用，是一種具有寄主選擇性之毒質。植物之生長常受制於一些微量的物質，該物質的作用與荷爾蒙（hormones）相類似，被稱爲生長調節劑。最常見的有植物生長素、激勃素、細胞分裂激素、乙烯及生長抑制劑等，當植物病原菌不當地產生這些物質於植物之各部位時，將會導致植株病態的發育。例如馬鈴薯晚疫病菌、玉米黑穗病菌、番茄癌腫病菌及小麥稈銹病菌均會分泌植物生長素 IAA，以使罹病部位產生腫大與歪扭現象。又水稻徒長病菌可分泌激勃素，使水稻苗生長加速，造成植株徒長呈纖細狀。此外，細菌可以產生許多黏稠的多醣體，例如茄科植物的青枯病菌（Ralstonia solanacearum）可以在植株的維管束內產生多醣體，以阻塞導管，造成水分之運輸困難，並易使植株呈現萎凋的病徵。一旦病原菌（體）侵入植物內部之後，它們的攻擊是持續性的，因此會直接或間接干擾植株的光合作用、水分及養分之輸送及呼吸代謝系統，並使植株表現出各種不正常的病徵。

結語和省思

　　在自然界中，生、老、病、死是植物、動物及微生物生命歷程的通則，雖然它們之間彼此存在著相互依存的關係，但偶爾也出現彼此傷害的現象。本文的內容主要在於介紹真菌、細菌、濾過性病毒及線蟲等病原體傷害植物的過程與傳播途徑，祈有助於讀者掌握診斷植物病害的脈絡，進而提出有效防治植物病害的方法。

　　西元 1929 年，康乃爾大學植物病理學教授 H. H. Whetzel 博士，將植物病害的防治法歸納成四大原則：即 (1) 拒病（Exclusion）：阻止植物病原菌由一個地區傳入另一個新的地區，即是一種採行植物檢疫的法規防治法；(2) 除病（Eradication）：對於新引進之病害，在其尚未立足之前，予以撲滅，稱曰除病。另外如砍除中間寄主與越冬植物、剪除罹病枝條及消毒種子等均屬於除病法；(3) 防護（Protection）：自作物生育期間，以各種方法保護作物，減少病害發生，達成生產的目的，即曰防護法。防護法是消極的病害防治法，但也是應用最廣的方法。例如施用殺菌劑、輪作、調節土壤酸鹼度及消毒土壤等均屬於防護法；(4) 抗病育種（Resistance）：利用選種法或雜交育種法，選出或育成抗病品種，是病害防治的重要方法之一。

　　近七十餘年來，植病學者大多依循 Whetzel 教授的原則，從事病害防治的工作，惟多偏重於化學藥劑防治及抗病育種，雖有相當成就，但仍有許多病害迄今無法有效控制，例如植物病毒病、土壤傳播性病害、細菌性病害及菌質病等。至於真菌引起的病害，尤其是葉部病害，也發生許多問題，例如出現生理小種及抗藥性菌系，使得傳統的防治法幾乎無法應付。此外，又如化學防治所使用的水銀劑、砷劑、有機氯劑所造成的公害殘毒問題，也都值得吾輩警惕與省思。

　　目前，許多生態學的研究發現傳統的作物病害防治原則，包括杜絕病害入侵，剷除病害或化學防治作物病害等策略，均缺乏彈性，且缺乏經濟及生態的概念。為了維護自然生態的安全與和諧，其實完全防除病害是不可能的事，且亦不合乎經濟原則。因此我們亟須思考共存的管理觀念，將作物病害發生視為農業生態體系的一種必然，在考量經濟損失水平（economic loss level）的原則下，設法融入各種對生態友善的防治方法，有效減輕作物病害的發生，達成經濟效益的生產目標即可。

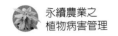
參考文獻

1. 黃振文（1991）。作物病害與防治。臺北：行政院青年輔導委員會出版，79頁。

2. 黃振文、孫守恭（1998）。植物病害彩色圖鑑第二輯蔬菜病害。臺中：世維出版社，160頁。

3. 孫守恭（2001）。植物病理學通論。臺北：藝軒圖書出版社，401頁。

4. 孫守恭（2001）。臺灣果樹病害。臺中：世維出版社，429頁。

5. Agrios, G. N. (1988). Plant Pathology [3rd edition]. San Diego, USA: Academic Press, Inc., 803pp.

6. Doi, Y. , Teranka, M., Yora, K., and Asuyama, H. (1967). Mycoplasma-or PLT group-like microorganisms found in the phloem elements of plant infected with mulberry dwarf, potato witches' -broom, aster yellows, or paulownia wiches' -broom. *Ann. Phytopathol. Soc. Jpn,* 33:259-266.

7. Ishiie, T., Doi, Y, Yora, K., Asuyama, H. (1967). Suppressive effects of antibiotics of tetracycline group on symptom development of mulberry dwarf disease. *Ann. Phytopathol. Soc. Jpn,* 33: 267-275.

CHAPTER 2

作物菌核病菌之生活史

菌核病菌（*Sclerotinia sclerotiorum*）是許多經濟作物的重要病原真菌。作者歷經多年潛心研究與觀察的心得，發現這種病原真菌很會耍花樣與變把戲，乃嘗試以簡潔淺顯的文字與圖說方式，介紹作物菌核病菌的生活史，以饗讀者。本文旨在描述此病原菌的基本生物特性，以及其多彩多姿生命現象，藉以探討它給我們的生命與生活帶來些什麼樣的啓示。

引言

　　從西元 1886 年，著名的眞菌學家 de Bary 將作物菌核病的病原菌定名爲 *Sclerotinia sclerotiorum*（Lib.）de Bary 後，迄今已有一百多年的歷史。這一種眞菌能夠危害三百多種高等植物，其中包括許多具有經濟重要性的作物。由於它可以引起重大經濟損失與具有世界性的廣泛分布，使得這一眞菌成爲植物病理學家及眞菌學家競相研究的對象，且被公認是一種高姿態的病原菌（high profile pathogen）。百餘年來，雖然已有很多此病原菌的相關研究報告，然而過去對此病原菌基礎知識的了解尚嫌不足，因此我們決定全心投入它的研究工作。在短短的數十年間，我們潛心探究菌核病菌的基本生物習性，其中發現不少有趣的新現象。例如菌核的發芽習性與病害的發生具有相關性，以及自然界中同時存在著可以產生褐色菌核（brown sclerotia）（Huang, 1981）、異常菌核（abnormal sclerotia）（Huang, 1982）以及弱毒性（hypovirulence）（Li et al., 2003）等特殊菌株。這些發現不禁使我們感到這麼一個微小的生命，卻是變化多端，充滿著無限的神奇與奧妙。

菌核病菌怎樣度過它的一生？

　　菌核病菌以菌絲在寄主植物上生長、蔓延，直到後期就會在寄主體上產生許多黑色的菌核（sclerotia）。這些菌核的形狀隨著受害寄主器官而有差異（圖 1）。例如從向日葵爛頭病採到的菌核，有的被向日葵種子印成網狀；以及從豆類莖桿中採到的菌核有的呈長條形、橢圓形、圓形或不規則形等。除了形狀之外，菌核間的大小亦差異極大，其長短有小自 2～3 毫米（mm）到大至 9～10 公分（cm）者不等（圖 2）。待受害植株枯死後，這些菌核會掉落在田間，以休眠的方式度過漫長的冬天。翌年春天，當農民播種作物不久，這些菌核會在最好的時機，開始發芽侵入寄主，並危害這些農作物。因此菌核病菌會藉著這一段食物豐盛的作物生長季節，大量繁衍它的子孫後代。等到作物的生長季節快要結束時，它又會在罹病植株上產生大量的黑色菌核，再掉回到土壤中休眠，以度過另一個漫長的冬天。這一個小生命就是這樣在自然界裡年復一年的過著簡單、平淡的日子，周而復始。

　　菌核病菌的菌核是一個很神奇的東西，它既是一種生存與越冬的工具，也是一種對植物造成危害的主要感染源（primary inoculum）。在土壤中的菌核要先發芽才能危害作物。菌核的發芽方式有兩種，第一種稱為菌絲發芽（myceliogenic germination），這種方式是菌核發芽後產生菌絲（圖 3），如果這些菌絲與作物的根部接觸，就會從根部侵入，造成根部腐爛的現象。由於它在受害根部組織裡產生草酸（oxalic acid），這種化學物質藉著根部導管向上輸送，很快就會使地上部的莖葉受害而造成萎凋枯死或根部腐爛，諸如向日葵萎凋病（圖 4）及胡蘿蔔根腐病（圖 5）等。第二種菌核的發芽方式稱為子實體發芽（carpogenic germination），這種方式是菌核產生一至數個大約 0.5 公分直徑的盤狀物，稱做子囊盤（apothecia）（圖 6）。每個子囊盤的表面著生有一層棍棒狀般的東西稱做子囊（asci）（圖 7）。每個棍棒狀的子囊（ascus）中，藏有八個橢圓形的子囊孢子（ascospores）（圖 8）。當一個子囊盤中的子囊成熟後，這些孢子就會從子囊頂端的孔口釋放出來（圖 9）。由於每一個子囊盤釋放出來的孢子數量非常多，且常形成一種孢子雲（spore cloud），隨風飄散。這些孢子如果有機會飄落在寄主植物凋謝的花瓣、花藥或莖葉等，就會藉著寄主植物的養分，發芽入侵寄主植物的地上部，造成病害。這些由子囊孢子所

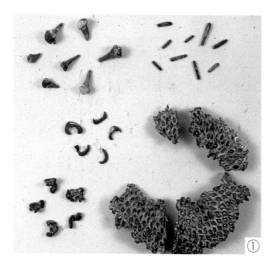

① 作物菌核病菌的菌核形狀、大小常因寄主種類及受害部位而異。例如向日葵爛頭病的菌核有種子的印痕。菜豆果莢內的菌核呈鐮刀狀。

② 向日葵爛頭病的菌核，小自 2～3 毫米，大至 9～10 公分長。圖中的菌核都是採自向日葵的爛頭組織，形狀大小各異。

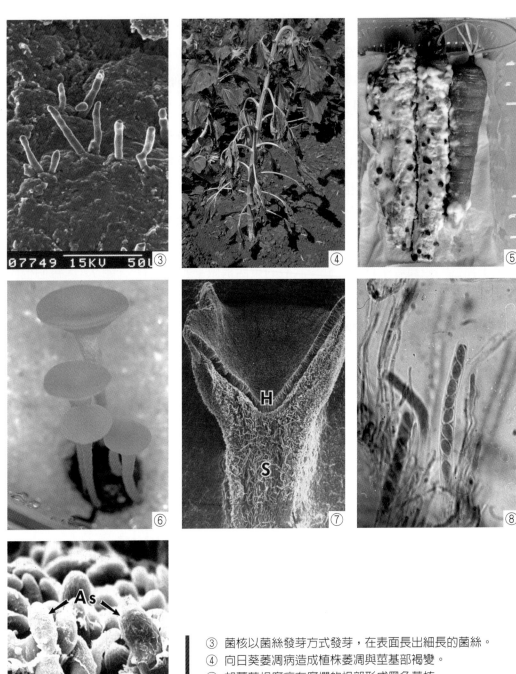

③ 菌核以菌絲發芽方式發芽，在表面長出細長的菌絲。
④ 向日葵萎凋病造成植株萎凋與莖基部褐變。
⑤ 胡蘿蔔根腐病在腐爛的根部形成黑色菌核。
⑥ 菌核以子實發芽方式發芽、產生數個盤狀的子囊盤。
⑦ 子囊盤的表面著生一層棍棒狀的子囊，稱為子實層 (hymenium)。
⑧ 每一棍棒狀子囊中含有 8 個單細胞的子囊孢子。
⑨ 成熟的子囊孢子從子囊的頂端裂口噴射釋放出來。

引起的病害例子也很多。例如向日葵爛頭病（圖10）、紅花爛頭病（圖11），菜豆果莢腐爛病（圖12）及豌豆果莢腐爛病（圖13, 14）等。

　　菌核病菌危害寄主植物的過程也是一個很有趣的現象。以豌豆的果莢腐爛病（圖13, 14）為例（Huang and Kokko, 1992），許多空氣傳播的子囊孢子先在凋謝的花藥上發芽、生長，然後它的菌絲再蔓延到健康的綠色果莢上（圖14, 15）。當這些菌絲接觸到果莢時，無法直接入侵，而必須形成一種叫作入侵墊（infection cushion）的組織（圖16）。這個入侵墊是由很多雙叉狀的附著器（appressoria）結合而成，用以形成更大的入侵力量，以便克服寄主細胞的抵抗。當形成入侵墊的附

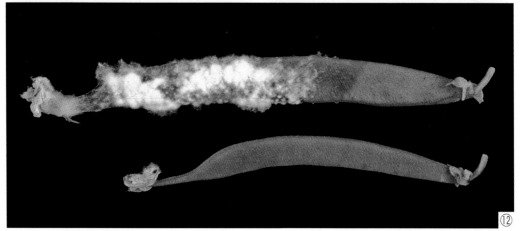

⑩ 向日葵爛頭病。
⑪ 紅花爛頭病。
⑫ 菜豆果莢腐爛病。

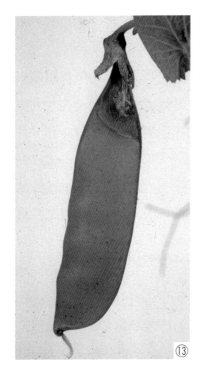
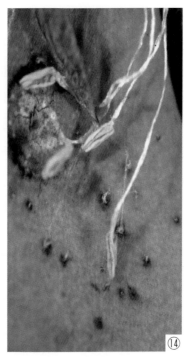

⑬ 豌豆果莢腐爛病
在果莢基部形成
褐色病斑。

⑭ 豌豆果莢基部形
成很多小的褐色
病斑。每一個小
病斑都是由一個
小入侵墊所感染
而引起的。

著器與侵入釘（infection peg）成功地侵入果莢後，就會在每一入侵墊的部位形成
一個褐色病斑（圖 14）。當在每一病斑部位的營養分耗盡，它就會再產生新的遊
走菌絲（running hyphae）（圖 16），生長延伸到新的綠色果莢部位，再形成新的
入侵墊以造成另一個病斑。這種開疆闢地尋找新生存空間的本能，令人嘆為觀止。

　　以上說明一種病原菌可以產生兩種截然不同的病害病徵。這種現象告訴我們，
若要防治作物菌核病，首先應了解這一病害是怎樣引起的。如果是由菌核的菌絲發
芽方式所引起的向日葵萎凋病（圖 4），就必須用土壤處理藥劑或生物防治劑的方
法來防治（Huang, 1980）。但若是由子囊孢子引起的向日葵爛頭病（圖 10）或荽
豆果莢腐爛病（圖 12），那麼就必須採用地上部植株噴灑藥劑或生物防治劑的方
法來防治（Huang et al., 2000）。

菌核病菌怎樣適應環境？

　　菌核病菌之所以遍布全世界，是由於它有一個靈活的生存機制。它的菌核不

但可以在寒帶地區零下三十幾度的冬天或熱帶地區三十幾度的夏天存活，而且這些菌核的休眠以及發芽方式也都與寄主作物息息相關。由一系列的研究報告得知菌核外皮層（rind）細胞壁所積存的黑色素（melanin），是控制菌核以菌絲發芽方式（myceliogenic germination）（Huang, 1985）以及抵抗超寄生菌（hyperparasite）如 *Coniothyrium minitans* 侵害（Huang, 1983）的主要因素。因此菌核在沒有外在營養供給的環境下，如果它的外皮層遭到破傷，或者外皮層細胞黑色素形成不完全時，只要溫度與溼度等生長條件適宜，它就很容易發芽，產生菌絲，進而危害向日葵或其他作物的根部，造成根部腐爛和植株萎凋等現象（Huang and Dueck, 1980）。另外又有些研究顯示，菌核必須經過低溫處理（4℃左右）後，才會以子實體發芽（carpogenic germination），產生子囊盤和子囊孢子。但是進一步以採自世界各地的菌核病菌菌株進行研究，發現菌株之間對發芽溫度的需求卻有明顯的差異。例如從寒帶地區（如加拿大南部及美國北部）採來的菌株所產生的菌核，需要用較低溫度（10℃）處理；而從亞熱帶地區（如臺灣）採來的菌株，則需要用較高溫度（25℃）處理，才可發芽產生子囊盤（Huang and Kozub, 1991）。由於子囊盤裡的每一個子囊，在形成八個子囊孢子的過程，細胞核需經過一次減數分裂（meiosis）和兩次有絲分裂（mitosis）。經過減數分裂及染色體基因交換的結果，即使所有子囊孢子都是出自同一個親本（菌核），這些孢子之間的特性，多少都會有些差異。這些差異中可能就包含著對環境適應（adaptation）的差異性。因此，上述現象頗符合「物競天擇，適者生存」的法則。

結語和省思

綜觀作物菌核病菌的基礎研究，顯然在自然界中，這一個病原菌會以不同的面貌呈現，變化多端，讓我們看得眼花撩亂，但若仔細研究，這一個小小微生物的一切行為，其實完全是按照自然的規律進行。例如它知道什麼時候應該休息，什麼時候應該開始活動，尋找食物，要用什麼方法去掠奪食物（如造成萎凋病或爛頭病等），如何用最有效的方法生存（如形成黑色菌核），以及如何產生具有適應不同環境能力的後代等，以確保其子孫的繁衍。

⑮ 豌豆果莢腐爛病的初期病徵是由
於子囊孢子感染凋謝的花藥所造
成。

⑯ 菌核病菌的菌絲從花藥蔓延到
果莢上，並在綠色果莢上形成
許多叉狀菌絲（即附著器）結
合而成的入侵墊；圖左兩個入
侵墊間相連的一根細長的菌絲
叫作遊走菌絲。此菌絲在果莢
上會繼續蔓延，尋找新的入侵
部位。

　　在自然界中的各種微生物，本來是沒有什麼好與壞的分別。但是我們人類卻按
照自己的需要，硬把這些微生物分成有益或有害等幾種不同類型。由於菌核病菌能
夠危害很多種重要的經濟作物，於是我們就把它列為「黑五類」，並且一味地想把
它趕盡殺絕。但是從本文的敘述中，我們看到它是一個多麼會變把戲求生存的微生
物，人類真的能夠把它完全滅絕嗎？如果無法將它們完全除滅（eradication），農
民大概只能改用管理（management）的方法，讓這個病原菌不要在作物生產期間造
成大量的危害，只要維持農民的收益在經濟損失基準之上就可以了。相對的，如果
我們對這一個病原菌施加太大壓力（如使用農藥），它很有可能變出另一種把戲（如
增加抗藥性等）來對付我們，後果就更不堪設想了。

　　至於要如何管理菌核病呢？筆者認為首先必須了解它的生活習性，也就是
要知道它在什麼時候睡覺、如何覓食、繁衍後代，以及傳播後代的途徑等關鍵習

性。例如向日葵萎凋病是由菌核在土中發芽，侵害根部所引起（Huang and Dueck, 1980），則我們應該用土壤處理藥劑或生物防治劑的方法來防治這種病（Huang, 1980）。如果是子囊孢子在豌豆上造成的果莢腐爛病（Huang and Kokko, 1992），就要用噴灑藥劑或生物防治劑來防治（Huang et al., 1993）。總之，「知己知彼」才是管理作物菌核病的最重要法則。

參考文獻

1. Huang, H. C. (1980). Control of sclerotinia wilt of sunflower by hyperparasites. *Canadian Journal of Plant Pathology,* 2：26-32.

2. Huang, H. C. (1981). Tan sclerotia of *Sclerotinia sclerotiorum. Canadian Journal of Plant Pathology,* 3：136-138.

3. Huang, H. C. (1982). Morphologically abnormal sclerotia of *Sclerotinia sclerotiorum. Canadian Journal of Microbiology,* 28：87-91.

4. Huang, H. C. (1983). Pathogenicity and survival of the tan-sclerotial strain of *Sclerotinia sclerotiorum. Canadian Journal of Plant Pathology,* 5：245-247.

5. Huang, H. C. (1985). Factors affecting myceliogenic germination of sclerotia of *Sclerotinia sclerotiorum. Phytopathology,* 75： 433-437.

6. Huang, H. C., and Dueck, J. (1980). Wilt of sunflower from infection by mycelial-germinating sclerotia of *Sclerotinia sclerotiorum. Canadian Journal of Plant Pathology,* 2：47-52.

7. Huang, H. C., and Kozub, G. C. (1991). Temperature requirements for carpogenic germination of sclerotia of *Sclerotinia sclerotiorum* isolates of different geographic origin. *Botanical Bulletin of Academia Sinica,* 32：279-286.

8. Huang, H. C., and Kokko, E. G. (1992). Pod rot of dry peas due to infection by ascospores of *Sclerotinia sclerotiorum. Plant Disease,* 76：597-600.

9. Huang, H. C., Kokko, E. G., Yanke, L. J., and Phillippe, R. C. (1993). Bacterial suppression of basal pod rot and end rot of dry peas caused by *Sclerotinia*

sclerotiorum. Canadian Journal of Microbiology, 39：227-233.

10. Huang, H. C., Bremer, E., Hynes, R. K., and Erickson, R. S. (2000). Foliar application of fungal biocontrol agents for the control of white mold of dry bean caused by *Sclerotinia sclerotiorum. Biological Control,* 18：270-276.

11. Li, G. Q., Huang, H. C., Laroche, A., and Acharya, S. N. (2003). Occurrence and characterization of hypovirulence in the tan-sclerotial isolate S10 of *Sclerotinia sclerotiorum. Mycological Research,* 107：1350-1360.

CHAPTER 3

菌核病菌菌核發芽習性與病害發生之關係

菌核（sclerotia）是真菌的菌絲聚集而成的一種顆粒狀物體。它的功用有如高等植物的種子，不但可以發芽長出新的生命，而且還可以用休眠的方式抵抗惡劣的環境（如低溫乾燥等）。菌核之大小隨真菌種類而異，小者有如針尖，大者有如人頭。一般而言，最常見的菌核大小是在數毫米（mm）到一公分（cm）之間。它的顏色也因不同真菌而異，大多數真菌主要是產生黑色菌核，但有些真菌則產生褐色菌核。菌核可以存活於田間土壤中或病株殘體上，其壽命短者數月，長者數年。因此，能夠產生菌核的植物病原真菌都較難以防治。筆者從事作物菌核病菌（*Sclerotinia sclerotiorum*）之研究多年，發現該病原菌的菌核變化多端，除了正常的黑色菌核外，自然界裡還存在著幾種罕見的菌核，包括褐色菌核（brown sclerotia）、木乃伊化的異常菌核（abnormal sclerotia）以及產生弱毒性菌株（hypovirulent strain）的菌核。本文主旨在於報導上述幾種菌核的發現過程，期有助於認識菌核發芽、休眠及生存的控制機制，進而了解作物菌核病的發生原因與防治策略。

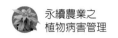

引言

　　自然界中很多病原眞菌和非病原眞菌都會產生一種由菌絲聚集而成的顆粒狀物體，叫作菌核（sclerotia）。這種顆粒大小懸殊，且依眞菌種類不同而有所差異。例如棉花黃萎病菌（*Verticillium dahliae*）所產生的菌核大小如針尖，常因肉眼無法辨認而將這種菌核稱爲微菌核（mcirosclerotia）。另外在澳洲有一種眞菌（學名叫作 *Polyporus mylittae*）會在地上產生特大型菌核，其體積有如人頭，重量有高達 15 公斤者（Burnett, 1968）。除了以上這兩個極端例子，其餘一般常見的眞菌菌核大小都在數毫米（mm）到數公分（cm）之間。至於菌核表面的顏色，也是依眞菌種類而異。例如棉花黃萎病菌和菜豆白絹病菌（*Sclerotium rolfsii*）的菌核均爲褐色；而菜豆菌核病菌（*Sclerotinia sclerotiorum*）的菌核則爲黑色（圖 5）。

　　有些眞菌的菌核對人畜有害，例如引起小麥和裸麥麥角病（ergot）的病原菌（*Claviceps purpurea*）之菌核，人畜若不小心誤食，就會中毒引起所謂的「麥角症（ergotism）」。在歐洲早期就有報導吃食麥角菌汙染的裸麥麵包，因而集體中毒的現象。其他亦有報導動物食用麥角菌汙染的穀粒，造成牛、馬中毒流產的結果（Heald, 1937）。相對的，有些眞菌的菌核非但對人畜無害，而且尚可充當食物。例如澳洲的原住民就把麥力多孔菌（*Polyporus mylittae*）長出如人頭大的菌核拿來當作食物；他們特別把這種菌核稱爲「黑傢夥的麵包（black fellow's bread）」（Burnett, 1968）。

　　由於了解菌核基本生物特性是防治作物菌核病菌（*S. sclerotiorum*）成敗的主要關鍵，因此筆者潛心於探討本病原菌菌核的發芽習性，以及菌核休眠的控制機制。研究結果發現這一種病原菌，除了產生正常的黑色菌核（圖 5）之外，還會形成褐色菌核（圖 6, 7）（Huang, 1981），異常菌核（圖 6, 24 ～ 26）（Huang, 1982），以及產生弱毒性菌株之菌核（圖 8, 9）（Li et al., 2003）。這些菌核的發芽習性、休眠功能以及存活能力都與正常的黑色菌核不同。這種菌核多樣性的現象，也經常出現在其他眞菌，是故筆者特地在此將所觀察到的現象詳細介紹給讀者參考，期能激發其他研究者對這方面的研究興趣。

菌核之形成

通常菌核病菌在人工培養基或寄主植物體上，會以菌絲生長蔓延。當它的菌落把周遭的養分吸取殆盡時，該菌落就會逐漸衰老，進而產生能夠休眠的菌核，以度過生存的難關。由實驗證明，將菌核病菌移植在馬鈴薯葡萄糖瓊脂培養基上，在室溫（22℃）培養兩週左右，菌落就開始衰老，並產生菌核。每一粒菌核形成的最初徵兆是以大量白色菌絲集結在培養基表面，且在白色菌絲團的表面出現很多細小汗滴狀顆粒（圖1），這種有汗滴狀物的白色菌絲團稱為菌核原始體（sclerotial primordium）。經過六小時，此一白色菌絲團變為灰白色，而表面汗滴狀顆粒加粗（圖2），到二十四小時後，此原始體變成褐色菌核（圖3），等到第四天則變成黑色，而表面汗滴狀顆粒仍然明顯可見（圖4）。直到第六天，黑色菌核表面汗滴狀顆粒完全消失，此一菌核即告成熟（圖5）（Huang and Kozub, 1994b）。由此可見一粒菌核在室溫下，從菌絲原始體變為黑色成熟菌核約需六天的時間。在整個菌核的發育形成過程中，其表面出現類似人體的出汗現象，唯一不同的是菌核表面每一汗滴都有一個薄膜包囊（sac）（Colotelo et al., 1971），且包囊中的液體含有各種鹽分、氨基酸及蛋白質等成分（Jones, 1970）。

菌核之多樣性

作物菌核病菌（*S. sclerotiorum*）所產生的菌核，通常都具有黑色的表面（圖5），以及白色的內部組織（圖24）。然而，從筆者多年研究菌核基本特性中，發現除了正常的黑色菌核之外，在自然界中菌核病菌還可以產生數種不尋常的菌核，如褐色菌核（brown sclerotia）（Huang, 1981; Garrabrandt et al., 1983）、異常菌核（abnormal sclerotia）（Huang, 1982），以及產生弱毒性菌株（hypovirulent strain）的退化性菌核（Li et al., 1999, 2003; Boland, 2004）等。這些發現使我們對菌核的休眠和發芽習性，以及致病性等基本生物特性，有了更深入的了解。茲將這些新的發現逐一列舉說明如下：

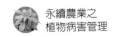

1. 黑色菌核（black sclerotia）：菌核病菌所產生之菌核，在成熟時通常表面均爲黑色（圖5）。這是由於菌核外皮層（rind）細胞之細胞壁含有黑色素（melanin）

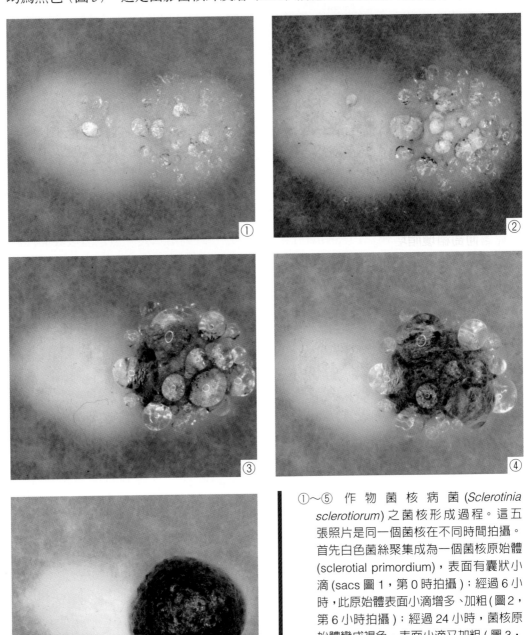

①~⑤ 作物菌核病菌 (*Sclerotinia sclerotiorum*) 之菌核形成過程。這五張照片是同一個菌核在不同時間拍攝。首先白色菌絲聚集成為一個菌核原始體 (sclerotial primordium)，表面有囊狀小滴 (sacs 圖 1，第 0 時拍攝)；經過 6 小時，此原始體表面小滴增多、加粗 (圖 2，第 6 小時拍攝)；經過 24 小時，菌核原始體變成褐色，表面小滴又加粗 (圖 3，第 24 小時拍攝)；到第 4 天菌核變成灰黑色，表面小滴仍然存在 (圖 4，第 4 天拍攝)；到第 6 天菌核成熟變成黑色，表面小滴完全消失 (圖 5，第 6 天拍攝)。

的緣故（圖 8）（Jones, 1970; Huang and Kokko, 1989）。進一步用穿透式電子顯
微鏡觀察，發現這種黑色素不但分布於細胞壁上（圖 8），而且也出現於細胞壁外
（Huang and Kokko, 1989）。另一項研究發現黑色素的產生與菌核形成之溫度有關。
例如在低溫（7℃）培養所產生的菌核，黑色素累積較少；在接近 16℃ 培養所產生
的菌核，黑色素累積量增加；而在高溫（30℃）培養所產生的菌核，黑色素累積量
最高（圖 11）（Huang and Kokko,1989）。除黑色外皮層之外，菌核的內部組織包
括內皮層（cortex）及中髓（medulla）等組織均為白色（圖 24~26）。

2. 褐色菌核（brown sclerotia）：西元 1979 年筆者於加拿大 Manitoba 省的向
日葵爛頭病（由 *S. sclerotiorum* 引起）植株上，採集到 4,388 粒菌核，其中有一粒
是褐色（圖 6, 7）（Huang, 1981）。將這一粒褐色菌核與其他黑色菌核分別培養於
馬鈴薯葡萄糖瓊脂培養基上，結果黑色菌核所產生的後代新菌核均為黑色，而褐色

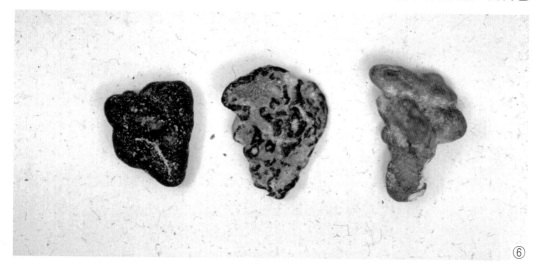

⑥

⑥ 從向日葵爛頭病株採集到的三
　種不同菌核：黑色正常菌核表
　面光滑（左），黑色異常菌核表
　面皺縮（中），及特異性菌株產
　生的褐色菌核（右）。
⑦ 正常的黑色菌核在培養基上產
　生的新菌核均為黑色（左）；具
　特異性的褐色菌株所產生的新
　菌核均為褐色（右）。

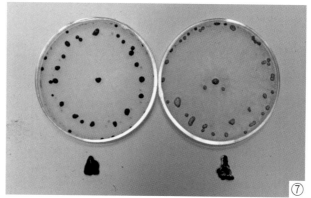

⑦

菌核產生的新菌核則仍然是褐色（圖 7）。由此可見這一個產生褐色菌核的菌株是屬於遺傳上的變異，是一種無法形成黑色素的變異菌株（Huang, 1981）。這種只產生褐色菌核的特異菌株，除了發生在罹病的向日葵（Huang, 1981）之外，也發生在萵苣菌核病（由 *S. sclerotiorum* 引起）的病株上（Garrabrandt et al., 1983）。另一項研究發現褐色菌核的顏色也會受到菌核形成溫度的影響。例如在低溫（7℃）培養所形成的菌核多為淡褐色，在接近 16℃培養所形成的菌核為褐色，而在高溫（30℃）培養所形成的菌核則多為深褐色（圖 11）（Huang and Kokko, 1989）。

　　3. 異常菌核（abnormal sclerotia）：自西元 1977 至 1986 年間，在加拿大西部 Manitoba 和 Alberta 兩省調查發現採自向日葵爛頭病（Sclerotinia head rot of sunflower）的菌核之中，有些外表出現乾扁皺縮或木乃伊化現象（圖 6, 24 ～ 26），其內部組織褐變，而且褐變程度也有輕重的差別（圖 24）（Huang, 1982）。於 1977 至 1979 年間，自二十二塊向日葵田採回的菌核樣本中，有十三塊田的樣本含有異常菌核，其發生百分率自 0.5% 至 30% 不等（Huang, 1982）。進一步研究發現這種菌核內部組織呈現褐化的異常現象，並不具遺傳性；也就是說一粒內部組織褐化的菌核，其所產生的後代新菌核的外表及內部顏色與正常黑色菌核完全相同（Huang, 1982）。這一種異常菌核除了在加拿大有報導外（Huang, 1982），目前尚無在其他國家或向日葵以外的寄主植物上發生之紀錄。

　　4. 產生弱毒性菌株（hypovirulent strain）的菌核：有些文獻記載菌核病菌會退化，而產生弱毒性的菌株（Li et al., 1999, 2003; Boland, 2004）。這種弱毒性菌

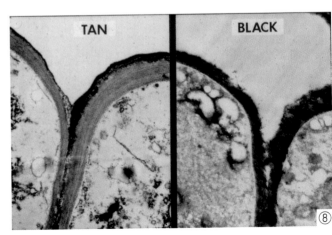

⑧ 褐色菌核外皮層細胞壁黑色素 (melanin) 很少 (左)；而黑色菌核外皮層細胞壁則布滿黑色素 (右)(穿透式電子顯微鏡照片)。

株可存在於產生黑色菌核的菌株中（Li et al., 1999; Boland, 2004），也可存在於產生褐色菌核的菌株中（Li et al., 2003）。它們的共同特徵就是在培養基上，菌絲生長緩慢（圖9）（Li et al., 2003）。另一個特徵就是若將弱毒菌株與強毒菌株進行對峙培養時，此種弱毒性極易傳遞給強毒性菌株，使它變成弱毒性（Boland, 2004）。因此有人把這種弱毒性菌株充當生物防治菌，用來防治作物菌核病（Boland, 2004）。此外，這種弱毒性菌株均屬於退化性菌株，往往喪失致病性（圖10）和產生新菌核的能力。

菌核之休眠與存活

　　菌核病菌在作物生長末期，食物供應逐漸短缺時，就會產生黑色菌核（圖5）做爲休眠越冬的工具。從正常的黑色菌核（Huang, 1982）、木乃伊化的黑色菌核（Huang, 1982）和褐色菌核（Huang, 1981）等研究，發現菌核外皮層細胞壁之黑色素（melanin）（圖8）是控制菌核休眠作用的主要因素。設若此一黑色外皮層細胞未遭受破壞或無外在營養物（exogenous nutrients）的刺激，此一菌核就會保持休眠狀態，不會發芽產生菌絲（Huang, 1985）。雖然褐色菌核外皮層細胞壁存在有少許黑色素（圖8）（Huang and Kokko, 1989），但是它卻無法抑制菌核發芽產生菌絲（圖12, 13）（Huang, 1981;1985）。

　　菌核的黑色外皮層除了控制菌核休眠及對抗惡劣環境外，它還有強化菌核對抗外來微生物侵害的功能。例如褐色菌核很容易遭受盾殼菌（*Coniothyrium minitans*）侵害，而黑色菌核則具有較強抵抗此種超寄生菌（hyperparasite or mycoparasite）侵害的能力（Huang, 1983a）。顯然一粒黑色菌核必須仰賴有完整黑色外皮層保護，才可以進行休眠，並在惡劣逆境下存活。

菌核之發芽

　　在眞菌分類上菌核病菌是屬於子囊菌（Ascomycetes），它的菌核有兩種不同發芽方式。第一種是菌絲發芽（myceliogenic germination），即菌核會長出一條條

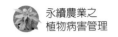
菌絲，在適宜環境條件下，這些菌絲會繼續生長而形成菌落（圖 12, 13）；第二種是子實體發芽（carpogenic germination），即菌核會長出一至多個褐色子囊柄（stipe）（圖 18），然後在光照下於其頂端發育形成子囊盤（apothecia）（圖 19），並於盤中產生許多棍棒狀的子囊（asci），每個子囊中含有 8 個子囊孢子（ascospores）。這種子實體是菌核病菌的有性世代。過去由於學界對於菌核發芽的控制機制欠缺了解，因此筆者針對這一方面的問題，利用新發現的菌核進行深入的探討，並將結果概述如下：

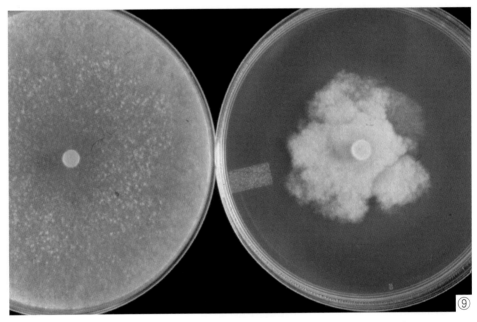

⑨～⑩　由褐色菌核的菌株（圖 9，左）所產生出來的退化性弱毒菌株，其菌絲生長緩慢（圖 9，右）。在油菜葉片上接種後第三天，正常菌株出現病斑（圖 10，左），而弱毒菌株仍無病斑出現（圖 10，右）。

1. 菌核之菌絲發芽（myceliogenic germination）的控制因子：菌核外皮層的黑色素可以控制菌核的休眠，因此利用下列幾種方法可以有效打破黑色素細胞的功能，進而促使菌核發芽產生菌絲：即 (1) 外在營養分（exogenous nutrients）之供給，菌核若遇到外來養分（如培養基或根系分泌物），它馬上可以吸收利用，並促使該菌核發芽；(2) 菌核外皮層遭受損傷，這種損傷包括刀傷（Huang, 1985）、冷凍傷害（Huang, 1991）、木乃伊化（Huang, 1982）及乾溼處理（Huang et al., 1998）可使菌核表面呈現龜裂現象。雖然損傷處理可以促使菌核發芽，但是值得注意的是菌核具有癒傷能力，且可使傷口表面再度黑化（re-melaization）（Jones, 1970; Huang, 1985）。當黑色外皮層形成後，其菌絲發芽和生長即會停止（圖 17～20）（Huang, 1985; Huang and Kozub, 1994b）；(3) 菌核外皮層缺乏黑色素，例如特異菌株（aberrant strain）產生的褐色菌核（圖 11, 12）以及正常未成熟之褐色或灰褐色菌核（圖 13, 16），它們只要在潮溼環境（無外在營養供應）就可以發芽產生菌絲（Huang, 1981; Huang and Kozub, 1994b）。

2. 菌核之子實體發芽（carpogenic germination）的控制因子：控制菌核之子實體發芽產生子囊盤和子囊孢子的過程比較複雜。一般認為菌核都必須經過一段休眠期（resting period）才可以發芽產生子實體，因此需要用低溫處理（cold conditioning）以打破此休眠期。但是研究報導指出這種低溫處理時間的長短，卻是頗為分歧，有的短者數十天，有的長者數百天。這些分歧現象顯示我們對菌核產生子實體的習性認識確實尚嫌不足。進一步的研究發現低溫（3～16℃）處理能夠打破菌核休眠而產生子實體，但是這種溫度處理也因菌株不同來源而有所差別。例如來自冷涼氣候地區如日本北海道、美國北部及加拿大西部等地區的菌株，在低溫（10℃）培養所產生的菌核極易發芽；而來自溫暖地區如臺灣、美國加州、夏威夷等地區的菌株則都不容易發芽（Huang and Kozub,1989; 1991）。此外，菌核發芽產生子囊盤柄（圖 18）時不需有光照，但是形成子囊盤（圖 19）和產生子囊孢子卻必須有光照（Huang and Kozub, 1989）。一般而言，從子囊盤柄的出現到子囊盤成熟約需二至三週，因此了解菌株來源與其對溫度的需求，是掌握菌核子實體發芽的重要關鍵。又菌核病菌的菌核通常都是黑色，它發芽所產生的子囊盤均為褐色（圖 14），但是由特異菌株（Huang, 1981; Garrabrandt et al. 1983）產生的褐色菌核，其

子囊盤則爲白色（圖 14）。

　　菌核病菌菌核之兩種發芽形式（即菌絲發芽和子實體發芽）通常很少在同一個菌核出現。但是徹底了解菌核發芽機制之後，就有可能用人爲的方法使這種現象發生（圖 15, 19）。例如將採自加拿大的向日葵爛頭病菌（*S. sclerotiorum*），在馬鈴薯葡萄糖瓊脂培養基上，10℃下培養六天後所形成的菌核，大都尙未成熟。將這一個未成熟的褐色菌核（圖 15）放在溼砂上（無外在營養），於室溫（20℃）下置放一天後，該菌核即以菌絲發芽方式使表面布滿細短菌絲（圖 16）；兩天後該菌

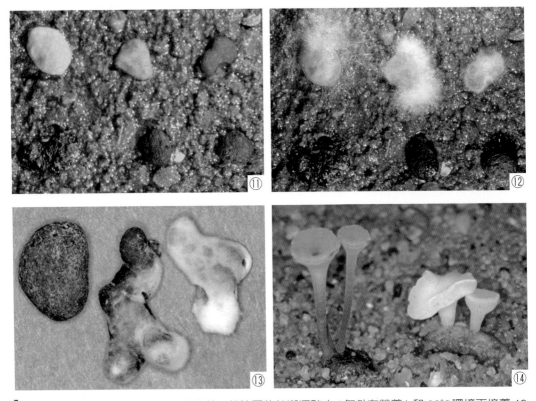

①①～②② 黑色菌核與褐色菌核之發芽。菌核置放於潮溼砂土 (無外在營養) 和 22℃環境下培養 18 小時 (圖 11) 和 94 小時 (圖 12)。褐色菌核 (上排) 是在 7℃ (上左)、16℃ (上中) 和 30℃ (上右) 的生長環境下形成的；黑色菌核 (下排) 是在 7℃ (下左)、16℃ (下中) 和 30℃ (下右) 的生長環境下形成的。將菌核放在溼砂上，經 18 小時仍無發芽跡象 (圖 11)，但是 94 小時後所有褐色菌核都發芽產生很多白色菌絲 (圖 12，上排)，而黑色菌核仍未發芽 (圖 12，下排)。

⑬ 成熟的黑色菌核 (左)、未成熟的黑褐色菌核 (中) 及灰褐色菌核 (右) 在潮溼濾紙上置放 4 天，所有淺色部位均發芽長出白色短菌絲 (中，右)，而黑色部位則無發芽跡象 (左)。

⑭ 黑色菌核發芽產生褐色子囊盤 (左)，而褐色菌核發芽產生雪白色子囊盤 (右)。

核表面開始黑化，菌絲生長也因而停止（圖17）；三十天後此黑色菌核以子實體發芽方式產生一子囊盤柄（stipe）（圖18）；三十四天後在柄的頂端產生一成熟的子囊盤（apothecium）（圖19）。這一個菌核之所以會有菌絲發芽是由於該菌核尚未成熟變黑的緣故（圖16），但它後來又會以子實體發芽方式產生子囊盤（圖18, 19），是由於該菌核是在低溫（10℃）培養所形成的，它已經具有低溫促進子囊盤發芽的條件，不需再經過低溫處理（Huang and Kozub, 1991）。

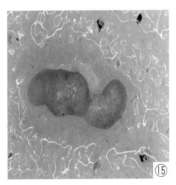 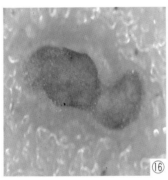 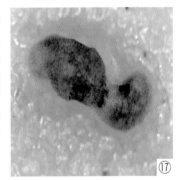

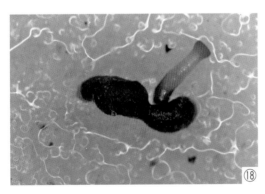 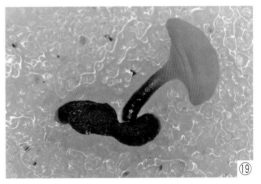

⑮～⑲ 一個未成熟的褐色菌核在溼砂上（無外在營養）的發芽情形。這一菌核是來自加拿大向日葵爛頭病的菌株，在馬鈴薯培養基上生長六天後所形成的。剛放在溼砂上，菌核呈褐色（圖15，第0時拍攝）；一天後該菌核以菌絲發芽使表面布滿細短菌絲（圖16，第1天拍攝）；兩天後菌核表面黑化，菌絲生長停止（圖17，第2天拍攝）；三十天後此黑色菌核以子實體發芽產生一子囊盤柄（圖18，第30天拍攝）；三十四天後形成子囊盤（圖19，第34天拍攝）。

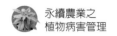
菌核之致病性（pathogenicity）

　　作物菌核病的發生隨菌核發芽的方式而有所差異。例如向日葵萎凋病（圖22, 23）是由菌核在土壤中發芽產生菌絲危害根部所造成（Huang and Dueck, 1980），而向日葵爛頭病、豌豆果莢腐爛病（Huang and Kokko, 1992）等，則都是由於菌核發芽產生子囊孢子危害花器所造成。上述提及褐色菌核比黑色菌核容易發芽產生菌絲（圖11, 12, 13），因此這類褐色菌核容易危害作物根部引起萎凋病（Huang, 1983; Huang and Kozub, 1990）。此外，黑色菌核遭受損傷後，也會發芽產生菌絲，惟其菌絲的生長會因為傷口再黑變（remelanization）而終止。茲以田間採回的菌核進行比較試驗，佐證菌核發芽現象與病害發生的關係如下：將採自田間的菌核分為黑色無損傷、黑色損傷、黑褐色無損傷（未成熟）及淺灰色無損傷（未成熟）等四種處理，並分別將菌核埋入靠近向日葵種子（一粒種子，一粒菌核）的土中，經過十一天後，向日葵幼苗萎凋病發生百分率的高低，依序為淺灰色菌核之處理最高，黑褐色菌核次之，黑色有損傷之菌核再其次，而黑色無損傷之菌核最低（圖20～21）（Huang and Kozub, 1990; Huang et al., 1998）。這個實驗證明菌核表面若缺乏黑色外皮層，或外皮層有損傷者，該菌核即可馬上發芽侵染作物根部，進而造成萎凋病。這些研究成果的新發現與前人報導黑色菌核必須依賴外在營養（exogenous nutrients）刺激，才能發芽產生菌絲的論點顯然不盡相同，因為以前的報告並沒有注意到在沒有外在營養環境下，損傷的菌核或褐色菌核也很容易發芽。是故褐色菌核與黑色菌核發病百分率之差異（圖20～21）不是因為兩種菌核有不同致病性（pathogenicity）所造成，而是因為黑色無受傷的菌核不容易發芽之緣故。

　　最近報導由於菌核致病性出現分化後，可以產生致毒性減弱的菌株（hypovirulent strain）。這種弱毒性菌株不管在黑色菌核（Boland, 1992; Li et al., 1999）或褐色菌核（Li et al., 2003）中均有存在，它是屬於病原性減弱或消失（圖9, 10）的退化菌株。直到目前為止，所有黑色菌核產生的弱毒菌株都是由於菌絲中含有雙鏈核醣核酸（double stranded RNA 或稱 dsRNA）所引起（Boland, 1992; Li et al., 1999）；而褐色菌核產生的弱毒菌株，則不是由於菌絲中含有雙鏈核醣核酸 dsRNA 所造成（Li et al., 2003）。褐色菌核產生的病原性減弱現象是否因為粒線體

去氧核醣核酸（mitochondria DNA）突變或其他原因所造成，則有待進一步的研究。由於弱毒菌株所含的弱毒因子很容易遺傳給強毒菌株，因此有人嘗試利用弱毒菌株充作生物防治菌，來防治強毒菌株對農作物的危害（Boland, 2004）。

⑳～㉑ 菌核顏色與向日葵萎凋病之關係。菌核分成黑色健全（圖 20，左上）、黑色受傷（圖 20；右上）、褐色無受傷（圖 20，左下）及淺褐色無受傷（圖 20，右下）等。將它們埋在向日葵種子附近 (1 粒種子，1 粒菌核)，經過 11 天檢查幼苗萎凋病和出苗率（圖 21）。向日葵發病率分別是對照組（無菌核接種者）均無發病（圖 21a），黑色健全菌核的處理者發病率最低（圖 21b），黑色受傷菌核處理者發病率較高（圖 21c），褐色無受傷菌核者更高（圖 21d）；而淺褐色無受傷菌核處理者發病率最高（圖 21e)(每一處理中的紅色標籤數目，即代表該處理的植株發病死亡數目）。

㉒ 春天在田土中菌核病菌菌核發芽產生菌絲危害幼苗，引起向日葵幼苗猝倒病。

㉓ 向日葵在開花初期遭受菌核病菌危害引起植株萎凋枯死。

異常菌核（abnormal sclerotia）之形成

從向日葵爛頭病植株上發現的異常菌核，其內部（中髓）組織褐變壞死（圖

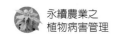
24, 25），導致菌核木乃伊化和氨基酸大量滲出等現象（Huang 1982; 1983b）。這種菌核由於菌核皺縮，外皮層受傷而極易發芽（Huang, 1982）；同時，它的存活能力也多較正常的黑色菌核爲低（Huang and Kozub, 1994a）。

用化學分析方法來比較正常菌核之白色中髓組織與異常菌核之褐色中髓組織（圖 26）間的差異，結果發現兩種組織均含有二十一種游離氨基酸（free amino acids）；唯一不同的地方就是褐色組織的色氨酸（tryptophan）含量高於白色組織內的含量（Huang and Yeung, 2002）。進一步分析發現正常菌核的白色中髓含有大量的 5- 羥基色胺〔5-Hydroxytryptamine（5-HT）〕（即神經傳導物質或稱 serotonin）以及少量的 5- 羥基吲哚乙酸〔5-Hydroxyindole acetic acid（5-HIAA）〕。相反的，異常菌核的褐色中髓含有 5-HT 的量甚低，而 5-HIAA 的含量則甚高（圖 27）（Huang and Yeung, 2002）。用含有 5-HIAA 的培養基培養菌核病菌，所產生的菌核也會導致中髓出現組織褐化的現象。這些實驗證明異常菌核之色氨酸及 5- 羥基色胺〔serotonin（5-HT）〕降低和 5- 羥基吲哚乙酸（5-HIAA）增加的特性，與色氨酸的代謝過程（serotoninergic pathway）（圖 28）有著密切的關係（Huang and Yeung, 2002）。

結語和省思

菌核是很多真菌的生命起始根源，它的功用、習性與很多高等植物的種子類似。例如苜蓿種子有很多是硬粒種子（hard seeds），這些種子因休眠作用而不發芽，因此造成商業生產苜蓿芽的重大損失。如果用機械方法（如砂紙）將苜蓿種子外殼磨破，就可打破休眠而發芽。同樣地，菌核病菌的菌核也有休眠作用，必須用機械傷害等方法破壞黑色外皮層，才能發芽產生菌絲（圖 25）。由本文的論述，我們了解到菌核病菌不但會產生不同類型的菌核（如褐色菌核、異常菌核等），而且它們的構造、發芽習性以及致病性等，也有多種不同的變化。這種只有豆粒大小的菌核，竟有著千奇百怪的變化，不禁使我們讚歎自然界真是奧妙，無奇不有。過去很多文獻針對菌核發芽機制的爭論層出不窮，乃是由於人們對菌核基本特性缺乏全盤性了解的緣故。有人甚至認爲菌核是獨斷獨行的，想什麼時候發芽和用什麼方式發

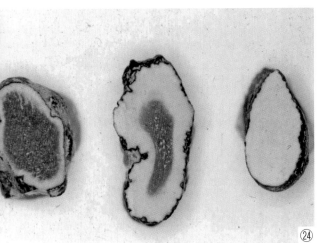
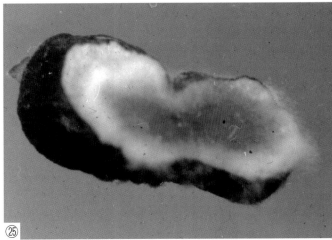

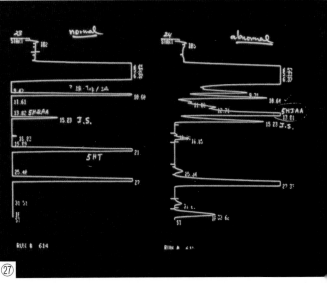

㉔ 正常的黑色菌核其內部組織 為白色 (右)，而異常的黑色菌核其內部組織褐變且褐化程度 有
　 嚴重者 (左) 與輕微者 (中) 等不同。
㉕ 一個異常菌核在潮溼環境下只有未褐化的組織會發芽長出白色菌絲。
㉖～㉗ 正常黑色菌核之白色中髓組織 (圖 26，左) 和異常黑色菌核之褐色中髓組織 (圖 26，右)
　 的化學成分分析。高壓液相層析 (HPLC) 圖表明白色中髓含有 5- 羥基色胺 (5-HT)(圖 27，
　 左)，而異常菌核之褐色中髓，則含有 5- 羥基**吲哚**乙酸 (5-HIAA)(圖 27，右)。

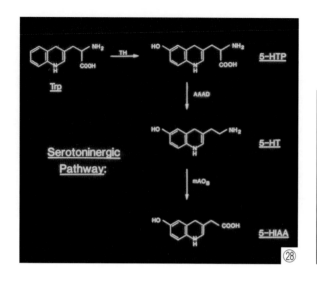

㉘ 色氨酸代謝過程 (Serotoninergic pathway)：由色氨酸 (Trp 或 Tryptophan) 轉為 5- 羥基色氨酸 [5-Hydroxytryptophan(5-HTP)]，再轉為 5- 羥基色胺 [5-HT(5-Hydroxytryptamine) 或稱 serotonin)，最後變成 5- 羥基吲哚乙酸 [5-HIAA(5- Hydroxyindole acetic acid)]。此代謝過程與異常菌核形成有關。

芽（菌絲或子實體）都是由它自己決定。其實如果對菌核習性有了全盤性的了解，就可以掌控菌核發芽的特性。例如圖 15 ～ 19 這一粒菌核在潮溼細砂（無外在營養物）培養，因缺乏黑色素而以菌絲發芽（圖 16），後來該菌核變黑後，又以子實體發芽方式產生子囊盤柄和子囊盤（圖 18, 19），因為它是來自低溫（10℃）培養的菌核，不需要再進行低溫處理（cold conditioning）就可發芽產生子實體（Huang and Kozub,1991; 1994b）。這是兩種不同發芽形式在同一菌核出現的首次報導。從這一個長達三十四天的顯微鏡觀察、照相（圖 15 ～ 19）經驗中，使我們深深體驗到一個成功的研究，有如抽絲剝繭，不但要有「大膽假設，小心求證」的精神，而且還要有毅力和執著。每天照顧這一粒菌核，期待它展現出吾輩預想的結果，這種研究過程可能遠較一位母親關照初生嬰兒還要來得辛苦，但是當我們有了新的發現時，那種快樂可能不亞於這位母親看到嬰兒微笑的喜悅。

　　了解菌核發芽習性是掌控菌核病發生的首要關鍵，以向日葵萎凋病為例，假如參照前人研究報告，將菌核埋於種子附近，經過二至三週就可以造成幼苗萎凋枯死（圖 21）（Huang et al., 1998）。雖然這些步驟都正確，但是若沒有注意到所使用的菌核仍處於休眠狀態而未能發芽，其結果即會導致所有接種過的植株均不會染病與出現萎凋的症狀。如果這種情形發生在抗病篩選工作上，就有可能把處理後未得病的罹病品種，因沒有發病現象而誤判為抗病品種。這種因為對菌核特性的無知，所造成的後果就不堪設想了。

參考文獻

1. Boland, G. J. (1992). Hypovirulence and double-stranded RNA in *Sclerotinia sclerotiorum*. *Canadian Journal of Plant Pathology*, 14: 10-17.

2. Boland, G. J. (2004). Fungal viruses, hypovirulence, and biological control of *Sclerotinia* species. *Canadian Journal of Plant Pathology*, 26:6-18.

3. Burnett, J. H. 1968. Fundamentals of Mycology. London: Edward Arnold (Publishers) Ltd. 546 p.

4. Colotelo, N., Sumner, J. L., and Voegelin, W. S. (1971). Presence of sacs enveloping the liquid droplets on developing sclerotia of *Sclerotinia sclerotiorum* (Lib.) de Bary. *Canadian Journal of Microbiology*, 17:300-301.

5. Garrabrandt, L. E., Johnston, S. A., and Peterson, J. L. (1983). Tan-sclerotia of *Sclerotinia sclerotiorum* from lettuce. *Mycologia*, 75:451-456.

6. Heald, F. D. (1937). Introduction to Plant Pathology. New York and London: McGraw-Hill Book Company, Inc., 579 p.

7. Huang, H. C. (1981). Tan sclerotia of *Sclerotinia sclerotiorum*. *Canadian Journal of Plant Pathology*, 3:136-138.

8. Huang, H. C. (1982). Morphologically abnormal sclerotia of *Sclerotinia sclerotiorum*. *Canadian Journal of Microbiology*, 28:87-91.

9. Huang, H. C. (1983a). Pathogenicity and survival of the tan-sclerotial strain of *Sclerotinia sclerotiorum*. *Canadian Journal of Plant Pathology*, 5:245-247.

10. Huang, H. C. (1983b). Histology, amino acid leakage, and chemical composition of normal and abnormal sclerotia of *Sclerotinia sclerotiorum*. *Canadian Journal of Botany*, 61:1443-1447.

11. Huang, H. C. (1985). Factors affecting myceliogenic germination of sclerotia of *Sclerotinia sclerotiorum*. *Phytopathology*, 75:433-437.

12. Huang, H. C. (1991). Induction of myceliogenic germination of sclerotia of *Sclerotinia sclerotiorum* by exposure to sub-freezing temperature. *Plant Pathology*, 40:621-625.

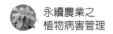
13. Huang, H. C., and Dueck, J. (1980). Wilt of sunflower from infection by mycelial-germinating sclerotia of *Sclerotinia sclerotiorum*. *Canadian Journal of Plant Pathology*, 2:47-52.

14. Huang, H. C., and Kokko, E. G. (1989). Effect of temperature on melanization and myceliogenic germination of sclerotia of *Sclerotinia sclerotiorum*. *Canadian Journal of Botany*, 67:1387-1394.

15. Huang, H. C., and Kozub, G. C. (1989). Asimple method for production of apothecia from sclerotia of *Sclerotinia sclerotiorum*. *Plant Protection Bulletin*, 31:333-345.

16. Huang, H. C., and Kozub, G. C.(1990). Cyclic occurrence of sclerotinia wilt of sunflower in western Canada. *Plant Disease*, 74:766-770.

17. Huang, H. C., and Kozub, G. C. (1991). Temperature requirements for carpogenic germination of sclerotia of *Sclerotinia sclerotiorum* isolates of different geographic origin. *Botanical Bulletin of Academia Sinica*, 32:279-286.

18. Huang, H. C., and Kokko, E. G. (1992). Pod rot of dry peas due to infection by ascospores of *Sclerotinia sclerotiorum*. *Plant Disease*, 76:597-600.

19. Huang, H. C., and Kozub, G. C. (1994a). Longevity of normal and abnormal sclerotia of *Sclerotinia sclerotiorum*. *Plant Disease*, 78:1164-1166.

20. Huang, H . C., and Kozub, G. C. (1994b). Germination of immature and mature sclerotia of *Sclerotinia sclerotiorum*. *Botanical Bulletin of Academia Sinica*, 35:243-247.

21. Huang, H. C., and Yeung, J. M. (2002). Biochemical pathway of the formation of abnormal sclerotia of *Sclerotinia sclerotiorum*. *Plant Pathology Bulletin*, 11:1-6.

22. Huang, H. C., Chang, C., and Kozub, G. C. (1998). Effect of temperature during sclerotial formation, sclerotial dryness and relative humidity on myceliogenic germination of sclerotia of *Sclerotinia sclerotiorum*. *Canadian Journal of Botany*, 76:494-499.

23. Jones, D. (1970). Ultrastructure and composition of the cell walls of *Sclerotinia sclerotiorum*. *Transaction of British Mycological Society*, 54:351-360.

24. Li, G. Q., Jiang, D. H., Wang, D. B., Zhu, Yi, X. H., Zhu, B., and Rimmer, S. R. (1999). Double-stranded RNAs associated with the hypovirulence of *Sclerotinia sclerotiorum* strain Ep-1PN. *Progress in Natural Science*, 9:836-841.

25. Li, G. Q., Huang, H. C., Laroche, A., and Acharya, S. N. (2003). Occurrence and characterization of hypovirulence in the tansclerotial isolate S10 of *Sclerotinia sclerotiorum*. *Mycological Research*, 107:1350-1360.

CHAPTER 4

作物白絹病菌菌核發芽與致病性

植物白絹病是由真菌（*Sclerotium rolfsii*；其有性世代學名為 *Athelia rolfsii*）引起的一種病害。此一病原菌可以危害許多種雙子葉植物和少數單子葉植物。雖然本病遍及全球，但卻以在熱帶和亞熱帶地區發生最為嚴重。單單在土地面積狹小的臺灣就有一百餘種植物會遭受白絹病菌的侵害，並且經常造成重大的經濟損失。由於白絹病菌會產生大量菌核，作為侵害植物的主要工具，是故過去數十年來許多學者競相研究菌核發芽的習性，同時也衍生一些不同的見解與爭論。筆者生逢其時，也曾針對白絹病菌的菌核發芽習性及其侵害作物的相關現象進行研究，並獲得一些有趣的成果，特摘錄於後，期有助於讀者了解這種極具經濟重要性的作物病害是怎樣發生的。

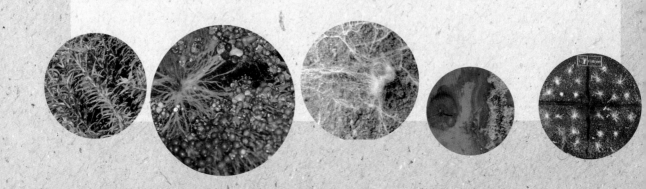

引言

植物白絹病（southern blight）是由真菌 *Sclerotium rolfsii* Sacc. 所引起的一種病害。在真菌分類中，這種病原菌的有性世代。*Athelia* rolfsii 是屬於擔子菌綱（Basidiomycetes），它可在適宜的環境下產生擔孢子（basidiospores）（Tu and Kimborough, 1978）。

通常白絹病菌是以白色菌絲在寄主作物上蔓延（圖 2），並且在受害組織上產生很多圓球狀的褐色菌核（圖 3, 4）。雖然本病原菌菌絲在 8℃～40℃的範圍都可以生長，但以 27℃～30℃間生長最快。有的研究報告記載在 27℃下，白絹病菌的菌絲每小時生長接近 1 毫米（mm）左右（Punja, 1985）；在 27℃～30℃環境下，菌核形成的數量也是最多，顯示白絹病菌是一種適於在高溫（27℃～30℃）環境下生長的菌類，是故它在熱帶、亞熱帶等地區如美國南部、東南部以及臺灣等地極易造成危害。例如白絹病在臺灣危害的植物就有 104 種（Anonymous, 2002），其中有很多是極具經濟重要性的蔬菜、果樹、花卉等作物。常見的受害作物有百合（圖 1）、甜椒（圖 2）、西瓜（圖 3）、大豆、番茄、花生等。一般而言，

①

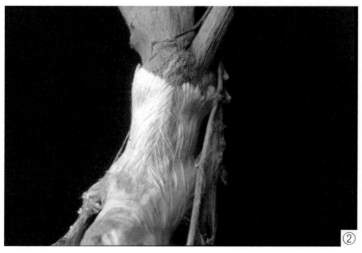

②

① 百合白絹病使植株萎黃枯死。
② 甜椒白絹病，以白色菌絲在莖基部蔓延。

白絹病菌多從地表的植株莖基部入侵（圖1），然後以白色菌絲在受害部位蔓延（圖2），隨後造成植株枯死，或是由地表接觸的果皮入侵（圖3），造成果實腐爛；並且在受害部位產生很多球形褐色的菌核（圖3, 4）。這些菌核顆粒的直徑大約是0.5～2毫米（Willetts, 1972）。

　　因為菌核是很多真菌的生命根源，它的功能很像高等植物的種子，具有發芽與休眠等功能。過去數十年來雖然有很多關於菌核發芽習性與致病性的報導，惟這方面仍然存在著很多不同的見解與爭議。因此筆者利用顯微鏡的間段式照相法（time-lapse photomicrography）觀察記錄番茄、花生、大豆及菜豆等作物白絹病菌的菌核發芽與侵害作物的詳細過程，希望能增進讀者對於菌核習性與功能的認識。

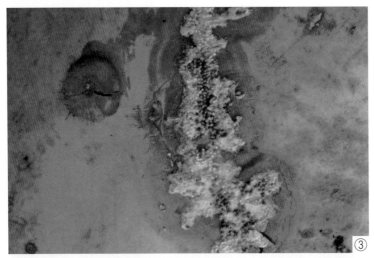

③

④

③ 西瓜白絹病，在果
實腐爛部位形成很
多褐色細小菌核。
④ 白絹病菌在馬鈴薯
培養基上產生的褐
色菌核。

白絹病菌菌核之構造

白絹病菌的菌核是由很多菌絲集結而成。它的形成過程與菌核病菌（*Sclerotinia sclerotiorum*）的菌核類似，也就是在菌核成熟之前，它的表面會產生汗滴狀滲出物（drops of exudates）。該滲出物含有蛋白質、碳水化合物、氨基酸、酵素及草酸等（Punja, 1985）；當菌核成熟後，其表面轉變為褐色至深褐色，並且所有汗滴狀滲出物均會消失殆盡（圖4）。

一粒成熟的菌核，其構造包括外皮層（rind）、皮層（cortex）及中髓（medulla）等三部分。外皮層是由二

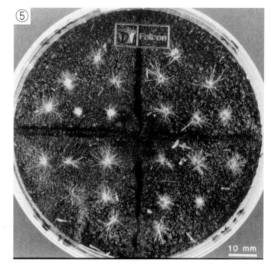

⑤ 新鮮的白絹病菌菌核，在自然田土（無外在營養）上放置三天，即發芽形成菌落。病原菌菌株分別來自大豆（左上）、番茄（左下），菜豆（右上）及花生（右下）。

至四層細胞所組成，且細胞壁含有黑色素（melanin）（Punja, 1985）。因此白絹病菌菌核的構造與菌核病菌菌核極為類似，所不同的是前者的外皮層色素是褐色的，而後者的外皮層色素除了特殊菌株（如產生褐色菌核的變異菌株）或未成熟菌核之外，一般多為黑色的（Huang and Sun, 1989；Huang and Kokko, 1989; Huang et al., 1993）。另外白絹病菌的菌核較菌核病菌的菌核小而圓，通常它的直徑大多僅在2毫米（mm）左右。

白絹病菌菌核之發芽習性

根據前人報導，白絹病菌菌核有兩種不同發芽方式，第一種是菌絲型發芽（hyphal type germination），第二種則是爆破型發芽（eruptive type germination）（Punja and Grogan, 1981a）。菌絲型發芽是菌核發芽時在其表面長出稀疏單條菌絲（圖6, 9），而爆破型發芽是菌核發芽時以成束的菌絲（mycelial plug）從菌核

表面的裂口急速地向外生長（圖 8）。Punja and Grogan（1981a）報導菌絲型發芽所長出的稀疏菌絲，生長有限，必須借助外界提供養分（exogenous nutrients）才可以繼續生長形成菌落；但是以爆破型發芽的菌核，其菌絲不必借助外在營養，就可以繼續生長，形成菌落。一般採自培養基的新鮮菌核多以菌絲型發芽，但是這種菌核如果經過乾燥（10～20% 相對溼度）處理（Punja and Grogan, 1981a），或經過揮發性物質刺激（Punja et al., 1984），就極易改以爆破型方式發芽。

　　筆者曾經利用臺灣的大豆、番茄、花生和荽豆等四種不同寄主植物的白絹病菌之菌核進行發芽比較試驗。結果發現在馬鈴薯葡萄糖瓊脂培養基，於 24℃ 培養五週所形成的新鮮菌核，將它們移植到潮溼的坋壤土（silt loam）上，在 22℃ 放置三天後，所有菌核都發芽形成菌落（圖 5）（Huang and Sun, 1989）。這些菌核的發芽習性與菌核病菌（*S. sclerotiorum*）的褐色菌核之發芽習性相類似（Huang and Sun, 1989）。由於褐色菌核沒有休眠作用，因此我們可以進一步在顯微鏡下觀察白絹病菌菌核的發芽與其引起作物病害的詳細過程。

　　第一個發芽試驗發現放置於潮溼坋壤土上的新鮮菌核，在 22℃ 的溫度下，經

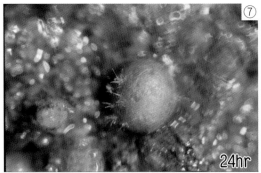

⑥～⑧ 一粒白絹病菌菌核在潮溼田土上的發芽過程。在室溫下經過 18 小時，此菌核開始發芽，長出稀疏細小菌絲（圖 6）；到第 24 小時，菌絲增多加長（圖 7）；到第 40 小時，菌絲已形成菌絲束，看起來像似爆破型 (eruptive) 發芽（圖 8）。

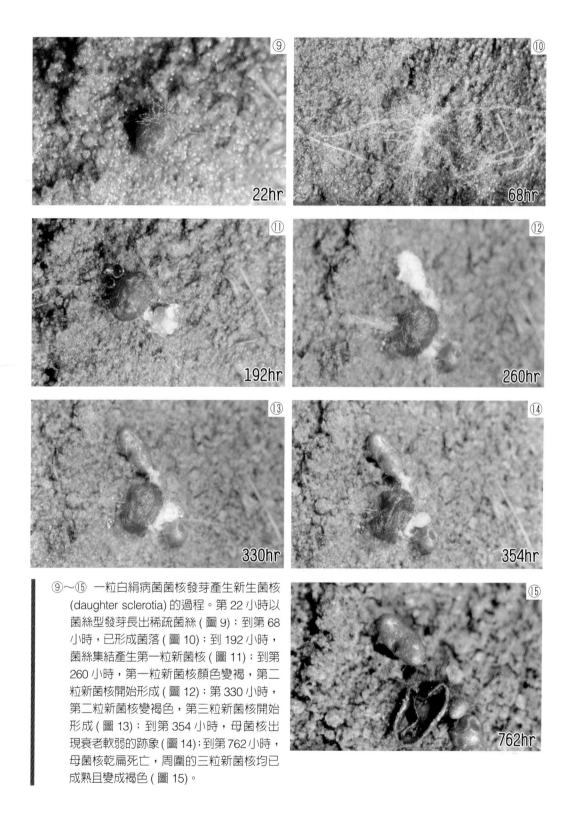

⑨～⑮ 一粒白絹病菌菌核發芽產生新生菌核 (daughter sclerotia) 的過程。第 22 小時以菌絲型發芽長出稀疏菌絲 (圖 9)；到第 68 小時，已形成菌落 (圖 10)；到 192 小時，菌絲集結產生第一粒新菌核 (圖 11)；到第 260 小時，第一粒新菌核顏色變褐，第二粒新菌核開始形成 (圖 12)；第 330 小時，第二粒新菌核變褐色，第三粒新菌核開始形成 (圖 13)；到第 354 小時，母菌核出現衰老軟弱的跡象 (圖 14)；到第 762 小時，母菌核乾扁死亡，周圍的三粒新菌核均已成熟且變成褐色 (圖 15)。

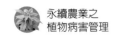
過 18 小時即開始以菌絲型發芽，並於菌核表面出現幾根單獨、短小菌絲（圖 6）；
直到第 24 小時，每一根菌絲的周圍又長出一些短小新菌絲（圖 7），到第 40 小時，
每一發芽部位的菌絲已經集結成束（圖 8），猶如爆破型發芽。由此試驗顯示，一
粒菌核發芽，都是先產生單條菌絲，若生長環境適宜，這些菌絲即使在無外來營養
供給的條件下，它們也可以逐漸生長成菌絲束和形成菌落，這種現象頗類似文獻所
載的爆破型發芽。顯然定時照相所觀察到的漸進式發芽證據，確實異於前人所描述
的菌核發芽現象（Punja and Grogan, 1981a）。

　　第二個菌核發芽試驗是將菌核放在潮溼的坋壤土表面，於 22℃溫度下經過 22
小時，該菌核就以菌絲型發芽，並於表面產生單獨稀疏的菌絲（圖 9）；直到第 68
小時，菌絲多已集結成束而形成菌落（圖 10），但是到了第 192 小時，其中一些
菌絲卻形成一顆新的菌核（daughter sclerotium），其表面並出現有汗滴狀滲出物（圖
11）。從第 260～330 小時，再產生第二個新菌核，並由白色（圖 12）轉變為褐
色（圖 13）；在第 330 小時，第三個新的菌核開始形成（圖 13），此白色菌核顏
色逐漸加深（圖 14）。到 762 小時之後，這三個新菌核都已成熟，且變成深褐色，
惟母菌核卻已乾扁死亡（圖 15）。由此可見一粒白絹病菌菌核在無寄主的土壤環
境下，它照樣可以發芽；雖然發芽的後果往往導致自身滅亡，但卻能以自身的精髓
留傳給幾個新生後代，繼續在土壤中繁衍生存。這種母菌核產生新菌核的現象雖與
前人（Punja and Grogan, 1981a）報導相似，唯一不同的是，我們發現的菌核是以
菌絲型發芽開始（圖 9），而不是如前人所述菌核只有以爆破型發芽才可能形成新
的菌核。

白絹病菌菌核之致病性

　　Punja and Grogan（1981b）報導白絹病菌菌核發芽可以侵害菜豆及甜菜，惟
這些作物受害的程度卻與菌核發芽方式有密切關係。例如新鮮的菌核往往以菌絲
型發芽，但其所產生的菌絲稀疏短小，如果沒有外來養分的供給，這種菌絲只能
使 8% 的菜豆受害，可是在有外來養分供給的環境下，它引起的植株發病率卻可
以提高到 69%（Punja and Grogan, 1981b）。其他學者（Beckman and Finch, 1980）

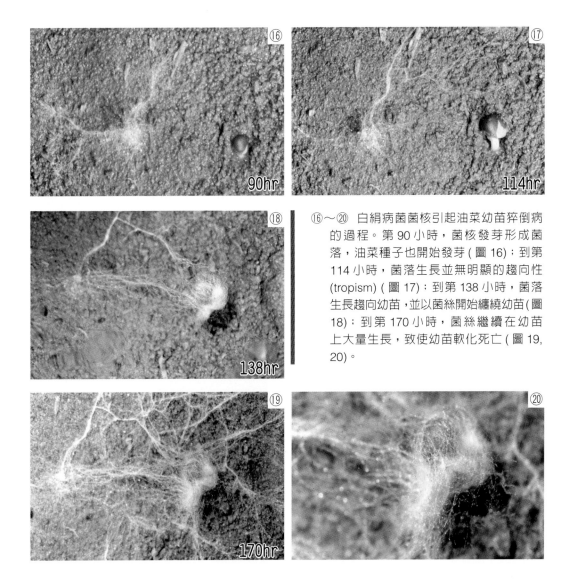

⑯～⑳ 白絹病菌菌核引起油菜幼苗猝倒病的過程。第 90 小時，菌核發芽形成菌落，油菜種子也開始發芽 (圖 16)；到第 114 小時，菌落生長並無明顯的趨向性 (tropism) (圖 17)；到第 138 小時，菌落生長趨向幼苗，並以菌絲開始纏繞幼苗 (圖 18)；到第 170 小時，菌絲繼續在幼苗上大量生長，致使幼苗軟化死亡 (圖 19, 20)。

用新鮮菌核放在漂洗過的河沙（即不含有機質等外來營養）進行接種，發現也可以使白藜（*Chenopodium quinoa*）造成高達 58% 的幼苗猝倒病。此一結果與接種新鮮菌核在苜蓿上的發病率（66%）以及在油菜上的發病率（45%）類似（Huang and Sun, 1989），但卻不同於菜豆和甜菜之低發病率接種結果（Punja and Grogan, 1981b）。

另外一項試驗將白絹病菌菌核與苜蓿或油菜種子同時放在潮溼坋壤土表面，兩者相距 15 ～ 20 毫米（mm），然後將容器放置於 20℃ 溫度和有光照的環境下，定

時進行觀察菌核發芽過程與病害發生之情形。第一個油菜試驗例子發現菌核在放置20小時後開始以菌絲型發芽，產生稀疏的菌絲。這些菌絲繼續生長到第90小時，即已形成菌落並以菌絲束向四面擴張。此時油菜種子也開始發芽，但是菌落生長並沒有趨向性（tropism）存在（圖16）。直到第114小時，菌絲生長的趨向性還是不明顯（圖17），可是隨著油菜幼苗的生長，菌絲生長出現了明顯的趨向性，且開始纏繞寄主植物（圖18）。到了第170小時，油菜幼苗受大量菌絲侵染，整個植株軟化，幼苗出現典型的猝倒死亡現象（圖19, 20）。同樣地，以苜蓿作為接種試驗，經過18小時後，菌核也是以菌絲型發芽，並在它的表面產生稀疏菌絲，到了第40小時，這些菌絲已經逐漸形成菌落（圖21）。這時苜蓿種子尚未發芽，菌落也沒有明顯地出現趨向種子生長的跡象（圖21）。到了第88小時，苜蓿種子已發芽長成幼苗，且病原菌的菌絲生長趨向幼苗並纏繞整個植株（圖22, 23）。等到第208小時，整株受害幼苗出現猝倒死亡的病徵（圖24）。

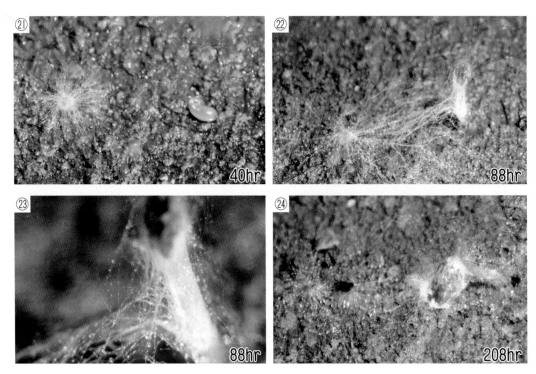

㉑～㉔ 白絹病菌菌核引起苜蓿幼苗猝倒病的過程。第40小時，菌核已發芽形成菌落，但苜蓿種子尚未發芽（圖21）；第88小時，苜蓿種子發芽形成幼苗，被菌絲纏繞（圖22, 23）；第208小時，幼苗受害，植株軟化死亡（圖24）。

由以上兩個實際接種的例子（圖 16 ～ 24），可以看出新鮮的白絹病菌菌核在適當溫度與溼度條件下，會在 18 ～ 40 小時間以菌絲型發芽，且不必借助外來營養物質或揮發性物質之刺激，仍然可以形成菌落（圖 21）。這一點與前人報告（Punja and Grogan, 1981a）以菌絲型發芽的菌核必須借助外來營養方可危害作物的觀點不盡相符。其實菌核內部組織是提供菌絲生長所需營養的主要來源，菌核發芽後產生的稀疏菌絲能否繼續發展成束，可能與該菌核內部組織瓦解程度與營養物滲出量等有關。如果我們沒有用間段式照相方法來觀察同一菌核的發芽和菌落形成過程，我們也無法證明以菌絲型發芽的菌核，不必借助外來營養也可以引起作物的猝倒病。此外，我們也觀察到種子發芽後可能會產生某些揮發性物質，以誘導菌絲向寄主方向生長（圖 18, 19, 22）。這種植物生長影響菌絲生長的趨向性（tropism），也是一個很有趣的現象，值得我們進一步深入研究探討。

結語和省思

由於作物菌核病菌（*Sclerotinia sclerotiorum*）的菌核具有黑色外皮層的關係，是故極易造成休眠的現象（Huang, 1985）。本文討論的白絹病菌（*Sclerotium rolfsii*）菌核並無顯著的休眠習性，主要原因在於這些菌核都是褐色而不是黑色。由此可見具有黑色素（melanin）的皮層（rind）是掌控真菌菌核休眠或發芽的主要機制（Huang, 1981, 1985, 1991; Huang and Kokko, 1989; Huang and Sun, 1989）。

本研究以間段式顯微照相術（time-lapse photomicroscopy）可以明確看出每一粒菌核發芽的過程，首先都是由菌絲型（hyphal type）開始發芽，並在其表面產生稀疏短小的菌絲（圖 6, 7, 9），然後才繼續生長，集結成束，使它看起來像爆破型（eruptive type）（圖 6 ～ 8, 9 ～ 10）的發芽方式，這種結果與前人報導白絹病菌菌核有菌絲型（hyphal type）與爆破型（eruptive type）兩種截然不同的發芽方式（Punja, 1985）顯然有所出入。這種差異可能由於 Punja（1985）沒有針對同一個菌核的發芽過程進行連續追蹤觀察的緣故。

從本文也可以看出一粒菌核從發芽到死亡的整個過程（圖 9 ～ 15）。它不但證明白絹病菌菌核在沒有寄主作物可以寄生的情況下，仍然可以發芽，並且利用它

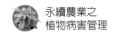

自身所儲藏的養分，可以再製造出幾個新生的菌核（daughter sclerotia），以確保其後代的綿延（圖15）。在顯微鏡底下，筆者看到這一粒母菌核由飽滿健康（圖9）變成乾扁的死亡殘體，且被它的新生菌核所包圍（圖15）的畫面，不自覺感慨萬千。在這有情的大千世界裡，一粒小小的菌核，為了延續後代，竟然連犧牲自己的生命都在所不惜。這種景象（圖15）若套用李商隱所寫的詩「春蠶到死絲方盡，蠟炬成灰淚始乾」來加以形容，真是最為貼切不過了。

參考文獻

1. Anonymous. (2002). List of Plant Diseases in Taiwan, [4th Edition]. ROC: Taiwan Phytopathological Society.

2. Beckman, P. M., and Finch, H. C. (1980). Seed rot and damping-off of *Chenopodium quinoa* caused by *Sclerotium rolfsii*. *Plant Disease*, 64:497-498

3. Huang, H. C. (1981). Tan sclerotia of *Sclerotinia sclerotiorum*. *Canadian Journal of Plant Pathology*, 3:136-138.

4. Huang, H. C. (1985). Factors affecting myceliogenic germination of sclerotia of *Sclerotinia sclerotiorum*. *Phytopathology*, 75:433-437.

5. Huang, H. C. (1991). Induction of myceliogenic germination of sclerotia of *Sclerotinia sclerotiorum* by exposure to sub-freezing temperature. *Plant Pathology*, 40:621-625.

6. Huang, H. C., and Kokko, E. G. (1989). Effect of temperature on melanization and myceliogenic germination of sclerotia of *Sclerotinia sclerotiorum*. *Canadian Journal of Botany*, 7:1387-1394.

7. Huang, H. C., and Sun, S. K. (1989). Comparative studies on myceliogenic germination of tan sclerotia of *Sclerotinia sclerotiorum* and *Sclerotium rolfsii*. *Canadian Journal of Botany*, 67:1395-1401.

8. Huang, H. C., Kokko, E. G., Kozub, G. C., Saito, I., and Tajimi, A. (1993). Effect of tricyclazole and pyroquilon on cell wall melanization of sclerotia of *Sclerotinia*

sclerotiorum and S. minor. *Transactions of the Mycological Society of Japan*, 34:77-85.

9. Punja, Z. K., and Grogan, R. G. (1981a). Eruptive germination of sclerotia of *Sclerotium rolfsii. Phytopathology*, 71:1092-1099.

10. Punja, Z. K., and Grogan, R. G. (1981b). Mycelial growth and infection without a foodbase by eruptively germinating sclerotia of *Sclerotium rolfsii. Phytopathology*, 71:1099-1103.

11. Punja, Z. K., Jenkins, S. F., and Grogan, R. G. (1984). Effect of volatile compounds, nutrients, and source of sclerotia on eruptive sclerotial germination of *Sclerotium rolfsii. Phytopathology*, 74:1099-1103.

12. Punja, Z. K. (1985). The biology, ecology and control of *Sclerotium rolfsii. Annual Review of Phytopathology*, 23:97-127.

13. Tu, C. C., and Kimbrough, J. W. (1978). Systematics and phylogeny of fungi in the *Rhizoctonia* complex. *Botanical Gazette*, 139:454-466.

14. Willetts, H. J. (1972). The morphogenesis and possible evolutionary origins of fungal sclerotia. *Biological Review*, 47:515-536.

PART 2

植物病害之傳播

CHAPTER 5

花粉與植物病害之關係

花粉（pollen）是高等植物的雄性器官（雄蕊或稱小蕊），它的顆粒（pollen grain）比針尖還小，在顯微鏡底下才可清楚地看見它的形狀和表面構造。花粉的授粉作用（fertilization）就是以花粉粒中的精核（sperm nucleus）和子房（雌性器官）中的卵核（egg nucleus）相結合而產生種子的過程。各種植物的花粉除了扮演傳宗接代的角色之外，它還擁有極豐富的蛋白質和維他命，尚可供養許多動物（如蜜蜂等昆蟲）和微生物。此外，人類的日常生活也和花粉脫離不了關係，有些人把花粉視為高級的養生食品；也有一些人尚且對花粉產生過敏，因而蒙受其害。本文旨在把我們近年來有關花粉與真菌關係的系列研究與發現介紹給讀者，讓大家一起來讚賞自然界中，這一細小的生命顆粒（花粉）對微生物、高等動植物及人類的偉大貢獻和深遠的影響。

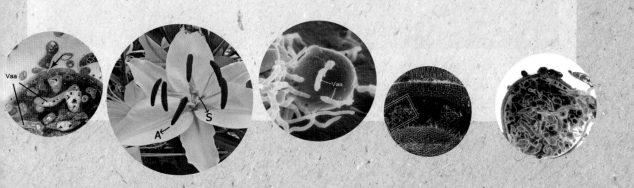

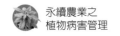
引言

花是高等植物的生殖器官，它的構造包括花萼（calyx）、花冠（corolla）、小蕊（stamens）和大蕊（pistil）等四大部分（圖1）。小蕊是花的雄性器官，它包括花絲（filament）和花藥（anther）兩部分，花藥著生於花絲之頂端，內藏花粉粒（pollen grains）。大蕊則由基部膨大的子房（ovary）、細梗狀的花柱（style）及柱頭（stigma）三個部分組成。

通常未成熟花藥中的花粉囊（pollen sac），含有若干花粉母細胞（pollen mother cells），每個花粉母細胞會分裂成為四顆花粉粒或稱小孢子（microspores）。當花粉粒成熟時，花粉囊破裂，促使花粉外揚。每個成熟花粉粒的原生質內含有一管核（tube nucleus）和一生殖核（generative nucleus）。當花粉粒發芽時，其生殖核分裂形成兩個雄核（male nuclei）或稱為雄精胞核（sperm nuclei）。當成熟的花粉粒落於雌蕊柱頭上，具有親和性的花粉粒即開始吸收柱頭上的蜜汁和水分，因而發芽伸出細長的花粉管（圖2）。花粉管穿入柱頭，經花柱直達胚珠（ovules），然後再繼續鑽入珠心。這時花粉管尖端細胞壁會溶解而將管中三個細胞核送入胚囊

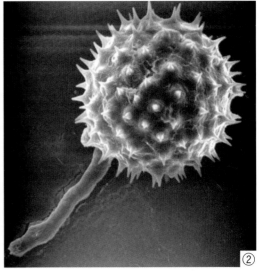

① 百合花之柱頭 (S) 與花藥 (A)。
② 健康的棉花花粉粒發芽後產生發芽管。花粉粒表面有很多尖刺 (spines)[掃描式電子顯微鏡 (SEM) 拍攝的照片]。

中，其中的一個精核與卵核結合，發生受精作用（fertilization），進而產生種子。一般而言，在授粉過程中，有很多花粉會發芽鑽入花柱中，但是能鑽入胚囊中行受精作用的卻僅有一條花粉管，其餘均未能完成使命，因而枯死。

　　花粉粒大小雖因植物種類而異，通常它的直徑都是小於 0.1 毫米（mm）（Iwanami et al., 1988）。一般藉風力傳播的花粉比藉昆蟲傳播的花粉粒小，而且有些靠空氣傳播的花粉，例如杉科（Pinaceae）植物，具有氣囊（air sacs），以利在空中隨氣流遠播（Iwanami et al., 1988）。由於花粉顆粒太小，許多有關花粉生物特性與形狀等觀察都必須在顯微鏡下進行（Iwanami et al., 1988; Crompton and Wojtas, 1993）；惟迄今以電子顯微鏡觀察花粉與微生物關係的研究報告，卻為數不多。近年來筆者透過電子顯微鏡觀察花粉與微生物間的關係，發現很多微生物都會直接侵害花粉，故特別在此介紹這些奇異的現象，以饗讀者，期有助於了解花粉在作物病害發生、病害流行以及病害防治等方面可能扮演的角色。

花粉粒的外部形狀與內部構造

　　花粉粒是黃色的細小顆粒，但偶爾也會有白色、褐色、綠色、紅色或紫色的花粉粒（www.factmaster.com）。花粉粒的數目往往因植物種類或品種而有很大的差異。例如苜蓿（*Medicago sativa*）的 Vernal 品種，每朵花有 3,100 個花粉粒，而 Hairy peruvian 品種的每朵花則有 4,610 個花粉粒。又如杏樹（*Prunus amygdalus*）的 Kapareil 品種每朵花有 37,500 個花粉粒，而 Drake 品種，每朵花則有 67,660 個花粉粒（Traynor, 1981）。花粉粒的大小也是因植物種類而異，例如油菜（*Brassica napus*）的花粉粒平均大小是 25.4 μm（長）×19.2 μm（寬），苜蓿花粉粒的平均大小是 33.4 μm（長）×25.9 μm（寬）（Crompton and Wojtas, 1993）。又花粉粒的體積會因乾溼情形而異，例如油菜的花粉粒，乾燥時呈橢圓形，吸水後則膨大呈球形，但是膨脹時體積僅增加 5.2%（Huang et al., 1998b）。

　　花粉粒一般都呈圓球形（圖 2, 5），它的表面構造因植物種類而異，例如棉花（*Gossypium hirsutum*）的花粉粒表面有很多刺狀突起（spine）（圖 2）（Ma et al., 2000），油菜的花粉粒表面布滿網狀花紋（reticulum）（Huang et al., 1998b），

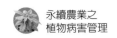
而苜蓿的花粉粒表面則較光滑而無特殊紋路（圖5）（Huang et al., 1997）。花粉粒上的發芽孔（germination pore）數目亦有單發芽孔（monocolpate）與三發芽孔（tricolpate）的差別。一般單子葉植物如百合（*Lilium longiflorum*）的花粉僅有一個發芽孔，而許多雙子葉植物如苜蓿（圖5）、油菜和日本杏樹（*Prunus mume*）的花粉粒都具有三個發芽孔（Iwanami et al., 1988.）。

　　利用穿透式電子顯微鏡（Transmission Electron Microscope, 簡稱 T E M）觀察花粉粒的細部構造，可以看出一個花粉粒是由細胞壁、細胞膜及細胞質等部分組成（圖3）。細胞質（cytoplasm）內含有細胞核、高爾基體、粒線體（mitochondria）和空泡（vacuole）等。成熟花粉粒中的細胞核數目因植物種類而異。例如茶花（*Camellia japonica*）是具有雙核型的花粉粒（dinuclear pollen）（即一個管核和一個生殖核）；而水稻（*Oryza sativa*）、小麥（*Triticum aestivum*）、向日葵（*Helianthus annuus*）及油菜等植物是具有三核型的花粉粒（trinuclear pollen）（即一個管核和兩個精核）（Iwanami et al., 1988）。花粉粒的細胞壁（cell wall）又可分為外壁（exine）和內壁（intene）兩層（圖3）。所有花粉粒表面的突起、瘤刺或網狀物等都是由外壁延伸出來的，又外壁是由一種叫作孢粉質（sporopollenin）的化學物質構成，這種物質除可以抵抗強酸的侵蝕外，尚需高達500℃的溫度才可將它燒毀（Iwanami et al., 1988）。

花粉與植物病原真菌的關係

　　花粉含有極豐富的蛋白質和維他命等營養物質。很多報告指出花粉的水浸物質可以促進真菌孢子發芽與菌絲生長（Hartill, 1975; Huang et al., 1998a; Ma et al., 2000; Li et al., 2003）。也有許多報告指出花粉可以促進作物病害的發生百分率與嚴重性，例如作物灰黴病（*Botrytis cinerea*）（Chou and Preece, 1968）、甜菜葉斑病（*Phoma betae*）（Warren, 1972）及甘藍菌核病（*Sclerotinia sclerotiorum*）（Dillard and Hunter, 1986）等，均已被證實病原真菌與花粉之間存在著密切的關係。然而利用電子顯微鏡來深入探討兩者間的相互關係，則尚屬少見。因此特地在此簡介筆者在加拿大進行病原菌侵害花粉的一系列研究情形，以增進讀者對這方面的了解和興趣。

　　透過光學顯微鏡和電子顯微鏡的觀察，發現很多植物病原真菌都可以侵害寄主作物的花粉。例如棉花黃萎病菌（*Verticillium dahliae*）危害棉花的花粉（圖3、4）（Ma et al., 2000）、苜蓿黃萎病菌（*Verticillium albo-atrum*）危害苜蓿的花粉（圖5～11）（Huang and Kokko, 1985）、菌核病菌（*Sclerotinia sclerotiorum*）危害油菜（Huang et al., 1998b）和豌豆（圖13）（Huang and Kokko, 1993）等作物的花粉，及灰黴病菌（*Botrytis cinerea*）危害苜蓿花粉（圖12）（Huang et al., 1999）等。這四種病原菌的入侵方式都是以菌絲尖端直接刺破花粉粒的細胞壁（外層和內層），進而侵入細胞內（圖4, 6, 7, 9, 12, 13）。其中在菌絲入侵部位的細胞壁有明顯的酵素作用痕跡，使細胞壁呈現溶解和切割的現象（圖4, 9）。有些植物（如棉花）的花粉粒，於菌絲入侵部位會有細胞內壁（intene）明顯膨大的現象（圖4）（Ma et al., 2000）。通常病原菌的菌絲由發芽孔侵入（圖6, 9, 12）的情形比由其他部位（圖7）侵入的情形普遍，同時病原菌的菌絲由受害花粉裡鑽出來的情形也很常見（圖8）。病原菌菌絲鑽入花粉粒後，會造成花粉粒的原生質與細胞壁分離

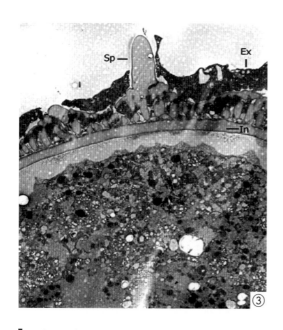
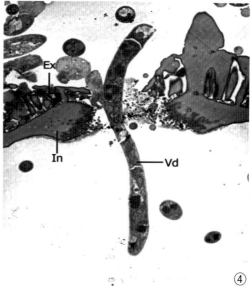

③ 健康的棉花花粉粒切面構造包括尖刺 (sp)、花粉外壁 (Ex)、內壁 (In) 和細胞質 (Cyt) [穿透式電子顯微鏡 (TEM) 拍攝的照片]。

④ 棉花黃萎病菌 (*Verticillium dahliae*) 的菌絲 (Vd) 侵入棉花花粉粒造成細胞外壁 (Ex) 和內壁 (In) 因酵素溶解而破裂。入侵部位的細胞內壁有明顯膨大的現象 (SEM 照片)。

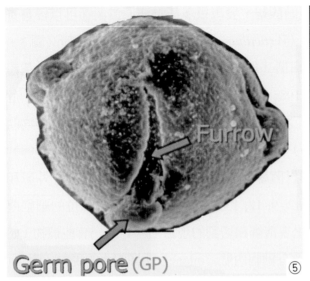

Furrow

Germ pore (GP)

⑤

⑤ 健康的苜蓿花粉粒有三個發芽溝 (furrow)，每一溝的中間有一發芽孔 (GP) (SEM 照片)。

⑥ 苜蓿黃萎病菌 (*Verticillium albo-atrum*) 的菌絲 (Vaa) 經由苜蓿花粉之發芽孔 (GP) 侵入的現象 (SEM 照片)。

⑦ 苜蓿黃萎病菌的菌絲 (Vaa) 自非發芽孔的部位侵入苜蓿花粉粒 (SEM 照片)。

⑧ 苜蓿黃萎病菌的菌絲 (Vaa) 從受害的苜蓿花粉粒中長出來的情形 (SEM 照片)。

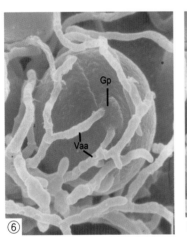

⑥

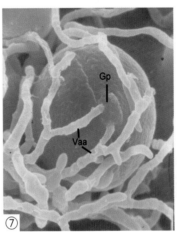

⑦

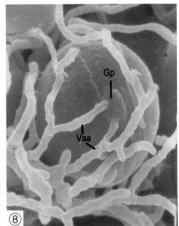

⑧

（plasmolysis）和原生質瓦解等現象（圖 9, 13）（Huang and Kokko, 1985）。隨後在花粉粒中的入侵菌絲，藉著花粉的營養供應而快速增殖，使受害的整個花粉粒布滿了菌絲（圖 10, 12）。最後導致整個花粉粒因擠滿菌絲而爆破（圖 11）。這些現象顯示，花粉粒的細胞壁雖然可以抵抗強酸和其他惡劣環境（如高溫），但卻無法抵抗病原真菌菌絲的侵害。從這四個病原真菌的例子，我們可以推測這種病原菌危害寄主植物花粉的現象，也很可能普遍地發生於其他病原真菌上，這一方面的研究值得吾輩繼續努力進行。

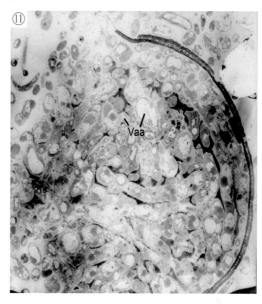

⑨ 苜蓿黃萎病菌的菌絲(Vaa)自發芽孔(GP)
　侵入，而造成花粉細胞壁與細胞膜分離
　和細胞質 (Cyt) 瓦解 (TEM 照片)。
⑩ 苜蓿黃萎病菌的菌絲 (Vaa) 在苜蓿花粉粒
　中大量增殖 (TEM 照片)。

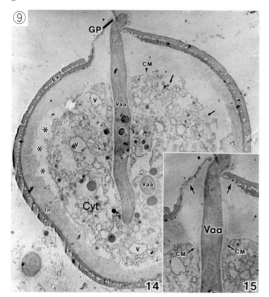

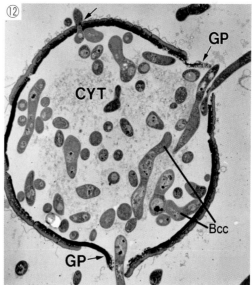

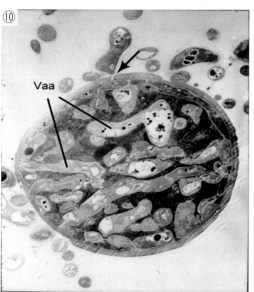

⑪ 苜蓿黃萎病菌的菌絲 (Vaa) 增殖結果造成
　花粉粒破裂解體 (TEM 照片)。
⑫ 灰黴病菌 (*Botrytis cinerea*) 的菌絲 (Bc)
　在苜蓿花粉粒中大量增殖 (TEM 照片)。

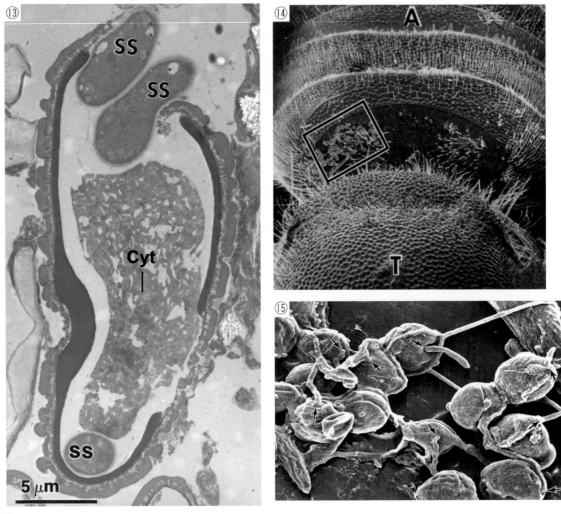

⑬ 菌核病菌 (*Sclerotinia sclerotiorum*) 的菌絲 (SS) 侵入豌豆花粉粒，使細胞質 (Cyt) 瓦解 (TEM 照片)。

⑭～⑮ 採自苜蓿黃萎病田的一隻切葉蜂 (圖 14)，其胸腹交接部位夾帶的苜蓿花粉有受苜蓿黃萎病菌侵染的現象 (圖 14) (SEM 照片)。

　　以上這些病原真菌危害寄主花粉的現象，雖然都是室內的實驗結果，但是進一步研究，發現這種實驗室裡觀察到的現象也會在田間自然環境下發生。例如採自苜蓿黃萎病（Verticillium wilt）田的苜蓿切葉蜂（*Megachile rotundata*），其身上所攜帶的苜蓿花粉就常有遭受黃萎病菌（*Verticillium albo-atrum*）侵害的現象（圖 14 ～ 15）（Huang et al., 1986）。這種現象顯示花粉與病原真菌的傳播有著密切關係（Huang et al., 1998a）。每一顆充滿菌絲的花粉粒就好像是一個填滿炸藥的子彈，

如果昆蟲藉採蜜和傳粉的機會，把這些受病原菌侵染的花粉炸彈丟擲到植物的花器上，很可能會使寄主植物產生嚴重的花腐病、果腐病或甚至全株枯死的後果。

花粉與非植物病原真菌的關係

自然界有很多不會危害植物的真菌，但這些非病原真菌也可存在於植物花粉中，例如匈牙利學者曾經報導粉紅黏帚黴菌（*Gliocladium roseum*）侵害唐松草（*Thalictrum flavum*）花粉（Kedves et al., 1996）。筆者在加拿大首次報導盾殼菌（*Coniothyrium minitans*）和鏈孢黏帚黴菌（*Gliocladium catenulatum*）侵害苜蓿花粉的現象（圖 16, 17）（Huangetal., 2003）。雖然粉紅黏帚黴菌（*G. roseum*）侵害唐松草花粉的過程沒有詳細的報導（Kedves et al., 1996），但從盾殼菌（*C. minitans*）和鏈孢黏帚黴菌（*G. catenulatum*）的實驗，發現這兩種真菌卻都很容易侵害苜蓿花粉。它們的侵害過程與前面幾個病原真菌的例子相似，兩者都用菌絲尖端直接刺破花粉細胞壁，然後以侵入的菌絲吸取花粉內的營養物質，進行大

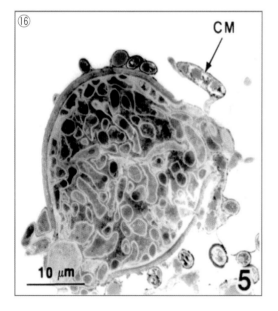
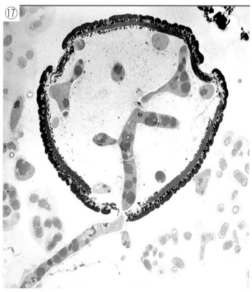

⑯ 盾殼菌 (*Coniothyrium minitans*) 的菌絲 (CM) 在苜蓿花粉粒中大量增殖 (TEM 照片)。
⑰ 鏈孢黏掃黴菌 (*Gliocladium catenulatum*) 的菌絲 (GC) 自苜蓿花粉之發芽孔侵入 (TEM 照片)。

量增殖，使整個花粉粒充滿菌絲而死亡（Huang et al., 2003）。這幾個眞菌非但不會危害高等植物，而且很多研究還證實它們是屬於超寄生菌（mycoparasites），能夠攻擊植物病原菌。例如盾殼菌（*C. minitans*）可以危害菌核病菌（*Sclerotinia sclerotiorum*）（Huang, 1977, 1980），鏈孢黏帚黴菌（*G. catenulatum*）可以危害菌核病菌和鎌孢菌（*Fusarium* spp.）（Huang, 1978），以及粉紅黏帚黴菌（*G. roseum*）可以危害灰黴病菌（*Botrytis cinerea*）（Li etal., 2002）等。如果將這些具有生物防治功能的眞菌，大量培養在花粉上，然後再利用蜜蜂或苜蓿切葉蜂等昆蟲，將這些充滿生防菌菌絲的花粉粒（圖 16, 17），散播在植物的花器上，極可能會增加花器的保護、減少作物花腐病和果腐病的發生。這一方面的研究，在農作物生產和病害防治策略上頗具積極性的意義，值得我們進一步去研究、開發和應用，以增進農業生產與造福農民。

結語和省思

花粉雖然是一細小的生命顆粒，它卻與自然界裡很多其他生物有著極密切的關係。花粉不但是創造與延續高等植物生命所不可或缺的一份子，而且也是很多昆蟲和微生物的糧食供應者。前人發現蜜蜂幼蟲的發育和成長所需的蛋白質來源都是取自於花粉。如果花粉供應不足，就會造成蜜蜂幼蟲發育不良和壽命減短的後果（Crompton and Wojtas, 1993）。也有人發現蜜蜂巢裡花粉的存量越多，則供養的蜜蜂數目也相對會增加（Crompton and Wojtas, 1993）。所以蜜蜂一方面把花粉當作主要糧食外，另一方面也把花粉帶到花器的柱頭上，幫忙植物完成傳宗接代的任務。

有些文獻記載花粉經常會遭受到微生物（眞菌、細菌、放線菌等）汙染的現象（Colldahl and Carlsson, 1968; Colldahl and Nilsson, 1973; Spiewak et al., 1996a, 1996b），這說明花粉與微生物之間也有著密切的關係。由本文所提到的幾個花粉受病原菌（圖 2 ～ 13）與非病原菌（圖 16 ～ 17）直接侵入危害的例子，可以進一步說明有些微生物不只是汙染花粉粒，而且還會以侵入寄主的方式來破壞花粉。這種眞菌寄生於花粉的現象，在自然界裡是不是很普遍尚不得而知。很多前人的報

告，經常指出從花粉的樣品中分離到真菌。這些真菌與花粉之間的關係到底是表面汙染或是實際侵入寄生，值得進一步去深入研究和探討。但是要確認真菌侵害花粉的現象，只用光學顯微鏡和掃描式電子顯微鏡觀察是不夠的，唯有進一步利用穿透式電子顯微鏡的觀察，才能確切了解真菌侵害花粉的真相。

真菌和高等動物不一樣的地方就是它的每一條菌絲片段都可以長成一個新的個體，不像高等動物只要把頭部去掉，其他身體部位的組織就會死亡。有些高等植物也是一樣，只要把它的生長點去掉，整株植物就會枯死。從本文所舉的例子可以看出真菌會利用花粉中的養分，大量地進行無性繁殖（vegetative reproduction），而使整個花粉粒中充滿了真菌的菌絲（圖 10, 11, 12）。這種充滿活菌絲的花粉粒，就好像是一顆顆填滿火藥的「炸彈」。這種炸彈的威力要比單獨的真菌孢子或菌絲強烈得多。從農民的觀點來看，真菌有好壞兩種。壞的真菌是哪些會危害作物的病原菌；至於好的真菌是哪些對農作物無害，而且可以用來防治作物病害的拮抗菌或生物防治菌（biological control agents）。如果花粉裡裝的是植物病原菌（如圖 10, 12），這些花粉粒就是屬於「壞彈」；相對的，如果花粉粒裝的是生物防治菌（如圖 16, 17），這些花粉粒就是屬於「好彈」了。至於如何應用「好彈」來控制「壞彈」對農作物的危害，則有待科學家們繼續的努力研究。由此觀之，花粉不只是微生物的最愛，而且也會給很多科學家帶來新的研究方向，這卻是筆者當初做這一方面研究時所未曾料想到的。

除了微生物與昆蟲之外，花粉與人類也有非常密切的關係。我們的農作物生產也需仰賴花粉的參與，才有豐碩果實與穀粒的誕生；沒有花粉也許很多養蜂人家都可能會變成無業遊民了。有些人認為花粉是寶貴的健康食品，但是有些人對某些植物的花粉，如美洲常見的豚草（ragweed）過敏，常引起生活上的困擾和痛苦。有些研究報告發現某些引起過敏反應的植物花粉（allergenic pollen），往往也會受某些細菌和真菌的汙染（Colldahl and Carlsson, 1968; Colldahl and Nilsson, 1973; Spiewak et al., 1996a, 1996b）。如果這些花粉過敏原（allergens）也極易遭受微生物直接侵害，那麼這種充滿微生物的花粉粒是否也會增加人類過敏反應的嚴重性呢？有關這方面的研究確實有待醫學界的努力。

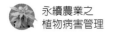
參考文獻

1. Chou, M. C., and Preece, T. F. (1968). The effect of pollen grains on infections caused by *Botrytis cinerea* Fr. *Ann. Appl. Biol.*, 62: 11-22.

2. Colldahl, H., and Carlsson, G. (1968). Allergens in pollen. *Acta Allergologica*, 23:387-395.

3. Colldahl, H., and Nilsson, L. (1973). Possible relationship between some allergens (pollens, mites) and certain microorganisms (bacteria and fungi). *Acta Allergologica*, 23:283-295.

4. Crompton, C. W., and Wojtas, W. A. (1993). Pollen grains of Canadian honey plants. Agriculture Canada Research Branch, Publication 1892/E, Ottawa Canada. 228 p.

5. Dillard, H. R., and Hunter, J. E. (1986). Association of common ragweed with Sclerotinia rot of cabbage in New York State. *Plant Disease*, 70: 26-28.

6. Hartill, W. F. T. (1975). Germination of Botrytis and Sclerotinia spores in the presence of poll en on tobacco leaves. *New Zealand Journal of Agricultural Research*, 18: 405-407.

7. Huang, H. C. (1977). Importance of *Coniothyrium minitans* in survival of sclerotia of *Sclerotinia sclerotiorum* in wilted sunflower. *Canadian Journal of Botany*, 55: 289-295.

8. Huang, H. C. (1978). *Gliocladium catenulatum:* hyperparasite of *Sclerotinia sclerotiorum* and Fusarium species. *Canadian Journal of Botany*, 56: 2243-2246.

9. Huang, H. C. (1980). Control of sclerotinia wilt of sun.ower by hyperparasites. *Canadian Journal of Plant pathology*, 2: 26-32.

10. Huang, H. C., and Kokko, E. G. 1985. Infection of alfalfa pollen by *Veriticillium albo-atrum. Phytopathology* 75: 859-865.

11. Huang, H. C., Kokko, E. G. (1993). Infection of pea pollen by *Sclerotinia sclerotiorum. Plant Pathology (Trends in Agricultural Science)*, 1: 13-17.

12. Huang, H. C., Richards, K. W., and Kokko, E. G. (1986). Role of the leafcutter bee in issemination of *Verticillium albo-atrum* in alfalfa. *Phytopathology*, 76: 75-79.

13. Huang, H. C., and Kokko, E. G., and Erickson, R. S. (1997). Infection of alfalfa pollen by *Sclerotinia sclerotiorum. Phytoparasitica*, 25: 17-24.

14. Huang, H. C., Kokko, E. G., and Huang, J. W. (1998a). Epidermiological significance of pollen in fungal diseases. *Recent Research Developments in Plant Pathology*, 2: 91-109. Research Signpost.

15. Huang, H. C., Kokko, E. G., Erickson, R. S., and Hynes, R. K. (1998b). Infection of canola pollen by *Sclerotinia sclerotiorum. Plant Pathology Bulletin*, 7: 71-77.

16. Huang, H. C., Kokko, E. G., and Erickson, R. S. (1999). Infection of alfalfa pollen by *Botrytis cinerea. Botanical Bulletin of Academia Sinica*, 40: 101-106.

17. Huang, H. C., Kokko, E. G., and Huang, J. W. (2003). Infection of alfalfa（Medicago sativa L.）pollen by mycoparasitic fungi *Coniothyrium minitans* Campbell and *Gliocladium catenulatum* Gilman and Abbott. *Revista Mexicana de Fitopatologia*, 21: 117-122.

18. Iwanami, Y., Sakakuma, T., and Yamada, Y. (1988). Pollen: Illustrations and scanning electronmicrographs. Kodansha, Tokyo, Japan and Springer-Verlag, Heidelberg, Germany. 198p.

19. kedves, M., Pardutz, A., and Varga, A. (1996). Ultrastrucutral study on the pollen-microbial interactions. Taiwania 41: 43-53.

20. Li, G. Q., Huang, H. C., Kokko, E. G., and Acharya, S. N. (2002). Ultrastructural study of mycoparasitism of *Gliocladium roseum* on *Botrytis cinerea. Botanical Bulletin of Academia Sinica*, 43: 211-218.

21. Li, G. Q., Huang, H. C., and Acharya, S. N. (2003). Importance of pollen and senescent petals in the suppression of alfalfa blossom blight（Sclerotinia sclerotiorum）by *Coniothyrium minitans. Biocontrol Science and Technology*, 13: 495-505.

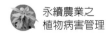

22. Ma, P., Huang, H. C., Kokko, E. G., and Tang, W. H. (2000). Infection of cotton pollen by *Verticillium dahliae. Plant Pathology Bulletin*, 9: 93-98.

23. Spiewak, R., Skorska, C., Prazmo, Z., and Dutkiewicz, J. (1996a). Bacterial endotoxin associated with pollen as a potential factor aggravating pollinosis. *Annals of Agricultural and Environmental Medicine*, 3: 57-59.

24. Spiewak, R., Krysinska-Traczyk, E., Sitkowska, J., and Dutkiewicz, J. (1996b). Microflora of allergenic pollens-A preliminary study. *Annals of Agricultural and Environmental Medicine*, 3: 127-130.

25. Traynor, J.(1981). Use of a fast and accurate method for evaluating pollen production of alfalfa and almond flowers. *American Bee Journal*, 121: 23-25.

26. Warren, R. C. (1972). The effect of pollen on the fungal leaf microflora of *Beta vulgaris* L. and on infection of leaves by *Phoma betae. Netherland Journal of Plant Pathology*, 78: 89-98.

CHAPTER 6

傳粉昆蟲與微生物之關係

昆蟲是地球上整個動物界中數量最多的一群。它們之中有很多是
有害於農作物的「害蟲」,也有很多是有益於農作物的「益蟲」。
一些傳粉類昆蟲(如蜜蜂、切葉蜂、大黃蜂等)除了能夠採蜜與
傳播花粉外,還有助於農作物的生產,故被歸併為「益蟲」類。
然而有些研究報告顯示這類傳粉昆蟲也會攜帶真菌、細菌等微生
物,其中有些菌類竟然還可以引起植物病害,因此傳粉昆蟲在農
業生態環境中的行為確實值得我們關注。本文旨在用和農業生產
有關的蜜蜂和切葉蜂做為例子來討論傳粉昆蟲與微生物間的關
係,期能更深入了解這類傳粉昆蟲在自然界裡扮演著那些重要的
角色。

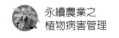
引言

　　高等植物的花粉傳播可分成下列幾種不同的方式，即包括昆蟲傳播（insectborne）、空氣傳播（airborne）及流水傳播（waterborne）等等，其中以昆蟲傳播花粉的植物種類最多，約占植物總數的三分之二（Schoonhoven et al., 1998）。生物界經過長期的演化，使得傳粉昆蟲（pollinating insects）與花粉之間形成一種「相依為命（mutualism）」的密切關係。也就是說昆蟲把花粉傳播到花器後，幫助植物完成授粉作用（pollination），進而產生果實、種子以延續後代；相對的，植物則以極富營養的蜜汁（nectar）（含 50% 糖分）和花粉（含 15～30% 蛋白質和其他生長所需的物質如維他命等）回報昆蟲（Schoonhoven et al., 1998）。這種昆蟲與花粉相依為命的程度，會因植物種類和昆蟲類別的不同而有所差異。像無花果（fig）和無花果蜂（fig wasps）之間的關係是屬於最極端傳粉方式的案例之一，它是一種無花果樹必須仰賴一種專一性無花果蜂，才能完成授粉的作用（Schoonhoven et al., 1998）。

　　自然界中許多植物必須借助傳粉昆蟲才能完成種子生產和延續後代的使命，例如豆科牧草（bird's-foot trefoil；學名 *Lotus corniculatus*），如果沒有傳粉昆蟲（如蜜蜂）的幫助就無法授粉和產生種子，即使有蜜蜂的協助，這些蜂也大多必須在植株上造訪十至二十五次，才能使該作物獲得最高產量（Morse, 1958）。此外，研究發現作物與蜜蜂巢（hive）間的距離會影響紅三葉草（red clover；學名 *Trifolium pretense*）的種子產量，亦即植株離蜂巢越近其種子產量越高（Braun et al., 1953）。另苜蓿（alfalfa；學名 *Medicago sativa*）雖然以自花授粉或他花授粉都可以生產種子，但是若以媒介昆蟲如苜蓿切葉蜂〔alfalfa leafcutter bee；學名 *Megachile rotundata*（Fabricius）〕幫助授粉，卻可以顯著提高它的種子產量（Hobbs, 1978; Goplen et al., 1980）。

　　苜蓿可以生產牧草和苜蓿種子。它是一種極為重要的經濟作物。在北美從事苜蓿種子生產，大都以苜蓿切葉蜂作為傳粉昆蟲（Hobbs, 1978）。因此，美國和加拿大的苜蓿種子主要產區都有飼育苜蓿切葉蜂的專門行業替農民服務。西元 1976 年在美國首次發生苜蓿黃萎病（由 *Verticillium albo-atrum* 引起），隨後陸續遍及美國

和加拿大的苜蓿產區，造成植株萎黃枯死（圖 1）和病株殘體出現大量病原菌孢子（圖 2）等現象（Huang, 2003）。筆者曾針對本病進行一系列的研究，發現很多採自苜蓿黃萎病田之昆蟲包括蚜蟲（Huang et al., 1983）、苜蓿象鼻蟲（alfalfa weevil）（Huang and Harper, 1985）、蝗蟲（grasshoppers）（Harper and Huang, 1984）及苜蓿切葉蜂（Huang and Richards, 1983; Huang et al., 1986）等都可以傳播苜蓿黃萎病菌。本文僅以蜜蜂（*Apis mellifera* L.）和苜蓿切葉蜂兩種傳粉昆蟲作為例子，說明植物、昆蟲及微生物（病原菌和非病原菌）之間的複雜關係和植物保護工作所遭遇到的困境。

蜜蜂與植物的關係

蜜蜂對農作物生產的貢獻是眾所皆知。牠能夠與很多植物建立相依為命（mutualism）的關係，主要原因可大致歸納如下：

1. 蜜蜂身上長滿帶刺的細毛，用以採集花粉：而且許多依賴蟲媒的花粉都具有

① 受黃萎病菌侵害的苜蓿，植株矮化，葉片萎黃枯死。
② 苜蓿黃萎病菌 (*Verticillium albo-atrum*) 具有典型的輪枝狀分生孢子梗和橢圓形分生孢子。

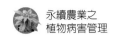

黏性，使牠容易附著在昆蟲體上。同時蜜蜂還會用刷毛的方法，把採集的花粉儲存在後腿外部凹陷處——俗稱花粉籃（pollen basket）（Snodgrass, 1956）。通常一隻工蜂（worker bee）每次外出大約可以攜帶 10 ～ 20 毫克（mg）的花粉回巢（hive）（Seeley, 1985）。

2. 蜜蜂具有採集同一種植物花粉的專一性（flower constancy）：每種植物的花粉粒都有一定的表面結構，這種表面特徵可以用來檢定蜜蜂採集回來的花粉是否來自同一種植物。用這種方法可以決定每一百隻蜜蜂中，有多少隻只攜帶同一種植物的花粉（即無夾雜其他種植物的花粉），然後從中換算出具有專一性的昆蟲百分率。有些研究報導蜜蜂採集同一種植物花粉的專一性高達 81%（Grant, 1950）。由此可見大多數的蜜蜂都會在同一種植物中尋花採蜜，並把花粉從一朵花傳播到另一朵花。這種現象在農作物生產上極具重要性，因為假若蜜蜂缺乏採集花粉的專一性，任意將一種植物的花粉傳播到其他不同種的植物上，就無法幫助該種植物生產種子和果實。

3. 蜜蜂具有辨認哪一種植物之花朵值得它去造訪的能力，尤其是牠會辨別花香和花色：有人以糖水為餌，試驗蜜蜂對香味和顏色的反應，結果發現它對花香只要造訪一次就可記住；但是對花色則往往要造訪多次（四至六次）才會記住（Gould, 1993），這種現象表明蜜蜂對花香的記憶力較強。蜜蜂這種精確的記憶力，提高了牠尋找食物來源的能力。

4. 蜜蜂是群居性（gregarious）的動物，每天出去工作完畢之後就要回巢：據報導牠的取食活動大約在距離蜂巢 600 ～ 800 公尺範圍之內（Seeley, 1985）。然而出外尋找食物對蜜蜂而言，是一件很辛苦的工作，尤其是飛行時對其體能的耗損最大。為了節省體力消耗，一般都在蜂巢周圍附近尋找食物。但是如果牠們知道遠地植物的花蜜含糖量高，牠們也會為了獲取這種更大的報酬而飛到遠方去採蜜（Schoonhoven et al., 1998）。

5. 蜜蜂具有傳遞訊息的本領，牠會將採集食物的地點以及食物供應、食物品質等消息傳達給其他伙伴：據報導蜜蜂會以跳舞的方式和跳舞時間的長短，告知同僚有關蜜糖品質（如含糖量）、蜜糖黏著性、蜜糖採集的難易，甚至當地天氣狀況等情形（Frisch, 1967）。

蜜蜂與微生物的關係

　　自然界裡到處都有肉眼看得見和看不見的各種微生物（細菌、眞菌等）存在。其中有的是植物病原菌，有的是非病原菌。這些微生物遍布於田間或原野的土壤、空氣、流水或植物體上。蜜蜂爲了採集花粉和蜂蜜，每天在田間、花園、菜園、果園等地忙碌不停地工作著。在這種川流不息的活動過程，就有接觸和攜帶微生物的可能性。早期研究發現蜜蜂會傳播杜鵑花斑點病（azalea flower spot）的病原菌（*Ovulinia azaleae* Weiss），而使健康的杜鵑花引起病害（Smith and Weiss, 1942）。後來 Stelfox 氏等（1978）也報導蜜蜂會將汙染菌核病菌（*Sclerotinia sclerotiorum*）的油菜花粉傳播到油菜花上，引起油菜果莢腐爛病。最近一系列的研究也發現很多病原眞菌能夠直接侵害寄主植物的花粉。其中包括灰黴病菌（*Botrytis cinerea*）侵害苜蓿花粉（Huang et al., 1999），以及菌核病菌（*S. sclerotiorum*）侵害豌豆花粉（Huang and Kokko, 1993）、苜蓿花粉（Huang et al., 1997）及油菜花粉（Huang et al., 1998）等。如果蜜蜂藉著採蜜的機會把受病原菌侵害的花粉傳播到寄主植物的花器及其他部位，則可能引起更嚴重的病害。在這方面的研究，目前爲數不多，尚待研究人員繼續努力。

　　除病原菌外，蜜蜂也可以作爲生物防治菌的傳播工具。例如將身上沾染拮抗菌——粉紅黏帚菌（*Gliocladium roseum*）孢子的蜜蜂釋放於草莓田中，可以減輕草莓灰黴病（由 *Botrytis cinerea* 引起）的發生（Peng et al., 1992）。但是這種微生物以蜜蜂爲傳媒的效果，往往受到天候的限制。假如天氣冷、颱風或下雨，蜜蜂就懶得出門工作，因此散播生物防治菌的能力也就會顯著降低。儘管如此，最近發現生物防治菌如盾殼菌（*Coniothyrium minitans*）、黏帚菌（*Gliocladium catenulatum*）（Huang et al., 2003）和粉紅黏帚菌（*Gliocladium roseum*）（Kedves et al., 1996）也很容易直接侵害植物花粉。所以有關利用蜜蜂傳播有益微生物（如生物防治菌）來防治植物病害的可能性和可行性，值得進一步深入研究探討。

③ 一隻苜蓿授粉用的切葉蜂。

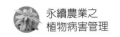
苜蓿切葉蜂與苜蓿的關係

　　雖然在苜蓿田中經常見到蜜蜂、大黃蜂（bumble bees）等傳粉昆蟲忙著尋花採蜜，但牠們幫助苜蓿授粉的能力卻很差（Reinhardt, 1952; Bohart, 1957）。在北美的研究發現，只有苜蓿切葉蜂是具有商業價值的蜂種（Hobbs, 1978）。它是所有切葉蜂當中，唯一具有群居性的蜂種（Hobbs, 1978）。在加拿大和美國由於專業飼養苜蓿切葉蜂的技術開發成功，使得苜蓿種子生產事業向前邁進一大步（Goplen et al., 1980）。

　　苜蓿切葉蜂（圖3）之所以成為苜蓿作物最有效的傳粉昆蟲，是因為苜蓿花粉具有擴散花粉的機械作用結構。苜蓿花的成穗排列是屬於總狀花序（raceme），其中每一朵花含有一片旗瓣（flag）、兩片翼瓣（wing）及一片龍骨瓣（keel）。龍骨瓣兩側各生出一個突起物（lateral projection），將整個花絲筒（花絲和花藥）緊緊包住。當龍骨瓣承受壓力時，其兩側邊緣即會展開，使得花絲筒解放，導致大蕊、小蕊及龍骨瓣互撞，花粉即會散布開來，這種作用稱為「解鉤（tripping）」（圖4~5）。一般龍骨瓣之解鉤作用，多是昆蟲從其兩側間伸入吸吻所引起。從事苜蓿雜交育種工作者常以沾黏有花粉的牙籤輕壓龍骨瓣，同樣也可以達到解鉤與授粉的作用。過去的研究發現蜜蜂對苜蓿花之解鉤作用頗差，因此傳粉效果不佳（Reinhardt, 1952; Bohart, 1957; Goplen et al., 1980）。研究結果發現由歐洲引

④　一朵解鉤前 (before tripping) 的苜蓿花。它的小蕊（花絲、花藥）仍然包藏在龍骨瓣中。

⑤　一朵解鉤後 (after tripping) 的苜蓿花。它的花粉因為龍骨瓣解鉤離析 (tripping) 而彈落在旗瓣、柱頭和花柱等部位。

進的一種苜蓿切葉蜂（alfalfa leafcutter bee）和加拿大本地的一些切葉蜂（native leafcutter bees）的傳粉效果最佳（Gophen et al., 1980）。然而由於農耕影響生態環境，加拿大本地的切葉蜂數量並無法供應商業生產苜蓿種子之需，故必須仰賴專業飼養苜蓿切葉蜂才能滿足種子的生產需求（Goplen et al., 1980）。

苜蓿切葉蜂與微生物的關係

雖然苜蓿切葉蜂已成為一種極具經濟重要性的昆蟲，但近年來在加拿大的一系列研究證明牠卻與苜蓿黃萎病（Verticillium wilt of alfalfa）（圖 1, 2）的發生也有著密切的關係（Huang, 2003）。如果將切葉蜂釋放於苜蓿黃萎病發生的田中（圖

⑥ 在苜蓿黃萎病田間放置一個布滿洞穴的苜蓿切葉蜂箱。這些小洞穴是供切葉蜂做繭巢之用。
⑦ 一隻切葉蜂正在剪切健康的葉片。
⑧ 受黃萎病危害的苜蓿葉片具有典型 V- 字型病斑。圖中一個小葉片 (圖右) 的病斑有切葉蜂切割的缺痕。
⑨ 打開苜蓿切葉蜂的蜂巢，可以看到存放於洞內的許多蜂繭。
⑩ 苜蓿切葉蜂繭，由綠色和褐色小葉片構成的，如果是在病田採回的蜂繭，有些褐色的切片是遭受黃萎病菌危害的葉片組織 (Huang and Richards, 1983)。

6），牠們會從健株（圖 7）或病株葉片（圖 8）切取小片葉組織帶回蜂巢做繭（圖
9, 10）（Huang and Richards, 1983）；另一項研究發現苜蓿花粉很容易遭受苜蓿黃
萎病菌直接侵染危害（Huang and Kokko, 1985）。這些現象可以從檢查採自病田的
切葉蜂身上所攜帶的病原孢子或受侵染的花粉獲得印證（圖 11～14）（Huang et
al., 1986）。例如採自病田的切葉蜂（圖 11），由於牠的刷毛習性，往往把花粉收
集在腹部剛毛（圖 12）、胸腹交接處（圖 14）和頭部等。同時昆蟲體上也有黃萎
病菌之孢子囤積於剛毛基部身體凹陷處（圖 13）、胸腹交接處和頭部等；甚至於
在胸腹交接處的孢子還可以發芽，並以菌絲直接侵害儲存於該處的花粉（圖 14）
（Huang et al., 1986）。這些現象明確顯示苜蓿切葉蜂可能切取黃萎病的病葉，用
它來做繭，也有可能攜帶遭受黃萎病菌侵染的花粉。

　　黃萎病菌屬於一種系統性病害（systemic disease）。它的病原菌通常由根部侵
入，然後進入導管再分布到莖、葉、花穗、花梗（peduncle）、小花梗（pedicel）
及種子等部位。因此受害組織大多與受害導管的連接有關（Huang, 1989）。在同
一棵發病植株上分離到的病原菌百分率以莖桿為最高，然後是花穗梗、小花梗和種
子等依序遞減（Huang et al., 1985），這是病原菌從病株傳到種子的一個途徑；另
外一個途徑是病原菌可以從健康植株的花器侵入而傳至種子上。如果用人工解鈎

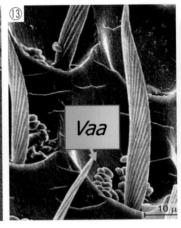
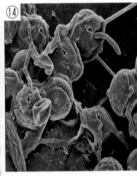

⑪ 一隻採自苜蓿黃萎病田的苜蓿切葉蜂做電子顯微鏡檢查材料。
⑫ 切葉蜂腹部肢節上的剛毛堆滿苜蓿花粉粒。
⑬ 切葉蜂背部剛毛基部，體表凹陷處藏著很多卵圓形的苜蓿黃萎病菌分生孢子。
⑭ 切葉蜂的胸部和腹部之間夾藏著苜蓿花粉和黃萎病菌孢子。這些孢子發芽後，進而侵害花
　粉粒 (Huang et al.,1986)。

（tripping）授粉方式將黃萎病菌孢子與花粉同時傳播到每一朵花的柱頂上，這些花不但不會萎凋脫落，而且還會繼續發育形成果莢，只是其柱頭與花柱頂端會呈現褐變的症狀（圖 15）。進一步用電子顯微鏡檢查褐變組織，發現掉落在柱頭上的孢子可以發芽，並以菌絲侵入柱頭的薄壁組織（圖 16）以及花柱的厚壁細胞內（圖 17）。試驗證明在褐變的柱頭和花柱裡潛伏的病原菌菌絲要等到果莢成熟後，在潮溼、適溫環境下，才會迅速生長和蔓延到整個花柱（圖 20）、果莢和種子（圖 18 ～ 21）等部位。由於苜蓿切葉蜂在病田裡會帶菌（Huang et al., 1986），牠也就有可能藉採花解鉤的機會，將病原菌傳播到健康植株的花柱上，造成潛伏感染；等到苜蓿果莢成熟，巧逢潮溼氣候，病原菌就有機會蔓延到果莢和種子上，因而成為種子傳播病害的另一個新的途徑（Huang et al., 1986）。

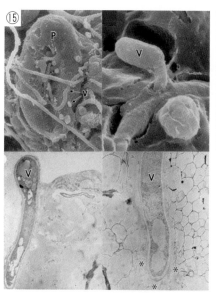

⑮ 苜蓿花柱頭上的花粉粒 (P)（圖左上）和黃萎病菌孢子 (v)（圖右上）。發芽的孢子（圖右上）以發芽管和菌絲侵入柱頭的薄壁組織中（圖左下，圖右下）。
⑯ 苜蓿黃萎病菌之孢子藉切葉蜂解鉤 (tripping) 授粉的機會接種在柱頭上，經過三週，結成一果莢，僅僅造成柱頭和花柱頂端褐變（圖左）。健康無病的果莢（圖右），其柱頭則呈乳白色。
⑰ 黃萎病菌菌絲分布於褐色病變的花柱組織中。

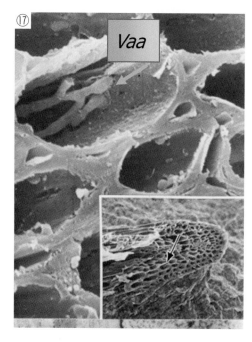

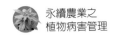
　　以上是關於苜蓿切葉蜂傳播病原菌的研究情形，但是用牠來攜帶和傳播有益微生物（如拮抗菌或生物防治菌）的可能性，到目前為止還沒有人研究。例如盾殼菌（*Coniothyrium minitans*）是用以防治作物菌核病（*Sclerotinia sclerotiorum*）的一種超寄生菌（Huang, 1980., Huang et al., 2000），最近發現此一有益真菌也很容易直接侵害苜蓿花粉（Huang et al., 2003）。初步研究發現，利用切葉蜂攜帶感染生物防治菌的花粉，可增加防治作物花腐病或果腐病的效果（圖 22 ～ 24）。這一領域值得進一步去研究和探討。

⑱ 由花器接種苜蓿黃萎病菌所形成的一個綠色幼嫩果莢 (授粉後二星期，圖左) 和一個黃褐色成熟果莢 (授粉後五星期) 放置於潮溼濾紙上培養，第一天無病原菌在褐變柱頭和花柱生長的跡象。

⑲ 到第四天，幼嫩果莢的柱頭上長出稀疏菌絲 (圖左)；至於成熟果莢的柱頭，果莢部位布滿菌絲 (圖右)，其中一粒種子破莢而出。

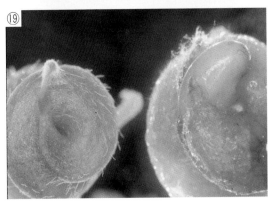

⑳ 到第七天，幼嫩果莢上的菌絲仍然侷限於受害的花柱部位 (圖左)；然而成熟的果莢已腐爛且菌絲布滿果莢，並危害出芽的種子 (圖右)。

㉑ 在潮溼環境培養七天的成熟果莢之花柱，其上布滿典型的黃萎病菌分生孢子梗和分生孢子。

㉒～㉔ 利用切葉蜂（圖 22）攜帶有益微生物（如重寄生菌）防治苜蓿花腐病（由 *Verticillium albo-atrum* 引起）的田間試驗情形（圖 23～24）。每一小區一帳棚其上吊一蜂箱。(Lethbridge 研究中心，2000)

結語和省思

　　蜜蜂和苜蓿切葉蜂均屬於重要的經濟昆蟲，牠們不但是農作物生產的功臣，而且也是維護植物多樣性（plant diversity）以及自然生態平衡的重要使者。據估計地球上大約有百分之三十的食物是依賴傳粉昆蟲的貢獻（Schnoonhoven et al., 1998）。在美國調查六十三種蟲媒作物發現，如果沒有蜜蜂存在，每年所造成的經濟損失約五十億美元（Southwick and Southwick, 1992）。假如傳粉昆蟲突然消失，很多蟲媒植物也會隨著在自然界裡消失（Neff and Simpson, 1993）。由此可見蜂類不但和植物相依為命，而且也和人類息息相關。本文提到的兩種昆蟲都是群居性的蜂類，牠們遠離巢穴還可以認路，將採集到的食物攜帶回家（Seeley, 1985）。此外，這些群居的蜂類都知道如何和睦相處，牠們一旦發現什麼地方有好吃的東西就會歡欣鼓舞地

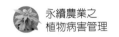
告知同伴（Frisch, 1967）。這種優良的群居習性與認路能力，值得我們好好學習。

　　蜜蜂與苜蓿切葉蜂除了傳播花粉和擔任植物的「媒婆」之外，牠們也會當微生物的「司機」或「郵差」。很多微生物（病原菌或非病原菌）在田間都會產生孢子，這些孢子會藉昆蟲尋花採蜜的機會搭「便車」，傳播到植物上。本文提到這些蜂類攜帶真菌孢子或攜帶受真菌侵染的花粉等例子，大多是由於偶然機會黏染昆蟲體表所造成的。至於文獻上記載，蜂也會遭到病原菌的侵害而導致生病，則是屬於蟲生病原菌的領域，不在本文的討論範圍之內。

　　雖然蜜蜂與苜蓿切葉蜂都可以充當微生物的「司機」，但牠們卻無法辨認所載的乘客（微生物）是好的（如拮抗菌或生物防治菌）或是壞的（如病原菌）。假如牠們有辨別和選擇的能力，相信每一隻蜂都願意擔任「天使」，在田間自由自在地採花釀蜜和散布有益微生物，以確保植物的健康。如此一來，除了農民會慶幸農作物的豐收外，昆蟲也會喜獲充足花粉和蜜腺等糧食來源的供應。相對地，牠們絕對不願當「惡棍」，去把病原菌傳播給植物，造成植物發育不良，使得開花數劇減，甚至造成整棵植物生病死亡。設若發生這種情形，不但會引發牠們的食物來源短缺，而且還可能迫使農民噴灑農藥防治植物病害，致使牠們因而遭遇到無辜滅頂的災禍。顯然農民必須小心翼翼地把蜜蜂或切葉蜂放養在健康無病的作物栽培田間，才能讓每一隻蜂都能夠快快樂樂地尋花採蜜充當「天使」，為千百萬農民服務。

參考文獻

1. Bohart, G. E. (1957). Pollination of alfalfa and red clover. *Annual Review of Entomology*, 2:355-380.

2. Braun, E., MacVicar, R. M., Gibson, D. A., Pankiw, P., and Guppy, J. (1953). Studies in red clover seed production. *Journal of Agricultural Science*, 3:48-53.

3. Frisch, K. von. (1967). The Dance Language and Orientation of Bees. Harvard University Press, Cambridge, Massachusetts.

4. Goplen, B. P., Baenziger, H., Bailey, L. D., Gross, A. T. H., Hanna, M. R., Michaud, R., Richards, K. W., and Waddington, J. (1980). Growing and managing alfalfa in

Canada. Agriculture Canada Publication 1705. Agriculture Canada, Ottawa. 49 p.

5. Gould, J. L. (1993). Ethological and comparative perspectives on honey bee learning. Pages 15-50 in: Insect Learning: Ecological and Evolutionary Perspectives. Papaj, D. R., and Lewis, A. C.（eds.）New York: Chapman & Hall,

6. Grant, V. 1950. The flower constancy of bees. *Botanical Review,* 16:379-398.

7. Harper, A. M., and Huang, H. C. (1984). Contamination of insects by the plant pathogen *Verticillium albo-atrum* in an alfalfa field. *Environmental Entomology,* 13:117-120.

8. Hobbs, G. A. (1978). Alfalfa leafcutter bees for pollinating alfalfa in western Canada. Publication 1495. Agriculture Canada, Ottawa. 30 p.

9. Huang, H. C. (1980). Control of sclerotinia wilt of sun flower by hyperparasites. *Canadian Journal of Plant Pathology,* 2:26-32.

10. Huang, H. C. (1989). Distribution of *Verticillium albo-atrum* in symptomed and symptomless leaflets of alfalfa. *Canadian Journal of Plant Pathology,* 11: 235-241.

11. Huang, H. C. (2003). Verticillium wilt of alfalfa: epidemiology and control strategies. *Canadian Journal of Plant Pathology,* 25:328-338.

12. Huang, H. C., and Richards, K. W. 1983. *Verticillium albo-atrum* contamination on leaf pieces forming cells for the alfalfa leafcutter bee. *Canadian Journal of Plant Pathology,* 5:248-250.

13. Huang, H. C., and Harper, A. M. 1985. Survival of *Verticillium albo-atrum* from alfalfa in feces of leaf-chewing insects. *Phytopathology,* 75:206-208.

14. Huang, H. C., and Kokko, E. G. 1985. Infection of alfalfa pollen by *Verticillium albo-atrum. Phytopathology,* 75:859-865.

15. Huang, H. C. and Kokko, E. G. (1993). Infection of pea pollen by *Sclerotinia sclerotiorum. Plant Pathology (Trends in Agric. Sci.).* 1:13-17.

16. Huang, H. C., Harper, A. M., Kokko, E. G. and Howard, R. J. 1983. Aphid transmission of *Verticillium albo-atrum* to alfalfa. *Canadian Journal of Plant Pathology,* 5:141-147.

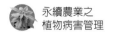

17. Huang, H. C., Hanna, M. R. and Kokko, E. G. (1985). Mechanisms of seed contamination by *Verticillium albo-atrum* in alfalfa. Phytopathology, 75:482-488.

18. Huang, H. C., Richards, K. W. and Kokko, E. G. (1986). Role of the leafcutter bee in dissemination of *Verticillium albo-atrum* in alfalfa. *Phytopathology,* 76:75-80.

19. Huang, H. C., Kokko, E. G., and Erickson, R. S. (1997). Infection of alfalfa pollen by *Sclerotinia sclerotiorum. Phytoparasitica,* 25:17-24.

20. Huang, H. C., Kokko, E. G., Erickson, R. S., and Hynes, R. K. (1998). Infection of canola pollen by *Sclerotinia sclerotiorum. Plant Pathology Bulletin,* 7:71-77.

21. Huang, H. C., Kokko, E. G., and Erickson, R. S. (1999). Infection of alfalfa pollen *by Botrytis cinerea. Botanical Bulletin of Academia Sinica,* 40:101-106.

22. Huang, H. C., Bremer, E., Hynes, R. K., and Erickson, R. S. (2000). Foliar application of fungal biocontrol agents for the control of white mold of dry bean caused by *Sclerotinia sclerotiorum. Biological Control,* 18:270-276.

23. Huang, H. C., Kokko, E.G., and Huang, J. W. (2003). Infection of alfalfa（*Medicago sativa L.*） pollen by mycoparasitic fungi *Coniothyrium minitans* Campbell and *Gliocladium catenulatum* Gilman and Abbott. *Revista Mexicana de Fitopatologia,* 21:117-122.

24. Kedves, M., Pardutz, A., and Varga, A. (1996). Ultrastructural study on the pollen-microbial interactions. *Taiwania,* 41:43-53.

25. Morse, R. A. (1958). The pollination of bird's-foot trefoil. *Proceedings of 10th International Congress of Entomology,* 4:951-953.

26. Neff, J. L., and Simpson, B. B. 1993. Bees, pollination systems and plant diversity. Pages 143-167 in: Hymenoptera and Biodiversity. LaSalle, J., and Gauld, I. D.（eds.）, CAB International, Wallingford, Oxon, UK.

27. Peng, G., Sutton, J. C., and Kevan, P. G. (1992). Effectiveness of honey bees for applying the biocontrol agent *Gliocladium roseum* to strawberry flowers to suppress *Botrytis cinerea. Canadian Journal of Plant Pathology,* 14:117-129.

28. Reinhardt, T. F. (1952). Some responses of honey bees to alfalfa flowers. *American Nature,* 86:257-275.

29. Schoonhoven, L. M., Jermy, T., and van Loon, J. J. A. (1998). Insect and flowers: The beauty of mutualism. Pages 315-342 in: Insect-Plant Biology: From Physiology to Evolution. Chapman & Hall, London, New York, Tokyo.

30. Seeley, T. D. (1985). Honeybee Ecology. New Jersey, Princeton: Princeton University Press.

31. Smith, F. F., and Weiss, F. (1942). Relationship of insects to the spread of azalea flower spot. *USDA Technical Bulletin,* 798, 1-44.

32. Snodgrass, R. E. (1956). Anatomy of the Honey Bee. Comstock, Ithaca, New York.

33. Southwick, E. E., and Southwick, L. (1992). Estimating the economic value of honeybees（Hymenoptera, Apidae）as agricultural pollinators in the United States. *Journal of Economic Entomology,* 85:621-633.

34. Stelfox, D., Williams, J. R., Soehngen, U., and Topping, R. C. (1978). Transport of *Sclerotinia sclerotiorum* ascospores by rapeseed pollen in Alberta. *Plant Disease Reporter,* 62:576-579.

CHAPTER 7

作物害蟲傳播植物病害

自然界裡對農作物有害的昆蟲種類很多。根據牠們的取食習性可區分為單食性害蟲和雜食性的害蟲。單食性害蟲只危害一種農作物，而雜食性的害蟲則可危害多種農作物。又以牠們的取食方法可區分為刺吸性害蟲和咀嚼性害蟲。例如蚜蟲即屬於刺吸性害蟲而蝗蟲即屬於咀嚼性害蟲。苜蓿是一種最具經濟價值的豆科牧草。1970 年代在美國和加拿大由於苜蓿黃萎病的發生，使苜蓿生產遭受到極大威脅，筆者乃全心投入研究本病。在研究過程中首次發現很多種苜蓿害蟲也會傳播黃萎病菌。特以蚜蟲、蝗蟲和苜蓿象鼻蟲為例，說明這三種昆蟲傳播苜蓿黃萎病菌的方法，期使讀者深入了解昆蟲與植病的密切關係。

引言

苜蓿（*Medicago sativa*）是屬於多年生豆科植物，也是一種重要的環境保護作物，在世界各農牧地區多有栽培。這種作物會產生根瘤菌，用以固定空氣中的氮素；並且有很長的根系可以抵抗乾旱的土壤環境。近年來，科學家研究發現苜蓿尚可降低土壤中累積的鹽分，因此苜蓿可以作為輪作栽培體系的主要作物之一。

西元 1950 年代苜蓿曾被稱為牧草中的灰姑娘作物（Cinderella crop），因為它具有相當大的發展潛能；後來經過研究證明苜蓿確實是一種具有多種用途的經濟作物。苜蓿莖葉除了可以作為乾草飼料之外（圖 1），在各種超市出售苜蓿苗充作健康食品已相當普遍。在歐美各地健康食品店販售苜蓿莖葉，也被用來泡製成為苜蓿茶。然而苜蓿莖葉最主要的用途還是作為牛、馬、羊及寵物（兔子等）的飼料。

① 苜蓿收割後成捆的牧草。

苜蓿黃萎病（Verticillium wilt）是由黑白輪枝菌（*Verticillium albo-atrum*）所引起的一種真菌性病害。本病自從西元 1918 年於瑞典首次被發現後，就在歐洲的溫帶地區迅速蔓延，成為歐洲地區苜蓿的主要病害。經過 8 年後，本病於西元 1926 年首次於加拿大魁北克省的一塊試驗田發現，但沒有普遍發生。直到 1976 年才在美國西北部以及 1977 年在加拿大英屬哥倫比亞省等地的農田裡發生。之後 1981 年也在日本北海道地區發生。現在苜蓿黃萎病已成為歐洲、北美及日本的重要病害之一。本病雖為溫帶地區的病害，惟最近報告顯示，苜蓿黃萎病也可在美國加州南部溫暖地區發生。顯然本病在亞熱帶地區的冬季或高山冷涼地區亦有可能發生。由於苜蓿是一種多用途的作物，苜蓿黃萎病除了直接造成農民在生產牧草或苜蓿種子上的經濟損失之外，同時也會影響乳牛、肉牛、羊等畜牧業，苜蓿塊（alfalfa cubes）及苜蓿粒（alfalfa pellets）等加工製造業，及生產苜蓿種子專用的切葉蜂（leafcutter bees）養殖業與人工蜂巢製造業等。

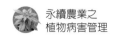

　　苜蓿黃萎病是一種重要的檢疫病害，往昔在北美及日本報告苜蓿黃萎病的發生，大多歸咎於不小心引進受病原菌感染的種子所致。最近一系列研究證明，苜蓿田裡許多有害的昆蟲在苜蓿黃萎病菌的傳播上也扮演著重要的角色。由於苜蓿黃萎病在臺灣尚未發生，被列為檢疫病害，因此筆者特地撰寫本文，列舉三種有害昆蟲傳播本病害的現象，供讀者及防檢疫人員參考。

苜蓿黃萎病的病徵

　　苜蓿黃萎病是一種系統性病害，病原菌可分布於受害植株的各部位如根、莖、葉、花穗（racemes）上的小梗（peduncles）等。研究顯示本病雖是一種系統性病害，但是病原菌主要卻分布於輸導組織的導管中，因此病原菌在導管（vessel）中蔓延性較強，而在導管與導管（vessel-to-vessel）間的蔓延性較弱。若一個果莢內的種子，其種臍直接與受害果莢的中肋輸導管相接連，則該種子即有可能受害。

　　苜蓿黃萎病的主要病徵為呈現植株矮化、萎凋及枯死（圖2）。受害葉部頂端常有 V- 字型的褐色病斑（圖3）；另一特徵則是剛萎凋枯死的植株，莖桿仍

② 苜蓿植株受黃萎病菌危害而產生萎凋及矮化現象。
③ 苜蓿葉片受黃萎病菌危害而產生 V- 字型的褐色病斑。
④ 苜蓿黃萎病菌產生輪枝狀的分生孢子梗及單細胞的分生孢子。

然保持綠色，這是其與遭受霜害枯死的植株呈現顯著不同的地方。黃萎病菌
（*Verticillium albo-atrum*）容易用選擇性培養基從受害的組織分得，它的主要特徵
是產生輪狀的小孢柄，並於每一小孢柄的頂端產生單室的分生孢子（圖 4）。本菌
與另一種危害馬鈴薯、棉花、向日葵等作物的大麗輪枝病菌（*Verticillium dahliae*）
主要不同之處是：前者不能產生微菌核（microsclerotia），而後者可以產生。

昆蟲攜帶苜蓿黃萎病菌的現象

　　昆蟲能夠傳播苜蓿黃萎病的現象是在加拿大首次被發現的。由於苜蓿是一種多
年生的作物，很多種具有經濟重要性的昆蟲（益蟲或害蟲）均能在苜蓿田裡棲息；
又由於牧草每年收割次數頻繁，以及人畜安全上的考量，在北美很少有註冊的農藥
能被核准用於苜蓿病害及蟲害的防治，因此選擇此一作物進行昆蟲與植病的關係探
討，在病蟲害綜合防治策略上具有深遠的意義。

　　田間觀察結果發現，苜蓿黃萎病菌能夠在受害的矮化、枯死植株上越多。這種
植株殘體在適當的環境下，能夠在病株表面產生大量的分生孢子（圖 4）。在田間
如果活動的昆蟲與這種產孢的植株接觸，就會造成蟲體攜帶病原菌的現象（圖 5 ～
7）。從採自苜蓿病田的昆蟲樣本分析結果，發現很多種昆蟲都能攜帶苜蓿黃萎病
菌，其中害蟲類包括蚜蟲（aphid）、苜蓿斑點蚜、苜蓿象鼻蟲（alfalfa weevil）、
鱗翅目蛾類、擬尺蠖及蝗蟲（grasshopper）等（Harper and Huang, 1984）。

　　另一研究顯示，氣候因子能夠影響苜蓿黃萎病菌在田間產孢的能力，例如經由
雨後或灌溉後的病田所採集的昆蟲，其帶菌率遠高於從乾旱田採集的昆蟲。此外昆
蟲帶菌的能力與昆蟲身體的構造與習性有關，例如苜蓿黃萎病菌的孢子大多分布於
蚜蟲足部末端的趾節基部（圖 6 ～ 7）（Huang et al., 1983）。

昆蟲傳播苜蓿黃萎病的現象

　　雖然許多不同種類昆蟲都能攜帶苜蓿黃萎病菌，但不一定每一種昆蟲都能有效
地傳播此一病害。能有效傳播病原菌的媒介昆蟲，必須具有收藏及攜帶病原菌的能

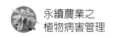
力，且能將病原菌傳播至植物易受侵染的部位（infection court），並協助該病菌入侵與使寄主植物產生病害。茲就刺吸式昆蟲和咀嚼式昆蟲傳播病害之特性舉列說明如下：

1. 刺吸式昆蟲（Sucking insects）：將採自苜蓿黃萎病田的帶菌蚜蟲，在溫室

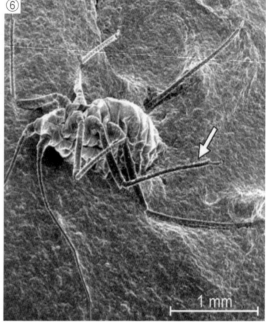

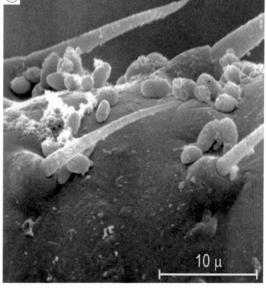

⑤ 苜蓿田中因黃萎病而枯死的植株上有蚜蟲在爬行。

⑥〜⑦ 從苜蓿黃萎病田裡採回的一隻蚜蟲（圖6），其足部末端的跗節基部夾帶黃萎病菌的分生孢子（圖7）。

8～⑪ 蚜蟲傳播苜蓿黃萎病試驗。將採自苜蓿黃萎病田的蚜蟲放飼於有苜蓿植株的箱中 (圖 8)，經過四週後檢查植株發病情形。結果顯示，無蚜蟲的苜蓿植株都生長健康 (圖 9)，而有蚜蟲的苜蓿植株都萎黃矮化 (圖 10)，且在葉片上產生典型的 V-字型病斑 (圖 11)。

內間隔置放於健康苜蓿植株上，經過四個星期飼養之後，即可使苜蓿植株受害，並產生典型的黃萎病病徵（圖 8～11）。此外，以飼養方式觀察蚜蟲所攜帶的病原孢子，發現蚜蟲刺吸後的傷口可促進孢子發芽，進而侵入植物體內（圖 12, 13）。顯然，蚜蟲及其他刺吸式昆蟲是黃萎病菌的有效媒介昆蟲，因為病原孢子極易借由昆蟲刺傷部位所滲出的養分供給而發芽，並以菌絲經由傷口侵入植物體中（Huang et al., 1983）。

2. 咀嚼式昆蟲（Chewing insects）：咀嚼式害蟲如蝗蟲本身不但取食葉片直接

⑫ 放飼的蚜蟲爬到苜蓿枝條頂端取食幼嫩莖葉。

⑬ 黃萎病菌孢子經由蚜蟲刺吸的傷口侵入植物體，並於傷口處產生大量分生孢子。

⑭ 在美國蒙大拿州靠近加拿大邊界一塊受蝗蟲嚴重危害的苜蓿田。

⑮ 一隻蝗蟲取食苜蓿黃萎病的病葉。

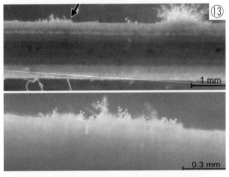

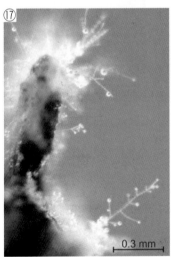

⑯～⑰ 蝗蟲取食苜蓿黃萎病的病葉，所產生的糞便，在潮溼環境下會產生大量病原孢子。

⑱ 接種帶有黃萎病菌的蝗蟲糞便，可使苜蓿幼苗產生黃萎病。

⑲～⑳ 苜蓿象鼻蟲 (*alfalfa weevil*) 的成蟲 (圖 19) 和幼蟲 (圖 20) 都可將所攜帶的苜蓿黃萎病菌藉咬食過程引進苜蓿葉片或嫩芽，使苜蓿出現黃萎病。

⑲

⑳

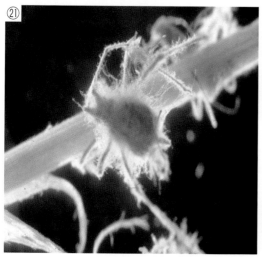
㉑

㉒

㉑～㉒ 媒介昆蟲如蚜蟲 (圖 21) 和蝗蟲 (圖 22) 可用 *Verticillium lecanii* (一種會寄生殺害昆蟲的真菌) 來防治。

傷害苜蓿植株（圖 14），而且也會傳播苜蓿黃萎病菌。實驗證明蝗蟲取食苜蓿黃萎病葉片，所排出的糞便也能傳播病原菌，使苜蓿植株產生黃萎病（圖 15 ～ 18）（Huang and Harper, 1985）。又如苜蓿象鼻蟲（圖 19, 20）也是屬於咀嚼式口器的害蟲，能夠將身上所攜帶的病原孢子，傳播至苜蓿植株，並藉由咀嚼的傷口，促使

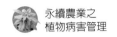
孢子發芽，進而侵入植株引起黃⟨23⟩病（Huang and Harper, 1985）。此外，從室內飼養的實驗發現苜蓿象鼻蟲的成蟲（圖19）和幼蟲（圖20）若取食苜蓿黃萎病葉，病原菌也會經過蟲體消化系統，存活於其所排出的糞便中。綜合上述，咀嚼式害蟲傳播苜蓿黃萎病可經由兩種不同途徑：即 (1) 經由蟲體攜帶的孢子傳播和 (2) 經由取食病葉所排出的汙染糞便傳播（Huang and Harper, 1985）。

⟨23⟩～⟨24⟩ 受芒果炭疽病危害的芒果葉片病斑上有孢子產生 (圖 23)，同時病斑附近有很多果實蠅在葉片組織裡產卵的現象 (圖 24)。

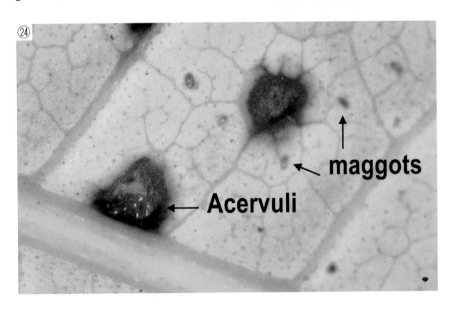

⟨24⟩

maggots

Acervuli

結語和省思

　　歸納上述各點，證明很多對農作物有害的昆蟲，如蚜蟲、苜蓿象鼻蟲、蝗蟲等，都可能是苜蓿黃萎病的重要媒介昆蟲。此病原菌藉昆蟲危害植物所造成的傷口侵入植物體，而使植物生病死亡。了解昆蟲與本病害發生的關係之後，應該進一步研究防蟲、防病的策略。筆者曾經嘗試應用一種蟲生真菌（*Verticillium lecanii*）來防治蚜蟲（圖21）（Harper and Huang, 1986）和蝗蟲（圖22）（Johnson et al., 1988），結果顯示該菌只有在潮溼環境下，才有顯著的寄生能力和防治害蟲效果。這方面的工作有待昆蟲學家與植物病理學家共同合作，繼續努力研究。

　　西元 1997 年筆者曾於臺南縣的道路旁，發現芒果樹遭受炭疽病菌的嚴重危害。在受害葉片上發現許多炭疽病病斑產生大量的孢子；同時葉片上有很多果實蠅產卵的情形，其中有些卵是直接產生於炭疽病斑附近或病斑中（圖23, 24），這不禁令人懷疑果實蠅或許亦是芒果炭疽病的媒介昆蟲，這種現象確實值得國人進一步去深入研究。

參考文獻

1.　Huang, H. C., Harper, A. M., Kokko, E. G. and Howard, R. J. (1983). Aphid transmission of *Verticillium albo-atrum* to alfalfa. *Canadian Journal of Plant Pathology,* 5:141-147.

2.　Harper, A. M., and Huang, H. C. (1984). Contamination of insects by the plant pathogen *Verticillium albo-atrum* in an alfalfa field. *Environmental Entomology,* 13:117-120.

3.　Huang, H. C., and Harper, A. M. (1985). Survival of *Verticillium albo-atrum* from alfalfa in feces of leaf-chewing insects. *Phytopathology,* 75:206-208.

4.　Harper, A. M. and Huang, H. C. (1986). Evaluation of the entomophagous fungus *Verticillium lecanii*（Moniliales: Moniliaceae） as a control agent for insects. *Environmental Entomology,* 15:281-284.

5. Johnson, D. L., Huang, H. C. and Harper, A. M. (1988). Mortality of grasshoppers (Orthoptera: Acrididae) inoculated with a Canadian isolate of the fungus *Verticillium lecanii. Journal of Invertebrate Pathology,* 52:335-342.

PART 3

植物病害之管理

CHAPTER 8

健康種子與病害防治

自然界裡有許多植物病害是經由罹病種子傳播。這種傳播方式，往往是引進作物新病害的一個重要途徑。西元 2002 年我國加入世界貿易組織（World Trade Organization，或簡稱 WTO），使農產品的進出口貿易更加頻繁，經由種子或果實引進新病害的機會大增，給我國作物病蟲害的保護工作，帶來相當大的衝擊與挑戰。為了喚醒國人重視種媒的病害問題，筆者希望藉此報告引發讀者對種子傳播病害的認識，進而思考如何研擬對付這類作物病害的有效對策。

引言

　　引起植物病害的病原種類很多，其中包括真菌（fungi）、細菌（bacteria）、病毒（virus）或類病毒（viroid）和線蟲（nematode）等。植物病原菌的傳播方式也很多，包括土壤傳播（soilborne）、空氣傳播（airborne）、流水傳播（waterborne）、昆蟲傳播（insectborne）和種子傳播（seedborne）等。至於病害的傳播方式往往因病害與病原菌的種類而異。例如有些植物病毒病必須依賴特定的媒介昆蟲來傳播，但是有些真菌病原孢子則可經由土壤、流水、空氣、農具、種子和人畜等途徑來傳播。

　　種子攜帶病原菌可分為種子外表帶菌（external seedborne）、種子內部帶菌（internal seedborne）等兩種類型。例如大麥堅黑穗病菌（*Ustilago hordei*）是屬於種子外表帶菌型，因為它是以其冬孢子（teliospores）附著於麥粒表面而傳播，至於大麥散黑穗病菌（*Ustilago nuda*）或小麥散黑穗病菌（*Ustilago tritici*）則屬於種子內部帶菌型，因為這兩種病原菌都可寄生於種子內部的胚（embryo）組織（Agarwal and Sinclair, 1987a）。其他有些植物病原菌可以兩種類型同時存在於一粒種子上面。例如小米露菌（*Sclerospora graminicola*）在同一粒種子上既可以用菌絲寄生在種子內部，又可以用卵孢子（oospores）附著在種子表面。

　　種子攜帶病原菌往往會造成幾種不良後果，其中包括減低種子發芽率、影響作物產量與品質、傳播植物病害、以及危害人畜安全與健康等。據估計世界上大約有 90% 的糧食作物如水稻、麥類、豆類等，均是以種子繁殖（Agarwal and Sinclair, 1987a），而這些作物當中，又有很多種病害是經由種子傳播，使病害在苗圃或田裡發生，造成農作物減產和品質下降等現象。又有些病原菌會在罹病種子上產生毒素（toxin），致使人畜因誤食罹病種子而中毒。例如花生黃麴菌（*Aspergillus flavus*）會在受害種子上產生一種毒素叫作黃麴毒素（aflatoxin），如果豬、牛、羊、雞、鴨等吃了受該菌汙染的種子，往往會造成中毒，致使其內臟器官出現壞疽或硬化等現象（Agarwal and Sinclair, 1987a）。又如水稻穀粒遭受病原菌 *Penicillium islandicum* 侵染，米粒會變成黃色。動物誤食這種黃變米，往往會造成肝硬化，甚至引發死亡的後果（Agarwal and Sinclair, 1987a）。

　　經由罹病種子傳播的病害，除了在苗圃或田裡蔓延之外，有些還可以透過農產品進出口的貿易途徑做跨國傳播。由於我國已加入世界貿易組織（WTO），農產品如水果、種子、種球等進出口日益頻繁，如果不加以留意種子或種苗所攜帶的病原菌，則會有自國外引進作物新病害的可能。本章僅以作者親身研究過的幾種種子傳播作物病害作為案例，來探討這些病原菌的傳播方式、發病生態以及防治對策，以期有助於讀者深入了解健康種子或健康種苗對作物生產的重要性。

種子罹病與傳病的例證

　　植物病害可區分為系統性病害（systemic disease）與局部性病害（localized disease）兩大類。系統性病害是病原菌分布於植物體全株各器官，如根、莖、葉、花、果實、種子等部位。這類病原菌通常是經由病株的輸導組織，將病原菌傳播到種子。局部性病害是病原菌只危害植物體的某些器官，例如根腐病、葉斑病、花腐病、果腐病及種子腐爛病等。引起種子病害的病原菌大多是於植物開花結果期間感染花器或果實、種子。茲僅就系統性病害與局部性病害各列舉數例，說明種子罹病過程以及傳病的可能途徑。

（一）系統性病害（Systemic disease）

　　1. 菜豆細菌性萎凋病（Bacterial wilt of beans）：菜豆細菌性萎凋病（圖 1~2）是由細菌 *Curtobacterium flaccumfaciens* pv. *flaccumfaciens* 所引起。本病原細菌可以按照他們所分泌的色素，將它區分為黃色、橘色與紫色等三個不同變異型（variants）（Hall, 1994）。菜豆細菌性萎凋病在美國、加拿大、墨西哥、澳洲、保加利亞、匈牙利、土耳其和南斯拉夫等國家均有報導（Hsieh etal., 2004）。於西元 2001 年，在加拿大西部發現黃色（圖 2, 3）與橘色（圖 3）兩種變異型菌株（variants）（Hsiehetal., 2002）。後來於西元 2005 年又發現紫色（圖 3）變異型菌株，只是發生的頻率很低（Huang etal., 2006）。由於本病是屬於系統性病害（Hsiehetal., 2005），它的病原細菌很容易從萎凋植株莖部輸導組織移行到花器和果莢內的種子，使受害的種子表面出現變色的病徵；設若種子遭受黃色變異型

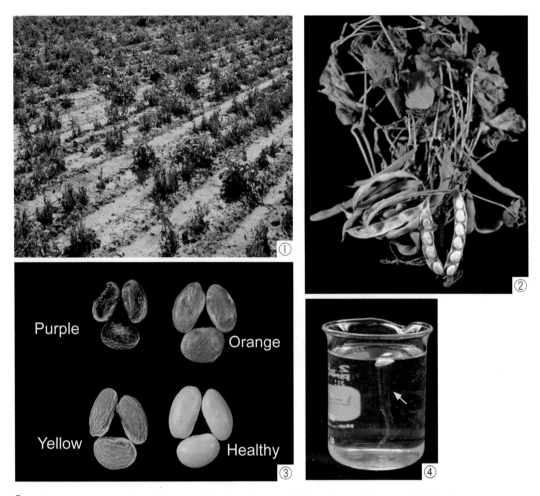

①～② 菜豆細菌性萎凋病在田間危害，使很多植株萎凋枯死 (圖 1) 和受害種子變色 (圖 2)。
③ 菜豆細菌性萎凋病的病原細菌有黃色型 (yellow variant) (圖 3，左下)、橘色型 (orange variant) (圖 3，右上) 和紫色型 (purple variant) (圖 3，左上) 等三種變異型，而健康種子是白色 (圖 3，右下)。此圖的菜豆是屬於 Navy bean 類。
④ 萎凋病之病原細菌由菜豆種皮大量滲入水中，進而形成漏斗狀的細菌混濁液 (箭頭)。

（yellow variant）菌株侵害，就會出現黃色病斑（圖 2, 3）。此外病原細菌可以在罹病種子內部或表面進行大量繁殖，如果將罹病種子外皮放置於清水中，很快地就會有成千上萬的細菌滲入水中，呈現漏斗狀的細菌混濁液（圖 4）。

如果採用帶有細菌萎凋病菌的菜豆種子播種，往往會造成出苗率減低的現象。雖然有些受害較輕微的種子，仍可發芽長出幼苗，但是種子上面的病原細菌會很快地蔓延到幼苗的胚軸（hypocotyls）、子葉（cotyledons）和真葉（true leaves）等器

官，因而造成植株萎凋枯死的現象（圖5,6）。此外，在田間這些罹病種子或枯死幼苗就會成為病原細菌存活的棲居場所（reservoir），並於菜豆生長季節，經由土壤、流水或其他方法再次傳播到鄰近的植株或菜豆田，繼續感染危害。由於菜豆萎凋病菌極易經由進出口貿易種子的途徑而達到遠距離傳播的目的，並可造成極大的產量損失，因此很多國家都將此病害列為重要檢疫病害之一，以杜絕罹病種子的跨國傳播。

⑤～⑥ 健康菜豆種子 (圖5, 左) 長出健康的植株 (圖6, 左)，而罹病的種子 (圖5, 右) 長出矮化凋萎的植株 (圖6, 右)。

⑦ 受害植株上有些葉片出現褐色V-型病斑 (箭頭)。

⑧ 用培養基培養可以看出菌絲由受害莖桿的輸導組織長出來。

⑤

⑥

⑦

⑧

2. 苜蓿黃萎病（Verticillium wilt of alfalfa）：
苜蓿黃萎病是由真菌 *Verticillium albo-atrum* 所引起。它是屬於系統性病害，病原菌可以經由病株導管輸送到根、莖、葉、果實、種子等部位。然而有些報告顯示病原菌在植物體內從一個導管（xylem）傳播到鄰近導管的速度比較緩慢（Pennypacker and Leath, 1983），因此只有直接與帶菌導管相連的組織才會受到侵害（Pennypacker and Leath, 1983; Huang, 1989）。所以從罹病植株分離到黃萎病菌的百分率，多以根、莖部位最高，莖分枝次之，花穗軸（peduncle）上的小花梗（pedicel）再次之，而以種子的感染率最低（Huang et al., 1985）。例如一株受黃萎病菌侵害的苜蓿，其葉片會出現明顯的 V 字型褐色病斑（圖 7）；從這種病株的莖基部、中部和頂

⑨ 一個受害的花軸上可結多個果莢，其中只有幾個果莢著生部位受病菌感染而產生菌絲（箭頭）。

端都可以分離到病原菌（圖 8），但是由這種病株的花軸（peduncle）所產生之結果莢的小花梗（pedicel）常有不受感染的情形（圖 9）。即使病原菌已經出現在小

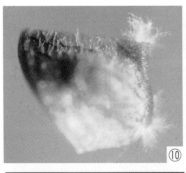
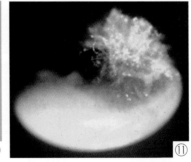
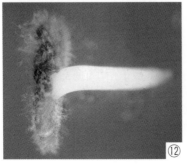

⑩ 一個受害果莢，菌絲自果莢中肋長出來。
⑪ 一個受害種子，種臍變褐色長出菌絲。
⑫ 一個受害種子仍然能發芽長出幼苗。

花梗上之結果莢的中肋部位（即輸導組織）（圖 10），該果莢所結的種子是否受感染，還得檢視該種子的種臍是否與果莢中肋的帶菌導管有無直接相通，才能決定（圖 11）。很多受害種子，其種胚未受侵害，在適當溫度與溼度條件下，仍可發芽（圖 12）。

由上面所述現象可以知道即使從苜蓿黃萎病發生嚴重的病田，其所採收到的苜蓿種子，也只有一小部分會受到感染而得病。設若這一小部分帶病種子，不加以剷除，往往會在田間造成意想不到的重大病害（Christen, 1983; Sheppard and Needham, 1980）。例如苜蓿黃萎病菌從西元 1930 年代起已經在歐洲蔓延猖獗，但是在北美洲卻一直沒有發現，直到西元 1976 年才首次於美國西北部的苜蓿產區出現（Graham et al., 1977），以至於成爲現今美國和加拿大的苜蓿重要病害（Huang, 2003）。據推測本病可能是經由帶菌種子流入北美洲（Heale et al., 1979）。同樣地

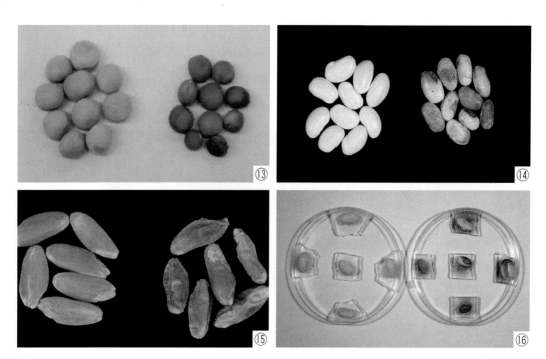

⑬ 健康 (圖左) 與受細菌侵害而變粉紅色 (圖右) 的豌豆種子。受害種子比較細小。
⑭ 健康 (圖左) 與受害而變粉紅色 (圖右) 的菜豆種子。
⑮ 健康 (圖左) 與受害而變粉紅色 (圖右) 的硬粒小麥種子。
⑯ 在馬鈴薯葡萄糖瓊脂培養基上，健康種子沒有病原細菌 (圖左)，而受害種子因病原細菌分泌的色素，使培養基變成粉紅色 (圖右)。

苜蓿黃萎病於西元 1980 年代首次出現於日本北部北海道地區，也是怪罪於國外引進的種子所惹出的禍害（Sato, 1994）。

（二）局部性病害（Localized diseases）

1. 粉紅種子病（Pink-seed diseases）：本病是由細菌 *Erwinia rhapontici* 侵害種子所引起的。該病原菌可以危害多種作物，包括豌豆（圖 13）（Huang et al., 1990; Schroeder et al., 2002）、荚豆（圖 14）（Huang et al., 2002）、扁豆（lentil）、雞豆（chickpea）（Huang et al., 2003b）、硬粒小麥（durum wheat）（圖 15）（McMullen et al., 1984）及普通小麥（common wheat）（Roberts, 1974）等，致使種子表面變成粉紅色。一般檢查此一病害的簡易方法就是將罹病種子置於馬鈴薯葡萄糖瓊脂培養基（potato dextrose agar）上培養數日後，其種子中所帶的細菌就會長出，並分泌粉紅色的色素（pink pigment）滲入培養基中（圖 16）。

粉紅種子病的病原細菌可以在罹病種子或泥土中越冬（Huang and Erickson,

⑰ 健康的紅花種子呈現白色(圖左)，而受真菌侵害的種子會變成灰黑色(圖右)。

⑱ 罹病種子在馬鈴薯葡萄糖瓊脂培養基上培養，長出灰黑色菌落。

⑲ 罹病種子長出的幼苗出現矮化和葉片形成褐色病斑等徵狀。

⑳ 成株葉片上的典型褐色圓形病斑。

2003; Huang et al., 2003a）。等翌年作物開花結果季節，土壤中的病原細菌就會藉由機械或昆蟲等所造成的傷口侵入果莢感染種子。一般受害的種子，其顆粒會變小（圖 12, 13, 14），致使產量劇減。如果採用罹病種子播種，也會造成出苗率減少和植株矮化等現象（Huang and Erickson, 2002）。過去有人報導硬粒小麥如夾雜有粉紅變色之種子，就會使麵粉變成粉紅色，因而不能用來做義大利麵（pasta）等（McMullen et al., 1984）。豆類和麥類都是重要的糧食作物，這種粉紅變色種子對人畜有無影響，則有待專家進一步的探討。

2. 紅花葉斑病（**Alternaria leaf spot of safflower**）：本病是由 *Alterna riacarthami* 和 *Alternaria alternata* 等真菌所引起。種子受侵害會形成灰黑色病斑（圖 17），在培養基上會產生灰黑色菌落（圖 18）。如果採用罹病種子播種，很容易造成幼苗立枯病，使植株矮化、枯死（圖 19）。田間的罹病種子或枯死幼苗在潮溼的生長季節中，極容易產生大量分生孢子（conidia）。這種孢子可以隨風吹或雨滴飛濺傳播到健康植株，造成第二次感染，使葉片產生典型的褐色圓形病斑（圖 20）。這種孢子也很容易傳播到花器而感染種子（Mündel and Huang, 2003）。澳洲研究報告指出本病不但會降低紅花種子的產量，而且還會減少種子的含油成分（Jackson et al., 1982）。

種子病害之防治策略

種子病害的防治方法因病害種類與特性不同往往會有差異。一般的防治策略可以歸納如下：

（一）使用健康無病種子

這是防止病害流入溫室或田間的最重要關鍵措施。健康種子或無病種苗不但不會把病原菌傳入溫室或田間，而且該種子或病苗也不會成為病原菌存活的棲居場所（reservoir），並成為第二次蔓延傳播（secondary spread）的來源。

（二）種子處理

有些種子病害可以用種子處理方法如化學藥劑處理、生物防治劑處理或物理方

法（例如溫湯浸種、放射線處理）等，把種子所攜帶的病原菌加以去除。一般種子處理對病原菌僅附著於種子表面的病害比較有效。然而很多植物病害的病原菌往往是深藏於種子內部，利用種子處理方法往往不易達到圓滿的效果。

（三）建立種子生產專業區與種子認證制度

很多國家都設有專業區用以生產留種用的作物種子。這種生產區大都選在比較偏僻隔離的地方，而且有嚴密的田間衛生管理規定，如清除雜草和去除弱小或畸形植株等。另外還要針對每一種病害訂定田間調查與種子認證（seed certification）標準，如果達不到這些特定標準，則該田區之作物就不得做為留種之用。

（四）加強種子進出口檢疫

這是防止植物病原菌經由種子或種苗引進國內或傳出國外的有效方法。世界上每一國家都訂有農產品進出口檢疫法規，該法規往往規定種子必須有植物健康證書（phytosanitary certificate），以防引入高危險性的病原菌或新病原菌（Agarwal and Sinclair, 1987b）。雖然各國均有檢疫法規之規定，但有些病原菌仍然可隨著種子或種苗流入國內，其中主要原因可能是有些病原菌具有潛伏感染（latent infection）的特性，致使種子表面缺乏病徵，不易從進出口貨物中檢測出來。此外有些病害必須用特定的檢測技術才可以確定，如果沒有快速檢測技術，就無法針對輸出入農產品進行精確檢測。

結語和省思

由本文所列舉的四個例子，可以看出植物病原菌經由種子傳播的可能性和危險性。但是很多農作物不必用種子繁殖，而是用無性世代的球根、塊根或塊莖繁殖。這些繁殖用的根、莖材料也和種子一樣，往往會攜帶病原真菌、細菌、病毒或線蟲等。因此本文所討論的種子病害防治法也適用於防止經由種苗、球根或塊莖等傳播的病害。

使用優良種子是防止病害傳入溫室、苗圃或田間的有效方法。而優良種子的生產必須依賴健全的種子認證（seed certification）法則，才能確保種子的純正品質。

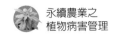

永續農業之
植物病害管理

俗話說「好種，好子孫」，也就是有健康的種子才會有健康的作物。農民播種罹病種子不但會給自己的作物帶來損失，而且往往也會給鄰近的農田帶來禍害。所以使用健康的種子不但給農民自己帶來財富，而且也可減輕危害附近農田的風險。只可惜到目前仍然有很多農民都有自己留種的習慣。由於他們沒有足夠的經驗去辨別健康種子與罹病種子，往往使病原菌經由自己留用的種子傳入苗圃或田裡。因此除了改變農民自己留種的不良習慣之外，政府也應該積極輔導建立健全的種子認證制度，使農民能夠經由這種管道取得優良的健康種子。

　　植物病原菌跨國傳播的有效途徑之一是經由種子或種苗進出口貿易而傳入或輸出的。因此政府必須加強植物病害的防、檢疫工作，才能杜絕新病害的傳播。我國已經成為世界貿易組織（WTO）的一員，農產品的進出口貿易會更加頻繁，因此在防、檢疫的工作，亟需研發精確而快速的檢測技術，如分子探針、選擇性培養基等，才能滿足防、檢疫人員進行檢測的需求。這種新檢驗技術的研究、開發與應用課題，給檢疫人員與研究人員帶來的不只是一種挑戰，而且也是一種機會。

參考文獻

1. Agarwal, V. K., and Sinclair, J. B. (eds.). (1987a). Principles of Seed Pathology. Vol. I. CRC Press, Inc., Boca Raton, Florida. 176 p.

2. Agarwal, V. K., and Sinclair, J. B. (eds.). (1987b). Principles of Seed Pathology. Vol. II. CRC Press, Inc., Boca Raton, Florida. 168 p.

3. Christen, A. A. (1983). Incidence of external seed-borne *Verticillium albo-atrumin* commercial seed lots of alfalfa. *Plant Disease*, 67:17-18.

4. Graham, J. H., Peaden, R. N., and Evans, D. W. (1977). Verticillium wilt of alfalfa found in the United States. *Plant Disease Reporter*, 61:337-340.

5. Hall, R. (ed.). (1994). Bacterial wilt. Pages 31-32 in: Compendium of Bean Diseases. [2nd Edition]. American Phytopathological Society, St. Paul, Minnesota, USA.

6. Heale, J. B., Isaac, I., and Milton, J. M. (1979). The administrative control of verticillium wilt of lucerne. Pages 71-78 in: Plant Health: The Scientific Basis for

Administrative Control of Plant Diseases. Ebbels, D. L., and King, J. E. (eds.). Blackwell Scientific Publications Ltd., Oxford.

7. Huang, H. C., Erickson, R. S., Yanke, J., Celle, C. D., and Mündel, H. -H. (2006). First report of the purple variant of *Curtobacterium flaccumfaciens* pv. *flaccumfaciens,* causal agent of bacterial wilt of common bean, in Canada. *Plant Disease,* 90:1262.

8. Hsieh, T. F., Huang, H. C., Erickson, R. S., Yanke, L. J. and Muendel, H -H. (2002). First report of bacterial wilt of common bean caused by *Curtobacterium flaccumfaciens* in western Canada. *Plant Disease,* 86, 1275.

9. Hsieh, T. F., Huang, H. C., and Conner, R. L. (2004). Bacterial wilt of bean: Current status and prospects. Recent Research Development in Plant Science, 2:181-206. Research Signpost, Trivandrum, India.

10. Hsieh, T. F., Huang, H. C., and Erickson, R. S. (2005). Biological control of bacterial wilt of bean using endophytic *Pantoea agglomerans. Journal of Phytopathology,* 153:608-614.

11. Huang, H. C. (1989). Distribution of *Verticillium albo-atrum* in symptomed and symptomless leaflets of alfalfa. Canadian *Journal of Plant Pathology,* 11:235-241.

12. Huang, H. C. (2003). Verticillium wilt of alfalfa: Epidemiology and control strategies. *Canadian Journal of Plant Pathology,* 25:328-338.

13. Huang, H. C., and Erickson, R. S. (2002). Impact of pink pea disease on seed size, seedling emergence and growth vigor. Pages 24-25 in: *Proceedings of Canadian Phytopathological Society Annual Meeting.* June 16-19, 2002. Waterton, Alberta.

14. Huang, H. C., and Erickson, R. S. (2003). Overwintering of *Erwinia rhapontici,* causal agent of pink seed of pea, on the Canadian Prairies. *Plant Pathology Bulletin,* 12:133-136.

15. Huang, H. C., Hanna, M. R. and Kokko, E. G. (1985). Mechanisms of seed contamination by *Verticillium albo-atrum* in alfalfa. *Phytopathology,* 75:482-488.

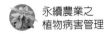
16. Huang, H. C., Phillippe, L. M. and Phillippe, R. C. (1990). Pink seed of pea: A new disease caused by *Erwinia rhapontici. Canadian Journal of Plant Pathology,* 12:445-448.

17. Huang, H. C., Erickson, R. S., Yanke, L. J., Muendel, H. -H., and Hsieh, T. F. (2002). First report of pink seed of common bean caused by *Erwinia rhapontici. Plant Disease,* 86:921.

18. Huang, H. C., Hsieh, T. F., and Erickson, R. S. (2003a). Biology and epidemiology of *Erwinia rapontici,* causal agent of pink seed and crown rot of plants. *Plant Pathology Bulletin,* 12:69-76.

19. Huang, H. C., Erickson, R. S., Yanke, L. J., Hsieh, T. F., and Morrall, R. A. (2003b). First report of pink seed of lentil and chickpea caused by *Erwinia rhapontici* in Canada. *Plant Disease,* 87:1398.

20. Jackson, K. J., Irwin, J. A. G., and Berthelsen, J. E. (1982). *Alternaria carthami,* a seed-borne pathogen of safflower. *Australian Journal of Experimental Agriculture and Animal Husbandry,* 22:221-225.

21. McMullen, M. P., Stack, R. W., Miller, J. D., Bromel, M. C., and Youngs, V. L. (1984). *Erwinia rhapontici,* a bacterium causing pink wheat kernels. *Proceedings of North Dakota Academy of Science,* 38:78.

22. Mundel, H. -H., and Huang, H. C. (2003). Control of major diseases of safflower by breeding for resistance and using cultural practices. Pages 293-310 in：Advances in Plant Disease Management. Huang, H. C and Acharya, S. N. (eds.). Research Signpost, Trivandrum, Kerals, India.

23. Pennypacker, B. W., and Leath, K. T. (1983). Dispersal of *Verticillium albo-atrum* in the xylem of alfalfa. *Plant Disease,* 67:1226-1229.

24. Roberts, P. (1974). *Erwinia rhapontici* (Millard) Burkholder associated with pink grain of wheat. *Journal of Applied Bacteriology,* 37: 353-358.

25. Sato, R. (1994). Outbreak of alfalfa Verticillium wilt in Hokkaido, *Japan Agricultural Research Quarterly,* 28:44-51.

26. Schroeder, B. K., Lupien, S. L., and Dugan, F. M. (2002). First report of pink seed of pea caused by *Erwinia rhapontici* in the United States. *Plant Disease,* 86: 188.

27. Sheppard, J. W., and Needham, S. N. (1980). Verticillium wilt of alfalfa in Canada: Occurrence of seed-borne inoculum. *Canadian Journal of Plant Pathology*, 2:159-162.

CHAPTER 9

作物抗病育種

地球上所有生命的個體都必須取食求生，微生物也不例外。許多
微生物如細菌、真菌等都是構造簡單的低等生物，雖然它們的取
食方法與高等動植物不同，但是卻有著與人類相仿的「挑食」或
「偏食」習性。本文特別描述幾個植物病原菌的挑食習性，進而
說明人類如何把這種現象應用於作物的抗病育種工作上。

引言

　　微生物和其他高等動物及高等植物一樣，從生下來就開始忙著「取食求生」，直到「衰老死亡」為止。這些構造極為簡單的細小微生物，如細菌和真菌，因為體內不含葉綠素，無法像高等植物能夠利用葉綠素進行光合作用，以製造碳水化合物供作它們的食物。這些微生物更不像高等動物，有很複雜的消化器官，來取食各種不同的食物和攝取食物中的營養。所有細菌和真菌的取食方法均是以細胞外現成的養分，如碳水化合物和無機鹽類等經過分解後，由細胞膜的滲透作用，將它們吸收利用。這種取食的方法雖然很簡單、很原始，但是它們的食性在不同的微生物間，卻已有很明顯的分化現象。有些是腐生性的，有些是寄生性的，更有些是專食性或是雜食性的，顯示微生物確實有挑食的習性。本文的主要目的在於嘗試利用幾篇研究報告來說明微生物的不同食性和對食物的選擇，進而描述植物病原菌的挑食現象，如何被科學家們用來當做防治植物病害的有效策略。

微生物的取食習性

　　微生物如細菌、真菌等都是屬於低等生物，因為它們的細胞內不含葉綠素（chlorophyll），所以無法像高等植物利用葉綠素和日光能進行光合作用（photosynthesis），藉以製造碳水化合物，充當食物。它們的取食方法是將細胞外現成的營養物質如碳水化合物、蛋白質等加以分解後，經由細胞膜的滲透，直接吸收利用。雖然微生物的取食方法很簡單，但是它們吸取食物的習性往往不盡相同。微生物中有些是屬於腐生菌（saprophytes），它們是靠取食動植物的屍體殘骸或土壤中的有機物質為生；有些是屬於寄生菌（parasites），它們則是靠寄生在有生命的動植物為生。另外，也有一些微生物具有兼行寄生或兼行腐生的特性，當有寄主存在的時候，它們可以從寄主身上取得養分，但是若是沒有寄主存在的時候，它們可以仰賴動植物殘體或其他有機質供給營養。

　　進一步仔細觀察具有寄生性的病原真菌，發現它們之間對寄主的選擇性也有極大的差異。有些是屬於同主寄生真菌（autoecious fungus），這一類真菌會在一個

特定的寄主上完成整個生活史（life cycle），例如菜豆銹病菌（*Uromyce sphaseoli var. typical Arthur*）就是屬於同主寄生菌，它會產生夏孢子（uredospores）和春孢子（aeciospores），但是這兩種孢子都可以在受害的菜豆植株上產生，以完成它的生活史。又有些是屬於異主寄生眞菌（heteroecious fungus），這類眞菌需要經由兩種不同寄主植物，才可以完成它們的生活史，例如小麥稈銹病菌（*Puccinia graminis Pers.*）就是屬於異主寄生菌（或稱輪迴寄生菌），它需經過小麥和小蘗（barberry）兩種不同寄主才可以完成整個生活史，此病原眞菌會產生夏孢子（uredospores）、冬孢子（teliospores）、春孢子（aeciospores）和精子腔孢子（pycniospores），其中夏孢子和冬孢子是在受害的小麥植株上，而春孢子和精子腔孢子在受害的小蘗植株上。由於小蘗中間寄主的存在，使小麥稈銹病菌很容易產生新的生理小種，致使其取食習性出現差異，這種現象叫做寄生性分化（differentiation of parasitism）。早期研究發現若去除小蘗植物，就會切斷小麥稈銹病菌的生活史，進而達到防治的效果。西元 1918 年於美國密西西比州的北部，就有人推廣以去除小蘗植物（中間寄主）的方法來防治小麥稈銹病。在二十世紀初葉，很多歐美國家如法國、英國、德國、丹麥、挪威、匈牙利、美國及加拿大等都相繼採取立法方式來撲滅小蘗（barberry eradication）以去除小麥稈銹病的中間寄主，達成去除該病原菌的目的（Fulling, 1943）。另外常見的梨赤星病菌（*Gymnosporangium haraeanum* Sydow）也是屬於異主寄生眞菌，它需要兩種不同寄主才可以完成生活史，此菌會產生冬孢子（teliospores）、春孢子（aeciospores）和精子腔孢子（pycniospores）。冬孢子器（telia）是產生在受害的龍柏（*Juniperus chinensis*）上（圖 1），而精子腔（pycnia 或 spermogonia）（圖 2）和春孢子器（aecia）（圖 3）則是產生在受害的梨樹上。

前人研究發現把果樹四周一英哩範圍內的龍柏砍除，即可以減輕梨赤星病的發生。以上這幾個例子說明單主寄生菌或輪迴寄生菌都因爲挑食習性太專一，因而若找不到它們所需的寄主來提供食物，就會招致滅亡的後果。這就是利用清除中間寄主以斷絕食物供應或切斷病原菌的生活史，作爲防治作物病害的原理。

① 梨赤星病菌在龍柏上形成赤銹色冬孢子器 (Telia)，遇下雨時會膨脹為膠狀物。

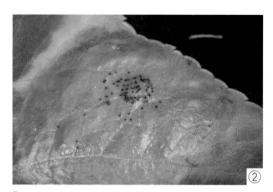

②～③梨赤星病菌在梨葉表形成桔色病斑，上有黑色小點即稱精子腔 (pycnia 或 spermogonia, 圖 2)；隨後不久在梨葉背大量形成鬍狀春孢子器 (Aecia, 圖 3)

微生物的挑食習性與「選擇性培養基」的發現

　　微生物是否具有像人類那種敏銳的味覺，我們不得而知。但是這些構造簡單的細菌、真菌等微生物具有挑食習性是很明確的。例如土壤中含有很多不同的微生物，包括細菌、真菌、放線菌等，許多研究人員大多採用一般常用的培養基，如馬鈴薯葡萄糖瓊脂培養基（potato dextrose agar）或牛肉煎汁培養基（beef extract agar）來進行分離，期望能獲得特定的微生物。但由於這些培養基對大多數微生物不具有強烈的選擇性，因此常遭受雜菌的干擾，導致無法分離到他們想要的特定微生物。是故這些學者進一步潛心分析菌種的營養需求，藉以開發具有選擇性的培養基。世界上迄今已有許多學者成功發明了「選擇性培養基」（selective media），並解決了某些微生物的分離（isolation）與純化（purification）問題。這種選擇性培養基能抑制或殺死雜菌，有助於標的微生物的存活與生長。應用選擇性培養基來分離特定微生物的例子很多，其中包括 Komada 氏發明的培養基（Komada 1975）可以分離甘薯蔓割病菌（*Fusarium oxysporum* f. sp *batatas*）和 Christen 氏發明的培養基（Christen, 1982），用於分離苜蓿黃萎病菌（*Verticillium albo-atrum*）等。從這些例子可以看出製造微生物選擇性培養基，有如製造罐頭食品，所有廠家都希望他們的配方與品牌均是人們的最愛。由此觀之，微生物的挑食現象和人類或其他高等動植物有許多類似之處。如果人類沒有挑食習性，世界上所有的食物都會變成「食之無味」，我們也就不會拚命想發明新的食品和創造新的品牌了。相同的，如果微

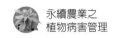
生物沒有挑食的習性，那麼我們就無法成功發明某一種微生物的特殊選擇性培養
基。

微生物的挑食習性與作物的抗病育種

地球上有許多微生物如細菌和真菌等是危害植物的病原菌，這些病原菌如果
危害具有經濟重要性的作物，就會造成糧食減產，甚至饑荒等後果。西元 1840 年
代，在北愛爾蘭發生的馬鈴薯晚疫病（potato late blight）就是一個很好的例子。這
一種病害造成大批愛爾蘭人因飢餓而死亡，或被迫遷移到北美或其他國家另謀出
路。因此人類為了滿足衣食需求，不斷地在努力研究如何有效防治農作物病害。
在研究當中，他們發現很多病原菌對於它們的寄主作物具有不同程度的致病性
（pathogenicity），亦就是本文中所謂的「挑食習性」。因此筆者在此為便於讀者
理解，特地把病原菌愛吃的作物品種稱為感病品種（susceptible variety），不愛吃
的作物品種稱為抗病品種（resistant variety）。

其實病原菌對作物的挑食習性，不是在最近才被發現的，這個現象早在西元前
三百多年就已被希臘著名的博物學家 Theophrastus（371 ～ 286B. C.）發現（Walker,
1969）。只是默默地經過了二十幾個世紀，直到西元 1900 年孟德爾從豌豆花色研
究提出了著名的「孟德爾遺傳定律」（Mendel's law of Heredity），人們才開始研
究病原菌的挑食習性是否也能夠遺傳，因此作物「抗病育種」這一門學問大概就這
樣誕生了。Biffen 可能是最早應用孟德爾定律研究作物抗病育種的人，他在 1905
到 1912 年先後發表論文，證明小麥品種間對條銹病（stripe rust）病原菌〔*Puccinia
glumarum*（Schn.）Erikss & Henn〕的抵抗性具有明顯的差異。進一步他將抗病品
種（病原菌不愛吃的品種）和感病品種（病原菌愛吃的品種）進行雜交分析，發
現雜交第二代（F_2）的小麥植株中，抗病與感病的比率是 1：3，證明小麥條銹病
是受單因子控制的遺傳現象（Biffen, 1905, 1912）。但是當時在歐洲對小麥條銹
病遺傳性狀的穩定性還是紛爭不斷，直到有些研究發現病原菌自身也可以經由生
理分化（physiologic specialization）改變遺傳性狀和產生不同致病性的生理小種
（physiologic race）等現象，這些爭議始告平息。

　　近百年來的研究使我們了解作物品種間可透其過遺傳性狀的改變，進而對病原菌的抗病性產生改變；相同的病原菌也會經由其遺傳性狀的改變（如產生新的生理小種），使得它對寄主的致病性（pathogenicity）出現明顯差異。自從英國學者 James Watson 和 Francis Crick 於西元 1953 年發表 DNA 構造之說，生物遺傳的研究已有了突破性的進展。尤其近年來遺傳學進展到「基因解碼」（gene sequencing）和「遺傳工程」（genetic engineering）的領域，用基因轉殖的方法來發展人類最愛吃，但病原菌卻是最不愛吃（抗病）的新作物品種，已經不是難以實現的問題。

　　利用病原菌的挑食習性發展新的抗病品種，是防治作物病害最有效和最具經濟重要性的方法。茲就筆者近年在加拿大的幾項作物抗病育種研究，詳細舉例說明如下：

（一）菊花萎凋病（Fusarium wilt of chrysanthemum）

　　西元 1977 年在加拿大曼尼托巴省 Morden 農業試驗所發生菊花萎凋病枯死的現象（圖 4）。經過研究發現這一種病害是由尖鐮刀菌（*Fusarium oxysporum*）所引起的。然而它卻異於文獻上記載的兩種菊花萎凋病菌之生理小種，包括 *F. oxysporum* f. sp. *chrysanthemi* Litt.（菌株號碼：ATCC52422）（Armstrong et al., 1970）和 *F. oxysporum* f. sp. *tracheiphilum* race1 Armst. & Armst.（菌株號碼： ATCC16608）（Armstrong and Armstrong, 1965）。由於病原菌的生理小種無法利用菌絲和孢子形狀加以區分，必須經過病原性測定才能夠辨別。因此加拿大的病原菌菌株是屬於已知的生理小種或是另一新的生理小種，唯有用不同菊花品種來進行測定，才能確定。之後用數種菊花品種做三個菌株的抗病性比較試驗，結果證明加拿大的菌株確是與其他兩菌株不同，屬於一種新的生理小種，所以將它命名為 *F. oxysporum* f. sp. *chrysanthemi* race 2 Huang et al.（菌株號碼：DAOM175160 ）（Huang et. al., 1992）。從寄主感病性測定中，發現 Morden Delight 的菊花品種對三個菌株都具抗病性（圖 5）；Susan Brandon 品種對加拿大菌株具有抗病性，而對其他兩菌株具感病性（圖 6）；而 Yellow Delaware 品種對加拿大菌株和 *F. oxysporum* f. sp. *tracheiphilum* race 1 均具抗病性，但是對 *F. oxysporum* f. sp. *chrysanthemi* 則具感病性（圖 7）。由以上這些品種抗病性測定試驗，不但可以鑑定加拿大菊花萎凋病是否屬於新的生理小種，而且

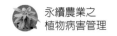
還可以進一步應用這種抗病篩選的方法（圖8），篩選出最具抗病性和經濟重要性的菊花品種，供給農民栽培（Huang et al., 1993）。

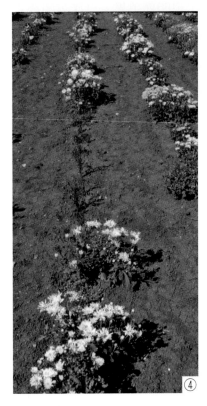

④ 1977 年在加拿大田間發生菊花萎凋病，造成很多植株萎凋枯死。

⑤ 菊花品種 Morden Delight 對三個菌株均具抗病性。本圖攝於接種後 45 天。處理排列次序：左1，對照；左2，*F. oxysporum* f. sp. *chrysanthemi* race 2(加拿大菌株 DAOM175160)；左3，*F. oxysporum* f. sp. *chrysanthemi* (ATCC52422)；右，*F. oxysporum* f. sp. *tracheiphilum* race1 (ATCC16608)。

⑥ 菊花品種 Susan Brandon 對加拿大菌株 DAOM175160 (左2) 具抗病性，但對 ATCC52422(左3) 和 ATCC16608(右) 均具感病性 (其他註解與圖4同)。

⑦ 菊花品種 Yellow Delaware 對加拿大菌株 DAOM175160(左2) 和 ATCC16608(右) 均具抗病性，但對 ATCC52422(左3) 則具感病性。(其他註解與圖4同)。

⑧ 菊花品種對 *F. oxysporum* f. sp. *chrysanthemi* race 2(加拿大菌株 DAOM175160) 的抗病性。本圖攝於接種後 32 天。菊花由左至右：a-b 行，Morden Cameo(抗病品種)；c-d 行，Morden Eldorado(感病品種)；e-f 行，Brown(感病品種)；g-h 行，Line 7751(抗病品系)。

（二）苜蓿黃萎病（Verticillium wilt of alfalfa）

苜蓿黃萎病是由 *Verticillium albo-atrum* Reinke & Berthier 引起的一種真菌病害。本病於 1950 年代已經在歐洲猖獗流行，直到 1977 年才首次發生於美國西北部的苜蓿田。現在它已成為美國和加拿大苜蓿作物的重要病害之一。

苜蓿黃萎病也可以利用病原菌的挑食習性來進行抗病篩選和抗病育種的工作（Huang and Hanna, 1991）。從西元 1981 年起，經過不斷地努力，加拿大農業部的苜蓿育種計畫育成了三個抗黃萎病的苜蓿新品種，包括 Barrier（圖 9）（Hanna and Huang, 1987）、AC Blue J（Acharya et al., 1995）及 AC Longview（Acharya et al., 2000）。每年這些抗病品種的乾草產量平均每公頃比感病的苜蓿品種約高出 1.5 公噸（Huang et al., 1994）。又苜蓿是一多年生豆科牧草，如果栽培易遭黃萎病菌侵染的感病品種，大約幾年就要廢耕；但是栽培抗病品種則可以延長一倍以上的收穫年限。由於這幾個抗病品種的推廣栽培，加拿大苜蓿黃萎病已顯著減輕。據估計在加拿大西部栽培抗黃萎病的苜蓿品種，每年大約可增加兩千七百萬元（加幣）的經濟效益（Smith et al., 1995; Acharya and Huang, 2003）。

雖然用育種手段來選擇苜蓿黃萎病菌不喜歡吃的品種（抗病品種）已經成功。但是因為苜蓿是異花授粉，且具有多倍染色體的植物，它的遺傳性狀相當複雜。所

⑨ 苜蓿對黃萎病的抗病性。左圖為感病品種「和田」（中國）；右圖為抗病 品種「Barrier」（加拿大）。本圖攝於接種後第四週。

以育成一個新的抗病品種，工作是相當艱鉅的。又病原菌是否有新的生理小種出現，引起寄生性分化（食性變化）的現象，仍有待進一步研究，才能確切掌握病原菌的挑食習性和確保抗病育種的成功。

（三）紅花爛頭病（Head rot of safflower）和菜豆菌核病（White mold of common bean）

紅花爛頭病和菜豆菌核病均是由 *Sclerotinia sclerotiorum* (Lib.) de Bary 所引起的。這兩種病害，用室內篩選方法很難找到眞正抗病品種，但是在田間試驗，品種間的確有顯著的抗病差異性。例如紅花品種 Saffire（圖 10）（Mündel et al., 1985）和菜豆品種 AC Skipper（圖 11）（Saindon et al., 1996）都具有田間抗病性（.field resistance）。進一步研究發現，菜豆抗病性與植株生長特性有關。一般直立生長型（upright type）的菜豆品種，受危害的程度比匍匐型（viny type）的菜豆品種輕微（Huang and Kemp, 1989; Saindon et al., 1993,1995）。直立型品種發病輕微，不是這些品種可以抵抗病原菌的侵害（病原菌不愛吃食），而是由於這些品種在田間通風性良好，使病原菌無法達到侵染植物的目的。因此這種田間抗病現象只能稱爲避病（disease avoidance），而不是眞正的抗病（disease resistance）。用避病的方法使病原菌無法從寄主身上取得它所需要的食物，也是一種很好的防病策略。

以上幾個例子說明了用抗病育種的手段來增加作物生產，不但要了解作物對病原菌的抗病性，而且還要注意病原菌食性的改變（如產生新的生理小種）。此外育

⑩ 紅花抗菌核爛頭病的田間試驗 (1982 年於加拿大)。圖左爲抗病品種「Saffire」；圖右爲感病品系。

⑪ 菜豆抗菌核病的田間試驗(2000 年於加拿大)。圖左爲感病品系 (匍匐型)；圖右爲抗病品系 (直立型)。

種工作還要注重作物的產量、品質及品種的區域適應性。例如歐洲苜蓿品種 Vertus 雖然抗苜蓿黃萎病，但是不能適應加拿大西部寒冷的冬季，因此該品種不適宜在加拿大推廣栽培（Stout et al., 1992; Huang et al., 1994）。所以作物育種是一種艱鉅的工作，要花盡心血才能育成既能抗病（病原菌不喜歡吃），又有高產量和高品質（人畜喜歡吃）的新作物品種。

結語和省思

　　微生物如細菌、真菌等，雖然是構造簡單的原始生命，它們卻已經具有很明顯的挑食習性。這種挑食現象和我們人類的偏食或喜歡「古早味」的習慣沒什麼兩樣。因為有些微生物是專門靠取食作物為生，這種取食習性侵犯了人類的利益，因此把這類微生物稱為「病原菌」。人類為了確保他們的糧食生產，他們進一步利用這些病原菌有挑食的特性，當做武器來對付這些危害作物的病原菌。人類會想盡辦法去尋找病原菌最不愛吃的作物，再進一步透過選種或雜交等育種手段，加以改良而育成抗病、豐產、口味佳的新品種。今日生命科學的研究已進展到「基因解碼」和「基因轉殖」的階段，人類如果在自然界中找不到病原菌不愛吃的抗病品種，他們還可以透過「基因轉殖」手段，把病原菌最愛吃的感病品種，改變為病原菌最不喜歡吃的抗病品種。人類之所以努力從事抗病育種的工作，可能是因為他們想設法改良和保護他們最喜歡吃的作物品種。由此看來，人類是很自私的，他們不顧病原菌的喜惡而一味地努力尋找和發展病原菌最厭惡的食物，來滿足人類的挑食要求。那些能夠找到「病原菌最厭惡而人類最喜歡」的作物品種的人，就是所謂成功的「抗病育種專家」了！但是我們不要忘了，病原菌也有它們對付人類的法寶。當人類大量推廣栽培「抗病品種」時，這些病原菌也會因為求生無門，進而透過基因突變等方法，改變它們的遺傳性狀，產生新的菌株或菌系。如此一來，它們原來最不愛吃的抗病品種，可能也就變成它們愛吃的感病品種了。由此看來，如果人類為了保護他們長遠的利益，需要不斷地努力從事抗病育種的工作，才可對付病原菌求生存耍花樣的本能。顯然，抗病育種就成為一項沒完沒了的工作，不是說找到一個病原菌不喜歡吃的品種（抗病品種），就永遠能夠確保我們的糧食生產。抗病育種的人員還要隨

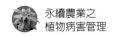
時枕戈待旦，不停地努力研究如何對付這些挑食病原菌的挑戰。

　　總之，微生物具有挑食習性是千眞萬確的，一個作物品種之所以容易感病，是因爲病原菌特別喜愛吃它的緣故。反觀日常生活中，很多母親強迫她們的小孩吃食物，都是基於該食物「營養高，對小孩身體好」的理由，但她們卻往往忽略了「食物好吃」的因素。這一點我們可得向微生物好好學習了吧！

參考文獻

1. Acharya, S. N., Huang, H. C., and Hanna, M. R. (1995). Cultivar description: AC Blue J alfalfa. *Canadian Journal of Plant Science*, 75:469-471.

2. Acharya, S. N., and Huang, H. C. (2000). AC Longview alfalfa. *Canadian Journal of Plant Science*, 80:613-615.

3. Acharya, S. N., and Huang, H. C. (2003). Breeding alfalfa for resistance to verticillium wilt: A sound strategy. Pages 345-371 in: Advances in Plant Disease Management. H. C. Huang and S. N. Acharya (eds.). Research Signpost, Trivandrum, Kerala, India.

4. Armstrong, G. M., and Armstrong, J. K. (1965). Wilt of chrysanthemum caused by ATCC16608 race 1 of the cowpea Fusarium. *Plant Disease Reporter*, 49:673-676.

5. Armstrong, G. M., Armstrong, J. K., and Littrell, R. H. (1970). Wilt of chrysanthemum caused by *Fusarium oxysporum* f. sp. *chrysanthemi,* forma specialis nov. *Phytopathology,* 60:496-498.

6. Biffen, R. H. (1905). Mendel's laws of inheritance and wheat breeding. *Journal of Agricultural Science*, 1:4-48.

7. Biffen, R. H. (1912). Studies in inheritance in disease resistance. II. Ibid. 4:421-429.

8. Christen, A. A. (1982). A selective medium for isolating *Verticillium albo-atrum*. *Phytopathology,* 72:47-49.

9. Fulling, E. H. (1943). Plant life and the law of man. IV. Barberry, currant and gooseberry and cedar control. *Botanical Review*, 9:483-592.

10. Hanna, M. R., and Huang, H. C. (1987). 'Barrier' alfalfa. *Canadian Journal of Plant Science*, 67:827-830.

11. Huang, H. C., and Kemp, G. A. (1989). Growth habit of dry beans（*Phaseolus vulgaris*）and incidence of white mold (*Sclerotinia sclerotiorum*). *Plant Protection Bulletin*, 31:304-309.

12. Huang, H. C., and Hanna, M. R.(1991). An efficient method to evaluate alfalfa cultivars for resistance to verticillium wilt. *Canadian Journal of Plant Science*, 71:871-875.

13. Huang, H. C., Phillippe, L. M., Marshall, H. H., Collicutt, L. M., and Neish, G. A. (1992). Wilt of hardy chrysanthemum caused by a new race of *Fusarium oxysporum* f. sp. *chrysanthemi*. *Plant Pathology Bulletin*, 1:57-61.

14. Huang, H. C., Marshall, H. H., Collicutt, L. M., McLaren, D. L., and Kokko, M. J. (1993). Screening hardy chrysanthemums for resistance to *Fusarium oxysporum* f. sp. *chrysanthemi* Race 2. *Plant Pathology Bulletin*, 2:103-105.

15. Huang, H. C., Acharya, S. N., Hanna, M. R., Kozub, G. C., and Smith, E. G. (1994). Effect of verticillium wilt on forage yield of alfalfa grown in southern Alberta. *Plant Disease* ,78:1181-1184.

16. Komada, H. (1975). Development of a selective medium for quantitative isolation of *Fusarium oxysporum* from natural soil. *Review of Plant Protection Research*, 8:114-125.

17. Mündel, H. H., Huang, H. C., Burch, L. D. and Kiehn, F. (1985). Saffire safflower. *Canadian Journal of Plant Science*, 65:1079-1081.

18. Saindon, G., Huang, H. C., Kozub, G. C., Mündel, H. -H., and Kemp, G. A. (1993). Incidence of white mold and yield of upright bean grown in different planting patterns. *Journal of Phytopathology*, 137:118-124.

19. Saindon, G., Huang, H. C., and Kozub, G. C.(1995). White-mold avoidance and agronomic attributes of upright common beans grown at multiple planting densities in narrow rows. *Journal of American Society of Horticultural Science*, 120:843-847.

20. Saindon, G., Huang, H.C., Mündel, H. -H., and Kozub, G. C. (1996). 'AC Skipper' navy bean. *Canadian Journal of Plant Science*, 76:487-489.

21. Smith, E. G., Acharya, S. N., and Huang, H. C.(1995). Economics of growing verticillium wilt-resistant and adapted alfalfa cultivars in western Canada. *Agronomy Journal*, 87:1206-1210.

22. Stout, D. G., Acharya, S. N., Huang, H. C., and Hanna, M. R. (1992). Alfalfa plant death during the summer versus the winter in interior British Columbia. *Canadian Journal of Plant Science*, 72:931-936.

23. Walker, J. C. (1969). Plant Pathology. [3rd Edition]. New York: McGraw-Hill, 819 p.

CHAPTER 10

輪作栽培與病害防治

輪作是一種古老的作物耕作制度,一般人都認為實施作物輪作栽培可以減少土壤肥力的損失和減輕作物受病、蟲、雜草的危害。然而這種「輪作好」的概念,卻很少有人真正以科學的方法去佐證輪作對於農作物生育、病蟲害防治、微生物族群及環境生態等產業價值鏈的貢獻,實為生物科學研究工作的一大憾事。西元1994 年筆者有幸在日本北海道的北見農業試驗所,看到一塊長期輪作試驗田,並實際參與這項研究。因此僅將親身觀察和體驗提出個人對輪作和連作的淺見,供讀者及農業研究與工作人員參考。

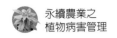
引言

　　作物栽培的方式有輪作（crop rotation）、連作（continuous monoculture）和間作（intercropping）等。輪作是以數種作物，按照特定次序輪流栽植於同一塊田的一種耕種制度。有時輪作次序尚且包括休耕（fallow）在內，期以保持地力。連作是在同一塊土地上，年年栽種同一種作物。至於間作是於同一生長季節，將兩種作物交互栽培於同一塊土地上，有時這種栽培方式又稱爲混作（mix-cropping）。

　　根據文獻記載，早在二千多年前羅馬帝國時期就有人論及輪作栽培的好處（Curl, 1963），然而卻直到十九世紀初葉，才有人眞正以試驗方法比較輪作與連作的優劣。例如十九世紀初在英國洛桑農業試驗所（Agriculture Experiment Station at Rothamsted）利用瑞典蕪菁（swedes）、大麥（barley）、三葉草（clover）或休耕（fallow），以及小麥（wheat）等進行四年輪作試驗。這項試驗歷經一百餘年，可能是全世界最早進行和施行最久的一項輪作試驗紀錄（Hall, 1917）。在美國的伊利諾州農業試驗所（Illinois Agriculture Experiment Station），從西元 1876 年開始進行玉米（corn）與燕麥（oat）的輪作試驗，按文獻推知也許就是北美洲最早的輪作試驗工作（DeTurk et al., 1927）。在日本北海道北見農業試驗所（Hokkaido Prefectural Kitami Agricultural Experiment Station），於西元 1959 年開始進行的一項輪作試驗，極可能是亞洲地區實施最久的一項輪作試驗紀錄（Huang et al., 2002）。

　　過去很多輪作試驗都是以提高農作物產量、改善土壤肥力和理化性質爲主要目的，卻少有探討輪作對作物病害發生和防治的影響。近年來許多研究發現輪作也會造成生物相生相剋（allelopathy）或連作障礙（monoculture injury）等負面問題，這些問題大多與植物根系遭受病原菌危害有著密切的關係（Cook, 1993）。一個完善的輪作制度不但要能夠維持地力，增進植物生長和提高產量，還要能降低病原菌對作物的危害。本文的主要目的是以日本北海道北見農業試驗所的輪作試驗爲例，剖析與輪作相關的各項問題，包括輪作與病害防治的關係和輪作在今日的農業耕作體系中可能扮演的角色。

輪作與作物生產的關係

　　一種作物連續在同一塊土地栽培，往往會迫使該作物出現自體中毒（autointoxication）的現象，並引發其產量下降的後果。例如周氏（Chou, 1989）的報告指出，臺灣的第二期水稻產量比第一期減低 25%，這種現象在排水不良的水稻田尤為明顯。進一步研究發現這種抑制二期稻生長的現象，是由於水田中的稻稈經由微生物分解腐化產生有毒的植物毒素（phytotoxin 或稱 allelopathic compounds）所致（Chou and Lin, 1976）。除了植物殘體腐化產生有毒物質之外，有些植物的根部分泌物對該植物也會有自毒現象，例如蘆筍在同一塊地連續栽培，會造成產量和品質降低的現象，經過研究分析發現蘆筍根部分泌物含有多種酚類化合物（phenolic compounds），對蘆筍幼苗的生長具有強烈地抑制作用（Young et al., 1989）。另外有些報告指出長期連作栽培會造成病原菌的累積，而增加病害發生的嚴重性。例如菜豆根腐病（由 *Fusarium solani* 引起）在連作田裡發病情形比在休耕田裡嚴重（Ui et al., 1972; Burke and Kraft, 1974）。在日本亦發現大豆幼苗猝倒病（由 Pythium spp. 引起）的嚴重性與該作物的連作有關（Kageyama et al., 1982）。這些例子顯示連作會誘使作物或土壤微生物等產生排他性物質（allelopathic chemicals）和病原菌的累積等效應，引起作物遭受傷害。

　　許多報告指出輪作栽培的作物產量會顯著高於連作栽培者。如在美國明尼蘇達州的研究發現玉米和大豆輪作時，其玉米產量比玉米連作的產量增加 10%，而其大豆產量比大豆連作的產量增加 8%（Crookston et al., 1991）。輪作除了提高作物產量外，有些報告還指出土壤中的微生物群落（microflora）在輪作田比連作田多（Williams and Schmitthenner, 1962）。此外，許多輪作制度還可以減低病害發生的嚴重性（Curl, 1963; Burke and Miller, 1983; Huang et al., 2002）。然而不一定所有的輪作制度都可以達到病害防治的目的，有些輪作的防病效果會因病原菌的種類及其生物特性而有所差異。一般存在土壤中的病原菌大致可分為兩大類。第一類是根棲菌（root-inhabitants），又稱土犯菌（soil invader），這一類病原菌的寄主範圍狹小，且不易在土中腐生存活（saprophytic survival），因此短期輪作（三至四年）即可切斷其寄主養分的供應，致使其挨餓死亡。屬於這一類的病原菌包括菜豆炭疽病菌

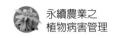

（*Colletotrichum lindermuthianum*），甘藍黑腳病菌（*Phoma lingam*）和菜豆細菌性斑點病菌（*Xanthomonas phaseoli*）等（*Walker, 1969*）。第二類病原菌是屬於土棲菌（soil inhabitants），它們可以在無寄主作物的土壤環境中存活多年（五年以上），因此採用短期（三至四年）輪作方法防治這一類病害就比較困難。例如作物菌核病菌（*Sclerotinia sclerotiorum*）和十字花科根瘤病菌（*Plasmodiophora brassicae*）等即屬於第二類，因它們在惡劣的環境下還是很容易生存。由此可知採用輪作方法防治病害的效果確實與病原菌的寄生特性、寄主範圍及其在土壤中的腐生存活（saprophytic existence）能力等因子有著密切之關係。

輪作試驗實例

在日本北海道北見農業試驗所有一項長期作物栽培試驗，從西元 1959 年起到 2000 年止總共進行了四十一年。這一塊試驗田裡一共有七種不同處理，包括休耕（地上無作物、無雜草）、連作（每年栽培同一種作物）、二年輪作（燕麥、甜菜）、三年輪作（大豆、甜菜、燕麥）、四年輪作（馬鈴薯、甜菜、燕麥、大豆）、五年輪作（甜菜、燕麥、冬小麥、紅三葉草、馬鈴薯）以及六年輪作（馬鈴薯、甜菜、燕麥、菜豆、冬小麥、紅三葉草）等（Huang et al., 2002）。每一個處理有兩個小區（plots）（即重複），而每小區的面積是 6.5 公尺長和 5 公尺寬。筆者於西元 1994 年（也就是試驗進行的第三十五年）參與這項輪作試驗研究，選定其中三個不同處理（休耕、菜豆連作及菜豆六年輪作），來比較連作與輪作對菜豆（kidney bean）生長、產量及病害發生等之差異。每一小區菜豆（Taishokintoki 的品種）栽培行距是 50 公分，並於每行中相距 25 公分處做定點播種（每個定點保持兩株）。

西元 1994 年 7 月中旬正值菜豆開花初期，田間調查發現連作區與六年輪作區間的菜豆生長差異極大。連作區的菜豆植株矮化，下位葉萎黃，枝蔓無法覆蓋行距間的地面；而輪作區的菜豆植株高大，生長茂盛，枝蔓完全覆蓋行距間的地表，而且無下位葉萎黃的現象（圖 1）。此次六年輪作區的菜豆種子收穫量高達每公頃 2,700 公斤，而連作區的菜豆種子產量僅達每公頃 945 公斤，顯示出這一年連作所造成的菜豆產量損失達 65%（圖 2）。同時由其他調查資料顯示造成連作菜豆產量

劇減的原因主要是植株矮小、生長不良、單株結莢數減低以及單粒種子重量減輕的緣故（Huang et al., 2002）。這種菜豆連作所造成的產量損失，進一步亦可採用該試驗田在西元 1989 年至 2000 年間的統計資料來加以佐證（圖 2）。在這十二年當中，每年因連作所造成的菜豆產量損失平均高達 59%（Huang et al., 2002）。

　　菜豆連作所造成的植株矮化與下位葉萎黃現象（圖 1），顯然是根部受害的徵兆。但是這個小區試驗，每年必須有完整的作物產量紀錄，不允許將有病徵的植株拔起來檢查與研究它的病因。唯一變通的辦法就是由菜豆的行間採集土壤樣本，在溫室種植菜豆（Taishokintoki 品種）及甜菜，間接測定土壤中的病原菌。幾次試驗結果均顯示採自菜豆連作田的土壤會引起菜豆（圖 3）和甜菜（圖 4）幼苗猝倒病（由 *Pythium* spp. 引起），其發病率比採自菜豆六年輪作的土壤或休耕土壤高，且發病度也較嚴重（Huang et al., 2002）。這種由於連作而引發菜豆幼苗猝倒病（Pythium damping-off of bean）的現象，與早期北海道的報導（Kageyama et al., 1981）相符合。此外，西元 1994 年的土壤採樣分析結果，亦顯示六年輪作區的菜豆之所以生長旺盛是與土壤中有益微生物（如螢光細菌等）的增殖有關（Huang et al., 2002）。將

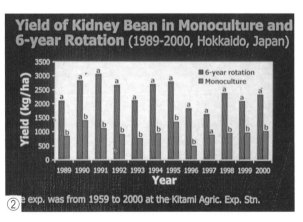

① 日本北海道北見農業試驗所之長期輪作試驗田顯示連作區的菜豆植株生長不良，下位葉萎黃（圖左）；而六年輪作區的菜豆生長茂盛且無葉片萎黃的現象。

② 西元 1989 至 2000 年間的輪作試驗，每年菜豆連作與六年輪作的種子產量比較。除了 1997年產量差異不顯著之外，其餘每一年連作菜豆產量都比輪作少 50% 以上。

③ 將菜豆種子 (Taishokintoki 品種) 播種於休耕土 (圖左)、菜豆連作土 (圖中)、以及六年菜豆輪作土 (圖右) 中，經八天後，連作土的菜豆苗出苗率低且有嚴重幼苗猝倒病的徵兆 (圖中)，而輪作土 (圖右) 的菜豆出苗率高且幼苗健壯 (每盆種七粒種子)。

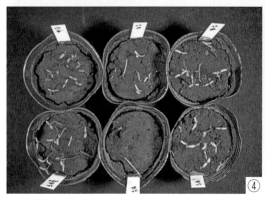

④ 將甜菜 (Monohomare 品種) 播種於休耕土 (圖左)、菜豆連作土 (圖中) 以及六年菜豆輪作土 (圖右) 中，經六天後，連作土的甜菜出苗率低且有嚴重幼苗猝倒病的徵兆 (圖中)，而輪作土 (圖右) 和休耕土 (圖左) 的甜菜出苗率均高 (每盆種 14 粒種子；上排土壤採自第一重複小區，下排土壤採自第二重複小區)。

⑤ 用輪作菜豆根部分離篩選的螢光細菌 (Pseudomonas sp.) 菌株 3b-9(圖中) 及 3a-1(圖右) 處理甜菜種子，播中於病土中，其幼苗猝倒病之發病率比無處理對照 (圖左) 輕微。上排的細菌懸浮液 (上中、上右) 及對照 (上左) 的甜菜種子都用 0.6% 的牛肉煎汁 (nutrient broth) 處理，而下排的細菌懸浮液 (下中、下右) 與對照 (下左) 的甜菜種子只用無菌水處理。

輪作區菜豆植株根部分離的菌株，用來處理甜菜種子，可有效地降低病土中的猝倒病菌（*Pythium* spp.）所造成的危害（圖 5）（Huang et al., 2002）。由此可知良好的輪作制度不但可以增加作物的產量，而且還可以促進有益微生物（如生物防治菌）的增殖和提高生物防治的效果（Cook, 1997）。

豆科作物與輪作

很多文獻記載豆科作物在輪作栽培體系中扮演著重要的角色。例如芬蘭的研究發現用豆科植物與小麥輪作可增加小麥的產量，提高小麥粗蛋白質含量，改良土壤團粒結構，提高土壤中氮肥含量以及減少小麥根部病害等（Karvonen, 1993）。在加拿大的研究也發現用豆科作物（如扁豆）與小麥輪作可以提高小麥產量和土壤含氮量（Wright, 1990; Campbell et al., 1992; Biederbeck et al., 1998）。由北海道北見農業試驗所的試驗田和以上述及的案例，可以獲知以豆科作物進行輪作栽培，除了可以提高豆科作物自身的產量（Huang et al., 2002）之外，還可以提高後作（如小麥等穀類作物）的收穫量。然而有關作物的選擇和栽培次序的安排，都有待研究試驗的證明，才能確切了解前作與後作間的交互關係。

結語和省思

從本文所提到的一些文獻和北海道北見農業試驗所這一個研究案例，可以看出輪作的優越性遠超出連作。但是不一定所有的輪作制度都是良性的，如果作物選擇和作物栽種次序的排列不當時，也可能造成作物減產或病、蟲、草害加重等負面的效果。例如北海道北見地區的幼苗猝倒病菌（*Pythium* spp.）不但會危害菜豆（Kageyama et al., 1981; Huanget al., 2002），而且也會危及甜菜（Huang et al., 2002）和大豆（Kageyama et al., 1982; Kageyama and Ui, 1983）。因此進行輪作試驗時，就要避免將菜豆、甜菜和大豆安排在同一序列。由此可知要推廣一項輪作計畫，首先必須經過試驗證明該項輪作栽培順序的優越性和可行性。

北海道北見農業試驗所的輪作試驗，顯示輪作試驗可以在小面積範圍（例如 5 公尺寬和 6.5 公尺長的小區）進行。即使連作小區與輪作小區緊鄰，其作物生長差異仍明顯可見（圖 1）。同時這個試驗亦顯示菜豆以燕麥為前作和以冬小麥為後作，可以提高菜豆產量和減少菜豆病害（Huang et al., 2002）。這些結果提示我們，像在臺灣或其他東南亞地區人口密集和農地面積小的國家，也有可能採行輪作制度，以提高生產利潤和農業經營的永續性。即使耕地面積狹小的國家，在其小面積的耕

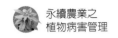
地或設施農地，畦間輪作栽培也是一種良好可行的方法。尤其目前臺灣在大力提倡觀光農園，利用僅有的小地方，以畦間輪作的方式，說不定一方面可以增加觀光客對不同作物、蔬果等的認知，提高觀光的知識性和趣味性；另一方面還可以因適當輪作而減少農藥、化肥等之使用。這一方面的研究，還有待農業人員去做進一步考量。

　　本文似乎一直在強調輪作栽培的種種好處與輪作試驗的重要性，但是並未討論到輪作試驗所需經費的問題。關於經費（錢）的問題是所有農業行政人員和農業研究人員最感頭疼的，沒有經費就談不上任何研究，更談不上像輪作計畫這種長期性的投資了。一般的研究經費來源可分為政府機構和私人機構兩方面。私人機構的補助一般都是短期性的，因為他們都是希望以最少投資在最短期間內獲得最大的利潤。因此像輪作試驗這種長期性的投資，往往很難獲得私人機構的支持。相對的政府機構比較注重對大眾百姓有益的研究計畫（public good projects），像輪作試驗這種長期性的投資，需依賴政府的主導和支持，方能順利執行。只可惜自西元1990年代以來，世界各國政府都相繼改變政策方針，一味地要求研究人員忙於撰寫競爭型的研究計畫，用以爭取外來補助，卻忽略這種基礎型的研究投資。因此在這種現實的研究環境下，一個研究員即使能討到一點研究經費，也只能做些短期性的研究，更談不上執行長期輪作的試驗計畫，這一點值得農政人員深思。

參考文獻

1. Biederbeck, V. O., Campbell, C. A., Rasiah, V., Zentner, R. P.and Wen, G. (1998). Soil quality attributes as influenced by annual legumes used as green manure. *Soil Biology and Biochemistry*, 30: 1177-1185.

2. Burke, D. W. and Kraft, J. M. (1974). Responses of beans and peas to root pathogens accumulated during monoculture of each crop species. *Phytopathology*, 64: 546-549.

3. Burke, D. W. and Miller, D. E. (1983). Control of Fusarium root rot with resistant beans and cultural management. *Plant Disease*, 67: 1312-1317.

4. Campbell, C. A., Zentner, R. P., Selles, F., Biederbeck, V. O. and Leyshon, A. J.

(1992). Comparative effects of grain lentil-wheat and wheat monoculture on crop production, N economy and N fertility in a Brown Chernozem. *Canadian Journal of Plant Science*, 72: 1091-1107.

5. Chou, C. H. (1989). The role of allelopathy in phytochemical ecology Pages 19-36 in: Phytochemical Ecology: Allelochemicals, Mycotoxin, and Insect Pheromon es and Allomones. Chou, C. H., and Waller, G. R. (eds.). Institute of Botany, Academia Sinica Monograph Series No. 9. Taipai, Taiwan.

6. Chou, C. H., and Lin, H. J. (1976). Autointoxiction mechanism of *Oryza sativa*. I. Phytotoxic effects of decomposing rice and residues in paddy soil. *Journal of Chemistry and Ecology,* 2:353-367.

7. Cook, R. J. (1993). Alternative disease management strategies. Pages 129-134 in: International Crop Science I. (eds.) Buxton, D. R., Shibles, R., Forsberg, R. A., Blad B. L., Asay, K. H., Paulsen, G. M., and Wilson, R. F. Crop Science Society of America, Inc., Madison, USA.

8. Cook, R. J. (1997). Biological control of soilborne plant pathogens：past, present, and future. Pages35-4 8 in：Proceedings of International Symposium on Clean Agriculture, October 8, 1997, Sapporo, Japan.

9. Crookston, R. K., Kurle, J. E., Copland, P. J., Ford, J. H., and Lueschen, W. E. (1991). Rotational cropping sequence affects yield of corn and soybean. *Agronomy Journal*, 83: 108-113.

10. Curl, E. A. (1963). Control of plant diseases by crop rotation. *Botanical Review*, 29: 413-479.

11. De Turk, E. E., Bauer, F. C., and Smith, L. H. (1927). Lesson from the Morrow plots. Illinois Agricultural Experiment Station, Bulletin 300.

12. Hall, A. D. (Revised by E. J. Russell) (1917). The Book of Rothamstead Experiments. New York: E. P. Dutton & Co. 332 p.

13. Huang, H. C., Kodama, F., Akashi, K., and Konno, K. (2002). Impact of crop rotation on soilborne diseases of kidney bean: A case study in northern Japan. *Plant Pathology Bulletin*, 11: 87-96.

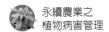
14. Kageyama, K. and Ui, T. (1983). Host range and distribution of *Pythium myriotylum* and unidenti.ed *Pythium* sp. contributed to the monoculture injury of bean and soybean plants. *Annals Phytopathological Society of Japan*, 49: 148-152.

15. Kageyama, K., Ui, T., and Narita, Y. (1981). In fluence of *Pythium* spp. on the injury by bean monoculture, *Annals Phytopathological Society of Japan*, 47: 320-326.

16. Kageyama, K., Ui, T., Narita, Y., and Yamaguchi, H. (1982). Relation of *Pythium* spp. to monoculture injury of soybean. *Annals Phytopatholotical Society of Japan*, 48: 333-335.

17. Karvonen, T. (1993). Tactical management in cold climates. Pages 163-170 in: International Crop Science I. Buxton, D. R., Shibles, R., Forsberg, R. A., Blad, B. L., Asay, K. H., Paulsen, G. M., and Wilson, R. F. (editors). Crop Science Society of America Inc., Madison, Wisconsin, USA.

18. Ui, T., Akai, J., Naiki, T., and Ito, Y. (1972). Effect of repeated culture of beans, barley and fallowing on root rot and yields of bean crop. Memoirs of the Graduate School of Agriculture, Hokkaido University 8: 386-390. (In Japanese).

19. Walker, J. C. (1969). Plant Pathology. [3rd Edition]. McGraw-Hill, New York. 819 p. 20. Williams, L. E., and Schmitthenner, A. F. 1962. Effect of crop rotation on soil fungus populations. *Phytopathology*, 52: 241-247.

21. Wright, A. T. (1990). Yield effect of pulses on subsequent cereal crops in the northern prairies. *Canadian Journal of Plant Science*, 70: 1023-1032.

22. Young, C. C., Tsai, C. S., and Chen, S. H. (1989.) Allelochemicals in rhizosphere soils of Dendrocalamus latiflorus Munro and Asparagus officinalis L. Pages 227-233 in: Phytochemical Ecology: Allelochemicals, Mycotoxins, and Insect Pheromones and Allomones. Chou, C. H., and Waller, G. R. (eds.). Institute of Botany, Academia Sinica Monograph Series No. 9. Taipei, Taiwan.

CHAPTER 11

土壤添加物與作物病害防治

地球表面雖僅覆蓋著一層薄薄的表土，但這一層土壤卻是滋養萬物的地方。不可諱言的，世界上所有的生物包括人類以及其他動物、植物、微生物等都必須依賴這層表土求生過活。自從第二次世界大戰以後，短短數十年間，農工業的神速發展，給人類帶來文明與便捷，但其產生的廢棄物（如農藥殘毒與工業廢水等）卻危及地球環境的健康與安全。本文旨在以作者研究的心得，剖析不同的添加物對土壤微生物的生態會造成那些重大影響，並描述微生物對於環境生態和諧的價值。此外，也進一步論及在現今農業耕作體系中，吾輩該如何維護這片「錦繡大地」的永續。

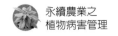
引言

　　植物保護是現代農業生產體系中不可或缺的一環。Pimentel（1981）報導全球農作物遭受病、蟲、雜草危害的損失高達總產值的 35%。在美國，每年農作物損失總額約占總產值的 37%，其中包括蟲害 13%、病害 12% 及草害 12%。此外，西元 1982 年加拿大油菜病害所造成的經濟損失也高達一千五百萬加幣（Martens et al., 1984）。因此，植物保護工作受到世界各國農政單位的重視。

　　二十世紀裡最值得注意的兩個現象是世界人口的快速增長與科學技術的神速進步。這種人口暴增的現象及其對衣食的需求，促使很多國家於二次大戰後，積極推動集約經營模式的農業現代化體制。這種體制的最主要特徵是農民必須大量使用化學農藥及化學肥料，才能達到農作物增產的效果。二次大戰前應用化學藥劑防治病、蟲、雜草的例子為數不多，且所使用的藥品都是無機化合物。例如西元 1885 年 Millardet 所發明的波爾多液（Bordeaux Mixture），用以防治葡萄露菌病。該藥品的主要成分是生石灰與硫酸銅。又如利用植物有毒成分，像除蟲菊（pyrethrum）、尼古丁（nicotine）等天然物質作為殺蟲劑。直到二次大戰後，由於合成藥劑（synthetic pesticides）製造的成功，使化學農藥生產與銷售迅速發展。例如有名的殺蟲劑 DDT（Dichloro-diphenyl-trichloroethane），在西元 1943 年於美國取得專利後，1951 年的銷售量竟高達 3,200 萬公斤（Shepard, 1953）。從西元 1940 年至 1990 年，由於作物生產過程大量依賴化學農藥及化學肥料，因此 Zadoks（1993）將這五十年間的農業生產模式稱作化學型（Chemism）植物保護期。

　　自從西元 1970 年代末期，許多國家已經開始認識高度依賴化學農藥和肥料的生產手段，除了獲取短暫的經濟利益外，也帶來環境汙染、人畜中毒以及生物資源毀滅的危機，因此紛紛改變作物生產及作物保護政策。例如印尼政府於西元 1986 年宣布取消農藥補助貸款，同時也將原來 61 種應用於防治水稻病害的農藥減少為四種（FAO, 1991）。顯示自西元 1970 年代末期，人們的環保意識已逐漸增強，使作物生產和植物保護的理念由化學型（Chemism）轉變為環境型（Environmentalism）；之後 Zadoks（1993）將 1990 年訂為環境型農業生產的開端。在這種注重環保的環境型理念下，很多過去認為有神奇功效的農藥如 DDT 殺蟲劑

和有機汞類殺菌劑等，現在已因殘毒危險性高而被全面禁止使用。又例如有名的土壤燻蒸劑溴化甲烷（methyl bromide），也因會破壞大氣臭氧層，而被呼籲禁止使用（Whipps and Lumsden, 2001）。

地球表面的土壤是所有微生物棲息的場所。這一薄薄的地層雖充滿著生機，但它的生機卻會受到外來添加物質的影響。一般言之，有些土壤添加物確實有益於土壤微生物，但有些含有農藥殘毒與工業廢水等添加物卻會汙染環境與破壞生態。近年來，許多研究報告指出在土壤中添加有機物或無機物可以改變微生物活性，進而有效地防治作物病害（Huang and Huang, 1993）。本文作者僅以親身經歷的幾個案例，說明土壤添加物對微生物生態的影響和防治作物病害的效果，並探討如何在農業生產過程中，兼顧環境保護，以確保大地免於汙染，進而使土壤永遠充滿生機。

土壤添加物與作物病害防治

如果土壤中添加有機物或無機物，則往往會誘發生物之間相生相剋（allelopathy）的現象。這種現象是由植物或微生物產生具有毒性的排他化學物質（allelochemicals）所引起（Young and Chou, 2003）。這些有毒的化學物質種類很多，例如有些高等植物產生的化學物質能危害其他高等植物或微生物；此外，也有些微生物產生的代謝物能抑制其他微生物或高等植物。

在自然界中，植物與植物相剋的例子很多。在加拿大的研究發現油菜收穫後遺留在田間的殘株、碎屑會抑制小麥的生長。這種現象是由於早期種植的油菜（rapeseed）品種，大多含有很高的硫配糖體（glucosinolates），這種化學物質只需經過水解後，其所產生的異硫氰化物即會抑制小麥生長（Vera et al., 1987）。現在栽培的油菜品種都是經過遺傳性狀改良，所以硫配糖體的含量極低，是故推廣這些油菜（特別稱作 canola）品種，使得小麥生長受害的情形也就大大地減低。另一項研究發現扁豆（lentil）、燕麥（oat）、油菜（canola）及大麥莖稈的水浸物以 1% 濃度處理雜草種子，可以有效地抑制播娘蒿（*Descurainia sophia* L. Webb）、菥蓂（*Thlaspi arvense* L.）及旱雀麥（*Bromus tectorum* L.）等雜草種子的發芽（Moyer and Huang, 1997）。這種植物與植物間的相剋現象在臺灣也有很

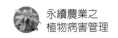

多的報告（Chou, 1999; Young and Chou, 2003），例如 Chou and Lin（1976）報導水稻莖稈含有六種有毒的酚類化合物（phenolic compounds），其中一種羥基苯乙酸（o-hydroxyphenylacetic acid）是在臺灣首次被發現的化合物（Chou and Lin, 1976）。

① 在土壤中一個菌核病菌的菌核發芽產生十幾個圓形的子囊盤。每一成熟子囊盤直徑約 0.5 公分。
② 成熟的子囊盤的表層產生很多棍棒狀的子囊，每一個子囊含有 8 個子囊孢子。

　　有些植物的殘體物質對微生物具有毒性之案例報告也不少，本文特以作物菌核病菌（*Sclerotinia sclerotiorum*）為例來加以說明。在自然田間環境下，如果溫度、溼度條件適宜，土壤中作物菌核病菌的菌核就會發芽產生子囊盤（apothecia）（圖 1），子囊盤表面布滿許多棍棒狀的子囊，其中每個子囊中含有八個子囊孢子（ascospores）（圖 2）。這些子囊孢子成熟後會釋放於田間，危害農作物造成蔬菜菌核病、向日葵、紅花爛頭病等。在加拿大進行的一系列室內實驗，發現大麥或燕麥莖稈水浸出液以 4% 濃度處理菌核，除了能抑制播娘蒿、薺薺及旱雀麥等雜草種子發芽（Moyer and Huang, 1997）外，還能有效地抑制菌核發芽和子囊盤產生；然而同一種濃度的小麥莖稈水浸出液卻無法有效抑制菌核發芽形成子囊盤（圖 3）。另一個實驗顯示，大麥（圖 4）或燕麥（圖 5）莖稈切碎以 3% 的重量比例直接添加於土壤中，不但可以抑制菌核產生子囊盤，而且還可以促進土壤中其他微生物的生長（圖 4, 5）。這些實驗證明不同作物殘體對微生物的毒性是具有選擇性的（Huang et al., 2002），例如在土壤中添加處理 3%（w／w）油菜莖稈、油菜籽粕、燕麥莖稈、裸麥（rye）莖稈或魚粉等處理，其抑制菌核發芽的效果顯著優於土壤

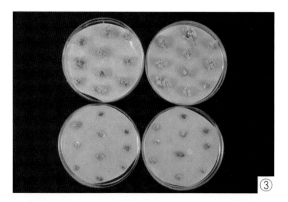

③ 作物莖桿 (4% 乾燥重量) 的水浸出物對菌核病菌發芽的影響。與無處理的對照 (左上) 相比,大麥 (左下) 和燕麥 (右下) 莖桿水浸物可以抑制菌核發芽,使其喪失產生子囊盤的能力,而小麥 (右上) 莖桿水浸物則無抑制效果,因此每個菌核都可發芽產生子囊盤。

④ 菌核埋在自然田土中可正常發芽和產生子囊盤 (圖左),但是經過大麥莖桿 (3% 乾重) 處理的田土中,菌核不能發芽且促進其他真菌 (灰白色) 生長 (圖右)。

⑤ 菌核埋在自然田土中可正常發芽和產生子囊盤 (圖左),但是經過燕麥莖桿 (3% 乾重) 處理的田土中,菌核不能發芽且促進其他真菌 (灰白色) 生長 (圖右)。

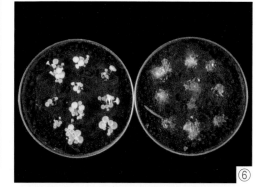

⑥ 菌核埋在自然田土中可正常發芽和產生子囊盤 (圖左),但是以 150 ppm CF-5(Huang et al., 1997) 處理的土壤,不但可以抑制菌核發芽,且可以刺激土壤中木黴菌 (Trichoderma spp.) 的生長和產生綠色菌落和孢子 (圖右)。

⑦ 菌核埋在自然田土中可正常發芽和 產生子囊盤 (圖左),但是用尿素 (2% 重量比) 處理的土壤,不但抑制菌核發芽,而且也抑制其他微生物的生長 (圖右)。

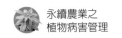

添加等量小麥莖桿或亞麻（flax）莖桿的處理。

　　有些用植物殘體和其他有機物或無機物組合製成的合成添加物產品（formulated amendments），也有抑制微生物生長的效果。其中著名的例子如S-H混合物（Sun and Huang, 1985）可以作為土壤添加物，有效防治西瓜蔓割病（Fusarium wilt of watermelon）。另外，CF-5（Huang and Huang, 1993; Huang et al., 1997）以100～400 ppm的濃度添加於土壤中，不但可以抑制菌核病菌之菌核產生子囊盤，而且還可以促進土壤中有益微生物如木黴菌（Trichoderma spp.）的生長（圖6）。這種能抑制病原菌，又能刺激生物防治菌增殖的土壤添加物，可顯著提高作物病害生物防治的效果。Patrick（1986）曾經報導土壤中來自植物或微生物的有毒物質，如果其毒性只針對有害微生物（如病原菌），則土壤添加這種相剋物質就可以達到防治病害的功效。他的學說正好可以由上述幾個實驗的例子得到印證。

　　此外，有些化學物質對微生物的毒害選擇性不強。例如土壤中添加2%尿素所釋放出來的氨氣不但可抑制菌核病發芽（Huang and Janzen, 1991），還會抑制其他微生物的生長（圖7）。因此施用這種肥料，必須特別注意施用量和施用時間。又有很多農藥的作用，並不具有絕對侷限性的功效。例如草脫淨（Atrazine）和草滅淨（Simazine）是用來防治田間雜草的，如果將它們防治雜草的劑量（每公頃施用草脫淨1,500公克或每公頃施用草滅淨2,500公克）施用於土壤中，不但可以除去雜草，而且還會造成作物菌核病菌的菌核出現異常發芽的現象（Huang and Blackshaw, 1995）。例如在無農藥添加的土壤裡，菌核會產生子囊盤柄，且在有光照的情況下，每一子囊盤柄的頂端會形成一個圓形的子囊盤（圖1），盤的表層還會產生很多棍棒狀的子囊，每個子囊有八個子囊孢子（圖2）。但是在草脫淨或草滅淨處理過的土壤中，每一個菌核雖然可以發芽，但是子囊盤柄會產生異常分枝（圖8, 10），且在分枝的頂端形成棉絮狀菌絲團（圖9, 11），無法正常形成子囊盤與產生子囊孢子（Huang and Blackshaw, 1995）。這兩種除草劑的主要殺草原理是抑制雜草的光合作用，使雜草無法正常生長（Ashton and Crafts, 1981）。因為菌核在形成子囊盤和產生子囊孢子的階段，必須有光照處理。所以這兩種除草劑抑制菌核產生子囊盤的原因，可能是干擾到子囊盤分化時所必須的光化學作用所致。這兩個例子說明許多農藥除了防治標的物（病、蟲或雜草）之外，還會影響到其他非

⑧～⑨ 土壤中添加草脫淨 (Atrazine) 除草劑 (每公頃 1,500 公克或 7.5ppm) 會造成菌核發芽時子囊盤柄產生異常分枝 (圖 8) 和子囊盤異常分化而形成棉絮狀菌絲團 (圖 9)。

⑩～⑪ 土壤中添加草滅淨 (Simazine) 除草劑 (每公頃 2,500 公克或 12.5ppm) 會造成菌核發芽時子囊盤柄產生異常分枝 (圖 10)，和子囊盤異常分化而喪失產生子囊孢子的能力 (圖 11)。

⑫ 栽培介質 (BVB No.4) 中添加 0.1% 的 FBN-5A，可以有效的防治甘藍猝
倒病和促進甘藍幼苗的生長 (圖右)。圖左是無處理的對照，幼苗生長不
良且多缺株。

標的物（如微生物等）的生長和存活。

　　目前正處於環境型（Environmentalism）的農業生產階段，一切生產手段都必須考慮到生態平衡的維護和環境的保護。過去許多農產廢棄物被認為是垃圾的東西，現在已變成值得再回收與再利用的寶物。例如臺灣的菇農利用太空包栽培香菇，當香菇採收後，這些太空包就變成廢棄物。然而若將採收過的太空包廢棄栽培基質（spent forest mushroom compost），與其他物質如魚粉、血粉等均勻混合發酵後，卻可以製成一種產品叫作 FBN-5A。這一種產品如果以 0.1% 的用量添加於土壤或其他栽培介質，則可有效地防治立枯絲核菌（*Rhizoctonia solani*）所引起的甘藍猝倒病或幼苗立枯病（圖 12）（Shiau et al., 1999）。另外利用採收香菇後的堆肥與稻殼、蝦殼、血粉等均勻混合發酵後，也可製成 SSC-06 的產品，對於甘藍猝倒病的防治亦有很好的效果（Huang and Huang, 2000）。這些例子說明了農產廢棄物再利用的可行性，更是現今農業研究人員和栽培業者值得追求的方向。

結語和省思

　　許多細小的微生物雖然是肉眼看不到的，但它們在土壤中確是活躍的生存者。從本文中引用的幾個例子可以得知，如果把有機物或無機物加入土壤中，就會引起微生物的反應，有些對微生物有益，有些則是有害的。如果所添加的物質可以抑制病原菌的生長，同時又可促進有益微生物的繁殖（如圖 6），則這種土壤添加物就可以用來防治作物病害。本文提到的草脫淨和草滅淨等兩種除草劑除了防治雜草外，也會對菌核病菌造成重大影響（圖 8 ～ 11）；其實，像這種農藥能危害多種生物的例子還有很多，值得我們正視這個問題。此外，尚有一些農藥如 DDT、BHC 等，因在土壤中殘留時間很長，往往禍及蚯蚓、鳥類等（Carson, 1962）；同時又由於土壤中的微生物長年與農藥接觸，也產生了許多新的抗藥性菌株等。這些現象清楚地告訴我們「種什麼因就結什麼果」。因此今後人類若要在土壤中添加任何物質，一定要注意到是否會傷及微生物，以免為了防治作物病害，反而使其他微生物或高等動植物遭殃。

　　人是萬物之靈，也是最會製造垃圾的動物。據估計一萬年前，全球人口只有二十萬人（相當於臺灣的一個小鎮），到西元 1976 年已增加到四十億人。在西元 1999 年全球人口已達六十億人；預計到西元 2050 年，全球人口會增長到一百億人。這麼多人製造的垃圾，一個小小的地球怎麼能夠承受得了呢？我們已不能再一味地把製造出來的垃圾丟在地上或埋在地下；相對的，如本文提到的例子，很多農工廢棄物是可以再利用於農業生產（如病蟲害防治和製造有機肥等）或其他用途。把腐朽的廢棄物變成神奇有用的東西，才是人類解決環境汙染之道，這一點確實值得大家深思和關注。

　　據科學報導，截至目前為止，地球可能是宇宙間唯一有生命存在的星球。我們利用地球表面這一層薄薄的土壤來從事生產，以滿足衣食需求，但是我們從事農耕，也不該忘記保護生態環境和發展永續農業的重要性。大家必須知道要毀掉一片淨土很容易，但是要保持一片淨土卻很難。我們應當發揚人類特有的智慧，給地球上的微生物營造一個美好的家，也給我們自己一個美好的世界。我們千萬不要讓這個僅有的地球像 Rachel Carson（1962）在《寂靜的春天》（*Silent Spring*）一書中，

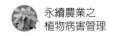
述及農藥殘毒汙染環境，使得這個世界變成死寂和了無生機，更不要讓我們小時候在水田裡捉泥鰍和在河邊抓魚蝦的樂趣，變成遙遠的記憶和永遠無法再實現的夢想！

參考文獻

1. Ashton, F. M., and Crafts, A. S. (1981). Triazines. Mode of Action of Herbicides. New York: John Wiley and Sons, 328-374.

2. Carson, R. (1962). Silent Spring. Boston: Houghton Mifflin. 368 p.

3. Chou, C. H. (1999). Roles of allelopathy in plant biodiversity and sustainable agriculture. *Critical Review in Plant Science*, 18:609-636.

4. Chou, C. H., and Lin, H. J. (1976). Autointoxiction mechanism of Oryza sativa. I. Phytotoxic effects of decomposing rice and residues in paddy soil. *Journal of Chemistry and Ecology*, 2:353-367.

5. FAO. (1991). Mid-term Review of FAO Inter-country Program for the Development and Application of Integrated Pest Control in Rice in South and South East Asia. Mission Report, FAO, Rome. 181 p.

6. Huang, H. C. and Janzen, H. H. (1991). Control of carpogenic germination of sclerotia of *Sclerotinia sclerotiorum* by volatile substances from urea. *Plant Protection Bulletin*, 33:283-289.

7. Huang, H. C. and Huang, J. W. (1993). Prospects for control of soilborne plant pathogens by soil amendment. *Current Topics in Botanical Research,* Volume 1: 223-235.

8. Huang, H. C., and Blackshaw, R. E. (1995). Influence of herbicdes on the carpogenic germination of *Sclerotinia sclerotiorum* sclerotia. *Botanical Bulletin of Academia Sinica*, 36:59-64.

9. Huang, J. W., and Huang, H. C. (2000). A formulated container medium suppressive to Rhizoctonia damping-off of cabbage. *Botanical Bulletin of Academia Sinica*, 41:49-56.

10. Huang, H. C., Huang, J. W., Saindon, G., and Erickson, R. S. (1997). Effect of allyl alcohol and agricultural wastes on carpogenic germination of sclerotia of *Sclerotinia sclerotiorum* and colonization by *Trichoderma* spp. *Canadian Journal of Plant Pathology*, 19: 43-46.

11. Huang, H. C., Erickson, R. S., Chang, C., Moyer, J. R., Larney, F. J., and Huang, J. W. (2002). Organic soil amendments for control of apothecial production of *Sclerotinia sclerotiorum*. *Plant Pathology Bulletin*, 11:207-214.

12. Martens, J. W., Seaman, W. L., and Atkinson, T. G. (eds.). (1984). Diseases of Field Crops in Canada. *Canadian Phytopathological Society*. p160.

13. Moyer, J. R., and Huang, H. C. (1997). Effect of a queous extracts of crop residues on germination and seedling growth of ten weed species. *Botanical Bulletin of Academia Sinica*, 38:131-139.

14. Patrick, Z. A. (1986). Allelopathic mechanisms and their exploitation for biological control. *Canadian Journal of Plant Pathology*, 8:225-228.

15. Pimentel, D. (ed.) (1981). CRC Hand Book of Pest Management in Agriculture. CRC Press Inc., Boca Raton, Florida. Vol. I:3-11.

16. Shepard, H. H. (1953). Trends in production and consumption of pesticidal chemicals. *Journal of Agricultural Food and Chemistry,* 1:756-759.

17. Shiau, F. L., Chung, W. C., Huang, J. W. and Huang, H. C. (1999). Organic amendment of commercial culture media for improving control of Rhizoctonia damping-off of cabbage. *Canadian Journal of Plant Pathology*, 21:368-374.

18. Sun, S. K., and Huang, J. W. (1985). Formulated soil amendment for controlling Fusarium wilt and other soilborne diseases. *Plant Disease*, 69:917-920.

19. Vera, C. L., McGregor, D. I., and Downey, R. K. (1987). Detrimental effects of volunteer Brassica on production of certain cereal and oilseed crops. *Canadian Journal of Plant Science*, 67:983-995.

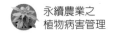

20. Whipps, J. M., and Lumsden, R. D. (2001), Fungi as Biocontrol Agents: Progress, Problems and Potential, T. M. Butt, C. Jackson and N. Magan (eds.), CAB International, Oxon, UK, 9.

21. Young, C. C., and Chou, C. H. (2003). Allelopathy, plant pathogen and crop productivity. Pages 89-105 in: Advances in Plant Disease Management. H. C. Huang and S. N. Acharya (eds.) Research Signpost, Trivandrum, Kerala, India.

22. Zadoks, J. C. (1993). Antipodes on crop protection in sustainable agriculture. Page3-12 in:Pest Control and Sustainable Agriculture. S. Corey, D. Dall, and W. Milne (eds.) Commonwealth Sci. & Industr. Res. Organizat., Australia.

CHAPTER 12

植物病害之生物防治

自然界中每一種有生命的個體，自從誕生以後，除了必須面對死亡之外，還要不斷地掙扎、覓食以求取生存。微生物當然也不例外，它為了確保自己個體的生存，以及子孫後代的綿延，也不得不使用各種方法和其他微生物進行爭戰的動作。本文旨在舉例說明微生物間種種相互爭戰的現象，進而引導讀者體悟生命求生存的本質，並探討利用這種微生物抗爭的現象作為植物病害生物防治策略的可行性。

引言

　　微生物爲了覓食和求取生存空間，往往發生互相爭戰的現象。這種搶食物、爭地盤的現象，可以依照它們之間的爭戰方式，概略分爲超寄生（hyperparasitism）、抗生（antagonism）及競生（competition）等三種類型。超寄生就是一種微生物寄生在另一種微生物體上。這種具有寄生性的微生物稱爲超寄生菌（hyperparasite）；如果它是一種眞菌寄生在另一種眞菌上，則這一種寄生性眞菌亦可稱爲超寄生眞菌（mycoparasite）。又超寄生菌可依它們的寄生方式再區分爲兩類：第一類是絕對超寄生菌（obligate hyperparasite），這類超寄生菌能在寄主體內吸取養分，但不會使寄主細胞死亡；另一類是非絕對超寄生菌（non-obligate hyperparasite），這類超寄生菌在侵入寄主後，往往會造成寄主細胞受害，乃至死亡的現象。抗生就是一種微生物能夠產生一種具有毒性的代謝物質，如抗生素（antibiotics）等，並可抑制其他微生物的生長。競生就是兩種微生物彼此間爭相掠奪它們周遭的營養物。若一個微生物擅長於搶奪食物，往往會迫使它的對手喪失取得食物的機會，致使其挨餓、生長受阻。

　　這些具有寄生性、抗生性或競生性的微生物，如果它們所寄生或抗生或競生的對象是危害農作物的病原菌，我們就將這種拮抗菌稱爲生物防治菌（biocontrol agent），並利用它們來防治作物病害，以減少作物生產的損失。筆者從事有關作物生物防治的研究工作多年，謹在此將研究過程中所觀察到的一些有關微生物間的爭戰現象，提出來和各位讀者分享。

微生物爭戰的方式

　　各種微生物在同一個生態環境中，都不是彼此孤立地存在，而是以組成群落的方式共同生活在一起。在同一個群落中，不同種類的微生物之間由於不停互動的結果，往往會產生有利的或有害的複雜關係。凡是某些微生物在爭戰互動的過程中，能夠在不同程度上，以不同方式傷害或消滅其他微生物的作用就稱爲微生物間的拮抗作用。這種微生物間相互爭戰的現象，在自然界中是相當普遍的。所有微生物的

爭戰現象，大致上可歸納爲超寄生（hyperparasitism）、抗生（antagonism）及競生（competition）等三種不同方式。

（一）超寄生（Hyperparasitism）

超寄生是某種微生物直接寄生於另一種微生物上，以破壞其細胞的一種拮抗作用。這種現象在微生物界裡發生的例子很多，例如噬菌體（phage）寄生於細菌和放線菌的現象就是一個很好的例子。這些噬菌體的病毒顆粒會吸附於寄主細菌或放線菌的表面，然後侵入寄主細胞中，並在寄主細胞內大量繁殖，致使寄主細胞溶解、破壞而死亡。

另外在自然界中，一種絲狀眞菌寄生在另一種絲狀眞菌上的超寄生現象，例子也有很多，其中盾殼菌（*Coniothyrium minitans*）就是一個頗負盛名的超寄生眞菌。自從 Campbell（1947）首次報導盾殼菌侵害菌核病菌（*Sclerotinia sclerotiorum*）的菌核（sclerotia）之後，很多學者相繼研究報導有關這一種眞菌的超寄生現象。其中包括應用光學顯微鏡和電子顯微鏡來觀察盾殼菌對菌核病菌的超寄生作用（Huang and Hoes, 1976; Huang 1977; Huang and Kokko, 1987, 1988）。這些研究發現盾殼菌的菌絲能夠直接侵入菌核病菌的菌絲（圖 1, 2）與菌核（圖 3, 4），進而

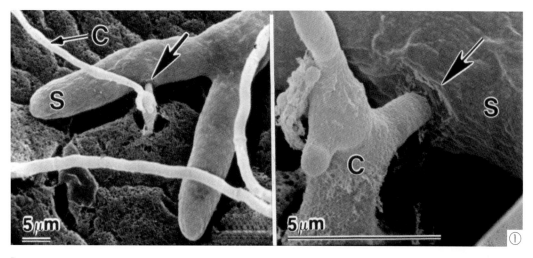

① 超寄生菌 *Coniothyrium minitans* (C) 以菌絲直接侵入分叉的菌核病菌的菌絲 (S)（圖左箭頭），造成受害的寄主細胞壁軟化凹陷的現象（圖右箭頭）。

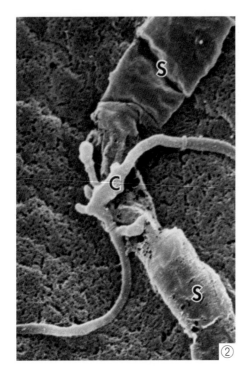

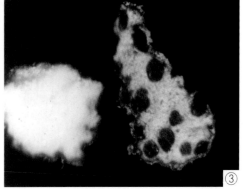

② 菌核病菌的菌絲 (S) 受 *C. minitans* (C) 侵害，致使細胞瓦解、腐爛。

③ 菌核病菌的健康菌核，內部中髓組織 (medulla) 是白色 (圖左)；而受 *C. minitans* 寄生為害的菌核，其內部組織產生很多黑色、球狀的柄子器 (pycnidia, 圖右)。

④ 電子顯微鏡下，經高倍放大的健康菌核切面，其內皮層 (C，即 cortex) 和中髓 (M，即 medulla) 組織細胞充滿細胞質 (圖左)；而受 *C. minitans* 寄生的菌絲，其內部組織腐爛，而且布滿許多寄生菌的菌絲 (CM, 圖右)。

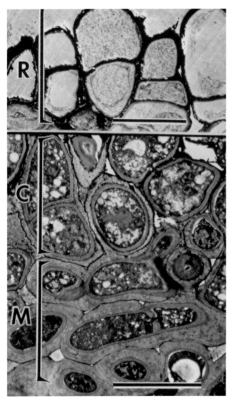

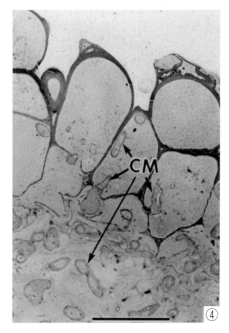

使受害細胞或組織潰爛、瓦解（圖 2, 4）。到後期盾殼菌在受害菌核的內部和表面會產生許多球形或橢圓形的柄子殼（pycnidia）（圖 5）。當柄子殼成熟時，就會釋放出很多褐色、橢圓形的柄孢子（pycnidiospores）（圖 6），以威脅菌核病菌的存活。盾殼菌之所以具有如此強盛的寄生能力，主要是因為它會產生酵素，融解受害者的菌絲（圖 2）或菌核內皮層（cortex）及中髓（medulla）等組織細胞之細胞壁（圖 4），促使菌體潰爛、死亡（Jones et al., 1974; Zantingeet al., 2003）。其他的例子，如粉紅黏帚黴（*Gliocladium roseum*）也是可以利用它的菌絲直接侵入灰黴病菌（*Botrytis cinerea*）的分生孢子（conidia）或菌絲，而使寄主細胞遭受破壞而死亡（Li et al., 2002）。另一種超寄生性的黃曲黴（*Talaromyces flavus*）往往用它的菌絲以螺旋狀方式纏住菌核病菌（*S. sclerotiorum*）的菌絲（圖 7），來對寄主進行攻擊和破壞（McLarenet al., 1986）。上述的超寄生現象，在整個作物生長的

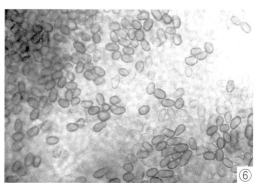

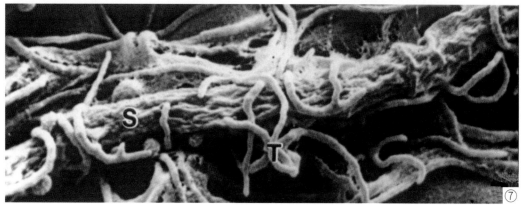

⑤ *C. minitans* 在被危害的菌核表面產生很多柄子器，從中釋放出很多黑色球形的柄孢子團。

⑥ *C. minitans* 的柄孢子呈褐色、橢圓形。

⑦ 超寄生菌 *Talaromyces flavus* (T) 以菌絲纏繞菌核病菌的菌絲 (S)，進而破壞菌絲的組織結構。

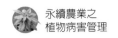
季節裡，會不斷地出現。由於作物生長季節食物供給豐盛，使菌核病菌變得活躍而忙於取食和繁殖後代；同時也因為菌核病菌的活躍，給盾殼菌帶來了求生、繁衍後代的良好機會。因此這些微生物就在整個作物生長季節裡，忙碌不停地活動與抗爭著，直到秋收過後，天氣轉冷，整個田間裡的微生物活動才逐漸趨於平靜。

（二）抗生（Antagonism）

抗生作用是指一種微生物所產生的代謝物質，對另一種微生物具有抑制作用的效果。這種抑制現象又可分為兩大類：第一類是無特異性的抑制作用，例如有些微生物會產生酸類、醇類、氰酸氣或硫化氫等物質，這些物質對其他微生物的抑制作用大多不具有選擇性；第二類是具有特異性的抑制作用，這一類微生物所產生的代謝物是一種選擇性很強的特殊抗菌物質，例如抗生素（antibiotics）等。由放線菌產生的鏈黴素（streptomycin）和真菌產生的青黴素（penicillin）都是

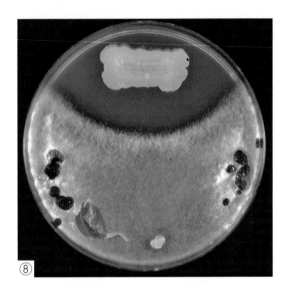

⑧ 細菌 *Bacillus cereus* 在培養基上抑制菌核病菌的菌絲生長，形成透明的抑制區 (inhibition zone)。

有名的例子。這些能產生抗生物質的細菌（圖8）、放線菌、真菌與其他菌類，在培養基上做對峙培養時，往往在兩菌之間產生明顯的抑制區（inhibition zone）。又抗生素的產生，會因抗生菌的種類而異。有些抗生菌能夠產生一種或數種抗生素；同一種抗生素，往往也會由不同的抗生菌產生。在自然界中，很多細菌如枯草桿菌（*Bacillus* spp.）、綠膿桿菌（*Pseudomonas* spp.）、伊文氏菌（*Erwinia* spp.）等，放線菌如鏈黴菌（*Streptomyces* spp.）及真菌如木黴菌（*Trichoderma* spp.）、黏帚黴菌（*Gliocladium* spp.）、青黴菌（*Penicillium* spp.）等，常會利用它們產生的抗生物質當作武器，去和其他微生物搶地盤，藉以爭取生存的空間。

（三）競生（Competition）

競生是指兩種或兩種以上的微生物生存在同一環境空間中，互相競爭，搶奪有限的營養或地盤的一種現象。這種現象在食物供應有限的情況下（如土壤中），會更為明顯。因為每一微生物都需要依賴碳、氮素源及其他微量元素來維持它們的生長。所以它們需要爭搶的物質多以含碳水化合物和蛋白質等物質為主。又有些微生物除了爭搶營養物質外，還會爭搶空間和氧氣等。綜觀上述三種微生物爭戰的作用，在植物上或在土壤中都有可能發生。雖然土壤中含有很多不同的微生物，如細菌、放線菌及真菌等，一般認為這些菌類在沒有作物生長的期間，大多可以利用作物的枯株、殘株或碎屑賴以為生。此外，有些有益的根圈微生物，還會產生代謝物或抗生素等有毒物質，以增加它們的抗生、競生或超寄生的能力。

植物病害的生物防治

微生物間的爭戰，是植物病害生物防治的理論基礎，植病科學家們均依據上述三種微生物爭戰的現象，研發許多不同的生物防治策略。在此僅以土壤傳播病害的生物防治為例說明如下：由於一般土壤中，大多處於養分供應不充裕的狀態，所以病原菌是否具有在土壤中與其他微生物競爭的能力，必會影響到病原菌與非病原菌在土壤中的存活。設若土壤中添加植物殘體或禽畜糞便堆肥等有機物質，就會引起土壤中棲息的病原菌如鎌孢菌（*Fusarium* spp.）、菌核病菌（*Sclerotinia* spp.）、猝倒病菌（*Pythium* spp.）、絲核菌（*Rhizoctonia* sp.）等和其他的腐生菌爭搶這些有機質的現象。如果病原菌占優勢，且可以利用這些有機質的話，那麼病原菌族群即會大量繁殖，進而侵染作物，並引起病害。相對的，如果是腐生菌占優勢，腐生菌就會利用這些有機物質的營養，迅速繁殖。它們除可分解這些有機質外，還會吸收土壤中的其他養分，結果就耗盡土壤中可供病原菌利用的養分，因此病原菌只好忍饑挨餓，被迫處於休眠狀態或瀕臨死亡的境地。一般言之，有些微生物對於有機物具有嗜好選擇的特性。因此，我們可以利用它們對營養源的偏好特性，研製有益於生物防治菌繁殖，且具有抑制植物病原菌功效的有機添加物，藉以綜合防治作物

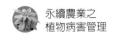
土壤傳播性病害（Huang and Huang, 1993）。許多植物病理學家也嘗試利用拮抗菌（antagonist）防治土壤傳播或種子傳播的作物病害。他們應用拮抗菌防治作物病害的步驟如下：首先是從土壤或植物體分離與篩選出植物病原菌的拮抗微生物；進而以人工的方法大量繁殖，並研製成微生物製劑後，再將它們施用於土壤中或拌在種子上。在環境條件適宜的情況下，它們會在土壤中大量增殖，並以它們擁有的強烈拮抗特性來抑制病原菌的存活，使病原菌喪失感染作物的能力而有效地防止或降低作物病害的發生程度和嚴重性。例如把土壤中篩選出來、具有拮抗性的根圈細菌（rhizobacteria）用來處理種子，可以有效的防治油菜（圖 9）、紅花、豌豆（圖 10）和甜菜等作物的幼苗猝倒病（Pythium damping-off）（Bardin et al., 2003）。

⑨ 用種子處理拮抗細菌防治油菜幼苗猝倒病的效果 (1997 年在加拿大 Lethbridge 研究中心的田間試驗)。油菜的出苗率和生長勢在細菌處理的小區 (圖左排中；圖右排上，中)、用殺菌劑 (Thiram) 處理的小區 (圖左排下)，均比對照區 (圖左排上；圖右排下) 好。

⑩ 用種子處理拮抗細菌防治豌豆幼苗猝倒病的效果 (1997 年在加拿大 Lethbridge 研究中心的田間試驗)。用 *Pseudomonas fluorescens* 處理的小區 (圖右)，豌豆的出苗率和生長勢比對照區 (圖左) 好。

近三十年來，也有許多科學家利用超寄生菌（hyperparasite）防治作物病害。但其中主要的前提是，這些超寄生菌侵害的對象是植物病原菌，且不會危害其他微生物或高等植物。以著名的超寄生性盾殼菌（*Coniothyrium minitans*）爲例，它對菌核病菌（*Sclerotinia sclerotiorum*）的菌核（Huang and Kokko, 1987）和菌絲（Huang and Kokko, 1988）都具有很強的寄生和殺傷能力，但是它卻不會危害其他高等植物或有益微生物。在加拿大的研究發現，在向日葵播種期將盾殼菌施用於病田土壤中，可以降低向日葵萎凋病的發生（圖 11）（Huang, 1980）。隨後在世界各地相繼研究，也發現這個超寄生菌不但可以防治向日葵萎凋病（Bogdanova et al., 1986; McLaren et al., 1994），而且還可防治萵苣萎凋病（Budge et al., 1995）和菜豆菌核病（圖 12）（Huang et al., 2000）等。這一種超寄生菌業已在 1997 年於德國製成生

⑪ 土壤中施用 *C. minitans* 防治向日葵萎凋病 (*Sclerotinia wilt*) 的效果 (1978 年在加拿大 Morden 試驗所的田間試驗)。超寄生菌處理 (圖右) 的發病率比對照區 (圖左) 低。

⑫ 用 *C. minitans* 噴灑於菜豆植株防治菜豆菌核病 (white mold) 的效果 (1994 年在加拿大 Lethbridge 研究中心的田間試驗)。*C. minitans* 處理的小區 (圖右) 罹病度較對照小區 (圖左) 輕微。

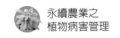
物防治用的產品，名字叫作「Contans WGR」（Luth, 2001）；在同年，*C. minitans* 也在匈牙利被開發成為商品，名字叫作「Koni」（http://www.bioved.hu），它是微生物被應用在植物病害防治的成功例子之一（Huang, 2003）。應用微生物來防治作物病害，首先需要了解作物發病的方式與特性。以超寄生菌 *C. minitans* 的應用為例，如果菌核病是由根部感染引起時，例如向日葵萎凋病，就需要以土壤處理 *C. minitans* 的方法來防治（Huang, 1980; McLaren et al., 1994），才會有效；如果菌核病是由子囊孢子危害作物地上部時，例如菜豆和豌豆菌核病，則需以植株地上部噴灑 *C. minitans* 的方法來防治（Huang et al. 1993, 2000）。此外，利用 *C. minitans* 控制土壤中菌核的存活數量，遠比用它來控制菌絲生長的效果為佳，理由在於菌核病菌的菌絲比 *C. minitans* 的菌絲生長快速。尤其是在寄主植物上，*C. minitans* 的菌絲無法阻擋蔓延快速的菌核病菌菌絲。根據目前文獻的報導指出，所有的超寄生菌，包括 *C. minitans* 在內，多無法把它們的寄主微生物完全滅絕，而達到百分之百的抑病效果。

結語和省思

自然界中所有微生物都是有生命的個體，它們和人類一樣都會有占據地盤（territorial claim）和爭取生存空間的本能。假如有人突然逼近你，你就會覺得不自在或有不安全的感覺，甚至會因此導致與對方發生衝突或爭執的現象。顯然在微生物的世界中，它們為了求生存，所有的寄生、抗生及競生等爭戰現象都有其發生的必然性。反觀現今紛擾不斷的人世間，我們是否可由這種「微生物間爭戰的生命現象」，體悟生命求生存的本質，進而追求共存共榮的祥和社會，確是值得吾輩深思。

由於外在和內在因素的不斷改變，使得微生物族群在每一個生態環境中，永遠不停地抗爭、互動，以求取新的生態平衡。農民為了保護他們的作物不受病原菌的侵害，往往可以利用拮抗微生物來殺死病原菌，或對抗病原菌，或奪取病原菌的生存空間，以達到保護作物和增加生產的目的。但是到目前為止，還沒有一種生物防治菌可以將它的標的對象病原菌完全滅絕，而使作物病害的防治效果達到百分之

百。這其中的道理可以由盾殼菌（*C. minitans*）防治菌核病菌的案例加以說明。一旦盾殼菌被噴布於農田時，它必須寄生在菌核病菌上，才可獲取養分營生，因此菌核病菌成爲盾殼菌的衣食父母。設若它把自己的衣食父母趕盡殺絕，那麼豈不就迫使它自己喪失棲身之地，而自取滅亡嗎？許多拮抗菌是以產生抗生素的方法來對抗病原菌，惟若採用活體拮抗菌來做生物防治劑，安全性可能比較高，因爲抗生素的產量是受生物自體所限制的。如果大量培養這些微生物，以萃取純化的抗生素作爲農藥使用，那就值得商榷了。因爲大量使用抗生素，除了可能導致抗藥性病原菌株的出現之外，還有可能造成環境汙染等不良後果。

參考文獻

1. Bardin, S. D., Huang, H. C., Liu, L., and Yanke, L. J. (2003). Control, by microbial seed treatment, of damping-off caused by *Pythium* sp. on canola, safflower, dry pea and sugar beet. *Canadian Journal of Plant Pathology*, 25: 268-275.

2. Bogdanova, V.N., Karadzhova, L.V., and Klimenko, T. F. (1986). Use of *Coniothyrium minitans* Campbell as a hyperparasite in controlling the pathoge n of white rot of sunflower. Sel'skokhozyaistvennaya Biologiya (Agr. Biol.), 5: 80-84.

3. Budge, S. P., McQuiken, M. P., Fenlon, J. S., and Whipps, J. M. (1995). Use of *Coniothyrium minitans* and *Gliocladium virens* for biological control of *Sclerotinia sclerotiorum* in glasshouse lettuce. *Biological Control*, 5: 513-522.

4. Campbell, W. A. (1947). Anew species of Coniothyrium parasitic on sclerotia. *Mycologia,* 39: 190-195.

5. Huang, H. C. (1977). Importance of *Coniothyrium minitans* in survival of *Sclerotinia sclerotiorum* in wilted sunflower. *Canadian Journal of Botany*, 55: 289-295.

6. Huang, H. C. (1980). Control of Sclerotinia wilt of sunflower by hyperparasites. *Canadian Journal of Plant Pathology*, 2: 26-32.

7. Huang, H. C. (2003). Biocontrol of Plant Disease: Research and Application. Pages 1-18 in: Advances in Plant Disease Management. H. C. Huang and S. N. Acharya

(eds.). Research Signpost, Trivandrum, Kerala, INDIA.

8. Huang, H. C., and Hoes, J. A. (1976). Penetration and infection of Sclerotinia *sclerotiorum* b y *Coniothyrium minitans*. *Canadian Journal of Botany*, 54: 406-410.

9. Huang, H. C., and Kokko, E. G. (1987). Ultrastructure of hyperparasitism of *Coniothyrium minitans* on sclerotia of *Sclerotinia sclerotiorum*. *Canadian Journal of Botany*, 65: 2483-2489.

10. Huang, H. C., and Kokko, E. G. (1988). Penetration of hyphae of *Sclerotinia sclerotiorum* by *Coniothyrium minitans* without the formation of appressoria. *Journal of Phytopathology*, 123: 133-139.

11. Huang, H. C., and Huang, J. W. (1993). Prospects for control of soilborne plant pathogens by soil amendment. *Current Topics in Botanical Research,* Volume 1. 223-235.

12. Huang, H. C., Kokko, E. G., Yanke, L. J., and Phillippe, R. C. (1993). Bacterial suppression of basal pod rot and end rot of dry peas caused by *Sclerotinia sclerotiorum*. *Canadian Journal of Microbiology*, 39: 227-233.

13. Huang, H. C., Bremer, E., Hynes, R. K., and Erickson, R. S. (2000). Foliar application of fungal biocontrol agents for the control of white mold of dry bean caused by *Sclerotinia slcerotiorum*. *Biological Control*, 18: 270-276.

14. Jones, D., Gordon, A. H., and Bacon, J. S. D. (1974). Co-operative action by endo- and exo-β-(1-3) glucanases from parasitic fungi in the degradation of cell-wall glucans of *Sclerotinia sclerotiorum* (Lib.) de Bary. *Biochemistry Journal*, 140: 47-55.

15. Li, G. Q., Huang, H. C., Kokko, E. G., and Acharya, S. N. (2002). Ultrastructural study of mycoparasitism of *Gliocladium roseum* on *Botrytis cinerea*. *Botanical Bulletin of Academia Sinica*, 43: 211-218.

16. McLaren, D. L., Huang, H. C., and Rimmer, S. R. (1986). Hyperparasitism of *Sclerotinia sclerotiorum* by *Talaromyces flavus*. *Canadian Journal of Plant Pathology*, 8: 43-48.

17. McLaren, D. L., Huang, H. C., Kozub, G. C., and Rimmer, S. R. (1994). Biological control of Sclerotinia wilt of sunflower by *Talaromyces flavus* and *Coniothyrium minitans*. *Plant Disease*, 78: 231-235.

18. Luth, P.2001. The biological fungicide Contans WG®-Areparation of the basis of the fungus *Coniothyrium minitans*. Proceedings of Slcerotinia 2001-The XI International Sclerotinia Workshop. C. S. Young, K. J. D. Hughes (eds.) York, 8th-12th July 2001, York, England: Central Science Laboratory, York, England, P127-128.

19. Zantinge, J., Huang, H. C., and Cheng, K. J. (2003). Induction, screening and identi. cation of *Coniothyrium minitans* mutants with enhance β-glucanase activity. *Enzyme and Microbial Technology,* 32(2): 224-230.

CHAPTER 13

抗蒸散劑防治植物病害

植物的體表或多或少均覆有一層由蠟質及角質所構成的天然物理性結構,用以抵禦植物病原菌的入侵。一般而言,葉表的蠟質層較葉背厚,且氣孔也較少,因此許多病原菌易由葉背入侵。設若我們能以人為的方式增加葉片表面的蠟質層厚度,必可增強葉片對病原菌的防禦能力。本文旨在介紹一種抗蒸散劑,施用於葉片時,可形成一層類似蠟質層的薄膜物質,而減少病害的發生。藉由本文的說明,期望有助於讀者了解抗蒸散劑防治植物病害的效果與原理。

引言

　　植物病原菌可直接或間接經由自然開口及傷口等途徑侵入植物體（Agrios, 1997; Martin, 1964）；至於植物體則以角質層（cuticle）的先天性抗病結構，抵禦病原菌的入侵。Martin 氏（1964）曾針對角質層在防禦植物病原上所扮演的角色，做深入且有系統的論述。角質層主要由蠟質（wax）與角質（cutin）構成（Martin, 1964）。蠟質爲植物體內分泌物經由角質層孔隙泌出達角質層外表，其組成分爲石臘類之碳烴化合物。蠟質表面爲疏水性結構，具有排拒水分之作用，可使雨水或露水不易停留於植物體表面，或聚集成水珠而流失，致使病原菌孢子無法有效附著於體表。角質爲角質層之主要成分，爲羥基單元羧酸，在鏈之羥基處與另一鏈之羧基或羥基相連，構成三度空間之多元酯結構，此種結構非常穩定，不易被分解（孫，1988）。角質層阻斷病原菌入侵的機制主要有四種，分別是：(1) 蠟質層的厚度；(2) 疏水性可防止葉表形成水膜；(3) 角質層含有化學抑制物質；及 (4) 誤導病原菌之發芽管走向等（Ziv and Frederiksen, 1983）。在蠟質層厚度方面，Elad 等人（1990）指出灰黴病菌侵入菜豆、番茄和其他作物的難易度與其寄主表皮組織之蠟質層厚度有密切的關係（Elad et al., 1990）。以氯仿去除寄主組織之表層蠟質後，灰黴病之發生率較未去除者嚴重（Marois et al., 1985）。若在葡萄果實上噴布可以增加蠟質層之通透性的展著劑時，果實感染灰黴病菌的比率相對地會大增（Marois et al., 1985）。同樣地，以棉絮擦拭鬱金香葉片去除蠟質層，亦會增加灰黴病菌的感染率（Price, 1970）。角質層防止水膜形成之現象，並未有實驗數據佐證其具有防病之功效，僅依其蠟質層表面具有疏水之特性而加以推論。至於化學抑制物質方面，角質層含有一些化學物質可以抑制真菌孢子之生長，如香豆素衍生物（coumarin derivatives）、植物鹼、蛋白質及酚類化合物等（Martin, 1964）。Blakeman 和 Sztejnberg 兩氏（1973）以機械或化學處理甜菜和菊花葉表面，以減少蠟質層時，發現可提高灰黴病菌的孢子發芽率（Blakeman and Sztejnberg, 1973）。草莓葉片之角質層含多量角質酸（cutin acids），可抗白粉病，惟含角質酸少者則較感病（孫，1988）。施用抗蒸散劑可以在植物組織表面形成一層保護膜，具有類似角質層存在於葉表的功效。抗蒸散劑的薄膜不但可以排拒水分，減少葉表溼度，而且可以作爲

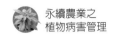
葉表的物理或化學屏障，以阻隔或抵禦病原菌的入侵，是一種值得推薦的植物保護
技術。

何謂抗蒸散劑？

抗蒸散劑原係用於降低植物的蒸散作用，藉以有效調節逆境下植物之水分利用
（Fuehring and Finkner, 1983; Gale and Hagan, 1966）。抗蒸散劑可分成三大類，即：(1)
氣孔開閉之調節物質；(2) 反射太陽輻射以降低蒸散作用之物質；(3) 形成薄膜之
物質等（Ziv and Frederiksen, 1983）。可形成薄膜的物質如水蠟、矽膠、高分子醇
類、塑膠聚合物及樹脂類等均可充作抗蒸散劑，用以降低農作物的蒸散作用（Gale
and Poljakoff-Mayber, 1962; Martin, 1964; Ziv and Frederiksen, 1983）。在自然環境的
條件下，此類可形成薄膜的物質，其有效性可維持數日至數週之久，維持時間的長
短端視環境的變動情形而定（Han, 1990; Ziv and Frederiksen, 1983）。有些抗蒸散劑
對植物會產生毒害作用，此乃歸因於成分中含有乳化劑所致（Ziv and Frederiksen,
1983）。表一所列為目前已商品化，且可有效防治植物病害之抗蒸散劑成品及主要
組成分。

應用抗蒸散劑防治植物病害

Gale 與 Poljakoff-Mayber 兩氏（1962）發現利用抗蒸散劑（S-789: a vinyl
acetate-acrylate copolymer emulsion）在葉表形成薄膜的特性，有效降低甜菜白粉病
的發生。這是證明抗蒸散劑具有預防葉部病害發生潛力的首例（Gale and Poljak-
off-Mayber, 1962）。近年來，植病學者陸續證實利用此種類似角質層特性之抗蒸散
劑，可以有效阻斷病原菌的入侵，進而達到預防植物病害發生的功效（Elad et al.,
1990; Han, 1990; Ziv and Frederiksen, 1983）。例如抗蒸散劑可降低高粱、玉米及小
麥之炭疽病、葉斑病、露菌病及白粉病（Ziv and Frederiksen, 1983）；大麥（Ziv,
1983）、繡球花和紫薇（Ziv and Hagiladi, 1984）、瓜類（Ziv and Zitter, 1992）及
日衛茅（Ziv and Hagiladi, 1993）之白粉病；小麥銹病（Zekaria-Oren et la., 1991;

表 13.1　薄膜型抗蒸散劑及其主要成分

Antitranspirant (Commercial name)	Major component
Folicote	wax emulsion
Safe Pack	wax emulsion+polyethylene
Spray & Grow	a wax emulsion formulation
Colfix	40% polyvinil
Anti-Stress 500	cross-linked carbon acrylic latex polymer
Nu-Film P	poly-1-p-menthene
Nu-Film 17	di-1-p-menthene
Vapor-Gard	di-1-p-menthene (pinolene)
Wilt Pruf	β-pinene
S-789	vinyl acetate-acrylate esters
Bio-Film	alkylaryl-polyethoxyethanol, free and combined fatty acids, glycol ethers, dialkyl benzenedicarb-oxylate, and isopropanol
SunSpray Oil	a refined petroleum distillate
Masbrane (GZM)	dodecyl alcohol

Ziv and Frederiksen, 1987）、Septoria 葉斑病（Ziv,1983），蘋果黑星病（Shaffer and White, 1985）及多種植物之灰黴病（Elad et al., 1990）（表 13.2）。Ziv 和 Zitter 兩氏（1992）以礦物油 SunSpray Ultra-Fine Spray Oil 處理瓜類作物，比噴 Masbrane、Crop Life、Vapor Gard、Nu-Film 17 和 Bio-Film 等抗蒸散劑更能有效降低白粉病、蔓枯病、葉枯病和葉斑病的發生（Ziv and Zitter, 1992）（表 13.2）。

　　此外，中國大陸 Han 氏（1990）以「高脂膜」防治多種植物病害（表 13.2，圖 1）。以 5000ppm 高脂膜每 10 天噴一次，連續二次，可有效降低番茄早疫病（由 *Alternaria solani* 引起）和葉斑病（由 *Septoria lycopersici* 引起）以及葡萄黑腐病（由 *Guignardia bidwellii* 引起）的發生，若分別配合使用藥劑如巴斯丁（Bavistin）或甲基多保淨（Topsin M），其防治效果更佳（Han, 1990）。田間試驗發現每隔 10 至 15 天噴施 5000ppm 高脂膜，連續 3 至 4 次，可降低胡瓜露菌病、西瓜炭疽病及蘋果苦腐病的發生，並增加產量（Han, 1990）。另外，小麥和胡瓜白粉病、水稻紋枯病及穗稻熱病、甜菜葉枯病及蘆筍莖枯病都可以高脂膜防治之（Han, 1990）。Han 氏（1990）指出，存活在土壤中的病原菌，如 *Coletotrichum gossypii*、

表 13.2 利用抗蒸散劑防治植物病害

Disease	Pathogen	Host	Antitranspirant	Reference
Alternaria leaf blight	*Alternaria cucumerina*	Muskmelon	SunSpray Oil	27
Anthracnose	*Colletotrichum lagenarium*	Watermelon	GZM	10
Bitter rot	*Glomerella cingulata*	Apple	GZM	10
Cercospora leaf blight	*Cercospora beticola*	Sugar beet	GZM	10
Downy mildew	*Pseudoperonospora cubensis*	Cucumber	GZM	10
	Peronosclerospora sorghi	Sorghum	Sta Fresh 460, 960 Folicote, Polyethylenemultion	23
	"	Maize	Super Gard, Brogdex 505E	23
Early blight	*Alternaria solani*	Tomato	GZM	10
Gray mold	*Botrytis cinerea*	Bean	Bio-Film, Safe Pack, Wilt Pruf	6
	"	Tomato	Bio-Film, Safe Pack,Vapor Gard	6
	"	Pepper	Safe Pack, Colfix,Bio-Film	6
	"	Cucumber	Bio-Film, Safe Pack, Folicote	6
Gummy stem blight	*Didymella bryoniae*	Muskmelon	SunSpray Oil	27
Neck rot	*Pyricularia oryzae*	Rice	GZM	10
Phoma stem blight	*Phoma asparagi*	Asparagus	GZM	10
Powdery mildew	*Erysiphe cichoracearum*	Zinnia	Cloud Cover	13
	E. graminis f. sp. tritici	Wheat	Vapor Gard, Wilt Pruf, GZM	23,24 10
	E. polygoni	Hydrangea	Vapor Gard, Wilt Pruf	25
	E. lagerstroemia	Crapemyrtle		
		Sugar beet	S-789	9
	Oidium euonymi-japonica	Euonymus	Bio-Film, Nu-Film 17	26

（續接下表）

Disease	Pathogen	Host	Antitranspirant	Reference
Powdery mildew	*Sphaerotheca fuliginea*	Cucurbits	SunSpray Oil, Bio-Film, Nu-Film 17	27
			GZM	10
Rust	*Puccinia polysora*	Maize	HA-863, Rhoplex AC-33, Folicote, Vapor Gard	23
	P. recondita f. sp.tritici	Wheat	Sta Fresh 460, Vapor Gard, Wilt Pruf Vapor	23
	"	"	Gard, Wilt Pruf, Nu-Film 17	24
	"	"	Bio-Film, Vapor Gard, Folicote	21
Septoria leaf pot	*Septoria lycopersici*	Tomato	GZM	10
Sheath blight	*Rhizoctonia solani*	Rice	GZM	10
Ulocladium leaf spot	*Ulocladium cucurbitae*	Cucumber	SunSpray Oil	27

Fusarium moniliforme 和 *Phytophthora boehmeriae* 等所引起的棉花莢腐病,可在植體和地面噴施高脂膜,避免病原菌由土壤經雨水飛濺而傳播,進而降低病害的發生(Han, 1990)。筆者等(1999)以葉片圓盤法測定六種聚電解質(polyelectrolytes)對百合灰黴病發生之影響,篩選出 FO4240SH、FO4490SH 及 FO4550SH〔poly(acrylamide/dimethylamino ethyl-methacrylate cationic monomer)〕等可有效抑制病害之發生。其中 FO4240SH 和 FO4490SH 之最佳稀釋濃度為 333 和 400ppm,在此濃度下皆可降低灰黴病罹病病斑面積率,並減少病原菌在罹病葉片上產生孢子。溫室試驗結果亦顯示,FO4490SH 及 FO4550SH 具有降低葉片病斑數及抑制病斑擴展之功效。於田間發病之東方型百合——馬可波羅(cv. Marco Polo)、阿卡波克(cv. Acapulco)和凱撒布蘭加(cv. Casa Blanca)等品種上處理 333ppm 的 FO4490SH 水溶液亦可有效降低灰黴病之病勢進展(圖 2),且對百合植株未造成藥害(Hsieh and Huang, 1999)。

然而,有些抗蒸散劑會促進果實儲藏期病害的發生。Waks 氏等(1985)曾報導,為了避免儲藏期間果實因水分散失而減輕重量,利用水蠟處理貯藏期柑桔果實,雖可降低綠黴病(由 *Penicillium digitatum* 引起)和青黴病(由 *P. italicum* 引起)

① 利用高脂膜 (圖左) 與護水 (Folicote, 圖中) 防治番茄白粉病的情形。
圖右為噴水之對照組。

② 利用聚電解質 FO4490SH 防治百合灰黴病的發生 (上
圖為對照組，下圖為處理組)。

的發生，卻會促進 *Alternaria citri*、*Diplodia natalensis* 和 *Fusarium* sp. 等菌引起果實蒂腐病（Waks et al., 1985）。

抗蒸散劑防治病害的可能機制

抗蒸散劑防治植物病害之機制與角質層阻斷病原菌入侵的作用相仿，可歸納成四種：即 (1) 增加葉表拒水性，(2) 阻斷病原菌入侵（Gale and Poljakoff-Mayber, 1962; Kamp, 1985），(3) 抑制病原菌增殖感染（Elad et al., 1990; Han, 1990; Zekaria-Oren et la., 1991），(4) 誤導病原菌發芽管走向（Zekaria-Oren et la., 1991）。增加葉表拒水性方面，由於抗蒸散劑的成分多屬樹脂類或塑膠類聚合物，可在葉表形成一層疏水性薄膜，就如葉表蠟質層之作用一樣，露水或雨水之水滴無法長時間停留，使病原菌之孢子發芽能力受阻，病害的發生率降低。雖然至目前為止並無數據佐證此一理論，但此種拒水現象與其疏水性結構之相關性應無異議。在阻斷

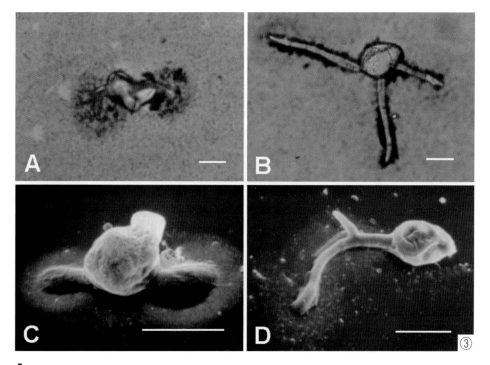

③ 正常的百合灰黴病菌孢子發芽時，發芽管有膨大型 (A,C) 與短管型 (B,D) 二種。

病原菌入侵方面，Gale 和 Poljakoff-Mayber 兩氏（1962）認為雖然抗蒸散劑形成的膜可被生物分解，但是其可形成一機械屏障（mechanical barrier）以阻止病原菌侵入植物體。他們將 6% 抗蒸散劑 S-789 噴布於濾紙上，平鋪於馬鈴薯葡萄糖瓊脂培養基平板上，隨後在濾紙上接種 *Alternaria macrospora* 和 *Cercospora beticola*，在 26℃下培養 9 天，以不噴布 S-789 之濾紙為對照組，結果兩菌種可穿透未處理之濾紙，而無法穿透噴布抗蒸散劑之濾紙，因此推論抗蒸散劑有阻斷病原菌侵入的功

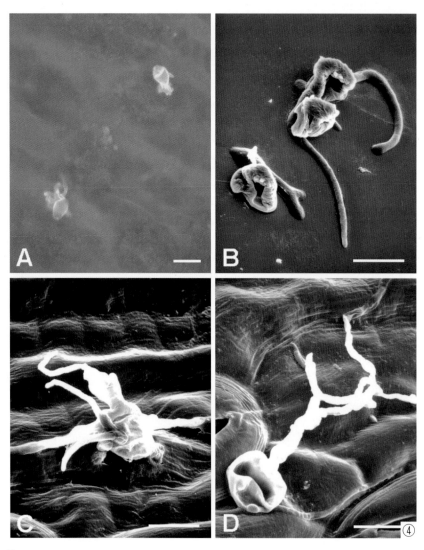

④ 在處理聚電解質之玻片 (A 和 B) 及葉片 (C 和 D) 上，*Botrytis elliptica* 孢子發芽管異常增生，且多形成菌絲形發芽管，不易入侵寄主。

效（Gale and Poljakoff-Mayber, 1962）。另外，Kamp 氏（1985）以抗蒸散劑 Cloud Cover 處理百日草，並以掃描式電子顯微鏡觀察，發現此聚合物可覆蓋葉表，並使氣孔關閉，致使白粉病菌（*Erysiphe cichoracearum*）無法入侵（Kamp, 1985）。Ziv 和 Frederiksen 兩氏（1987）推測此層膜亦可抵抗病原菌所分泌之酵素分解（Ziv and Frederiksen, 1987）。在抑制病原菌增殖感染方面，以色列 Elad 等氏（1990）發現抗蒸散劑可降低灰黴病菌孢子發芽率及發芽管長度與菌絲生長，推論抗蒸散劑在降低病害的發生上所扮演的角色屬於靜菌作用（fungistatic effect）（Elad et al., 1990）。Han 氏（1990）指出高脂膜防病的作用並非是物理阻斷作用，而是在葉表形成薄膜後，僅容許少量氣體由氣孔進出，致使在薄膜下之病原菌的生長受到抑制（Han, 1990）。另外，抗蒸散劑 Bio-Film、Folicote 及 Vapor Gard 雖無法有效抑制銹病菌之孢子發芽，但卻可抑制發芽管或菌絲形成附著器（Zekaria-Oren et la., 1991）。至於在誤導病原菌發芽管走向方面，Zekaria-Oren 等氏（1991）在葉表處理抗蒸散劑後，發現只有 30% 銹病菌的附著器在氣孔附近形成，其餘都錯過氣孔或無法認識氣孔之位置。此結果說明抗蒸散劑在葉表形成薄膜後，會改變葉表構造，干擾銹病菌發芽管的附著與誤導病原菌對侵入部位的認知（Zekaria-Oren et al., 1991）。筆者研究聚電解質防治百合灰黴病時，亦發現正常的灰黴病菌孢子發芽管為膨大型或短管型（圖 3），當葉片處理聚電解質時，孢子發芽管會不正常增生，或形成菌絲型發芽管，以致不易入侵寄主葉背細胞（圖 4）。

抗蒸散劑的其他應用

抗蒸散劑可用於保鮮、禦寒害、促進著果、降低蟲害（Han, 1990），及增加組織培養苗假植之存活率（Voyiatzis and McGranahan, 1994）。當馬鈴薯種薯、柑桔和桑椹葉片採收後，以高脂膜浸一分鐘，可減少儲藏所引發的失水及重量減輕（Han, 1990）。Khader 氏（1992）用 Vapor Gard 處理芒果果實並置於 34~37±2°C 和 15°C 下儲藏，亦可減少重量損失，並達到保鮮的效果（Khader, 1992）。另一些石蠟類、矽膠和其他塑膠類聚合物除當作抗蒸散劑使用外，亦可延緩農作物的過度乾燥（Davis and Smooth, 1970; Gale and Hagan, 1966）。使用高脂膜除可降低多種

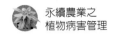
作物因強風所造成的傷害外,且可保護柑桔苗由溫暖的苗圃移植到寒冷的田間所造成的凍傷,增加柑桔和番茄的著果率,和降低水稻薊馬、柑桔銹蜱和桃瘤蜱(gall mites)的危害(Han, 1990)。

儘管抗蒸散劑的好處非常多,然亦有無效的報導。Aoun 氏等人(1993)指出 Vapor Gard 無法有效防止桃樹的凍害問題(Aoun et al., 1993)。此外,利用 Crop-Life 處理聖誕樹也無法遏止其在儲藏期出現枯乾的情形(Hinesley et al., 1993)。

結語和省思

抗蒸散劑防治植物病害,應屬於一種預防性的功能。由於形成薄膜型的抗蒸散劑,可在葉表形成機械阻隔病原菌入侵的作用,可預防多種葉表病原真菌的危害,在病害防治上具有其正面的意義。抗蒸散劑在農業上的應用頗具潛力,乃因這類聚合物:(1) 可生物分解,(2) 在變動的溫度、溼度及輻射下可穩定維持一段時間,(3) 施用技術方面如噴施系統、噴器、噴出的顆粒大小及表面覆蓋等可行田間試驗,(4) 容易運送,(5) 可商業化。未來應用抗蒸散劑宜設法有效融入作物栽培管理體系中,作為預防性的防病措施,同時應注意其對標的作物的生育是否有負效應?才可發揮優越的防病功效。

參考文獻

1. 孫守恭,(1988)。植物病理學通論。臺北:藝軒圖書出版社,403 頁。

2. Agrios, G. N. (1997). Plant Pathology. [4th ed]. New York : Academic Press, 635pp.

3. Aoun, M. F., Perry, K. B., Swallow, W. H., Werner, D. J., and Parker, M. L. (1993). Antitranspirant and cryoprotectant do not prevent peach freezing injury. *Hort Science*, 28: 343.

4. Blakeman, J. P., and Sztejnberg, A. (1973). Effect of surface wax on inhibition of germination of *Botrytis cinerea* spores on beetroot leaves. *Physiol. Plant Pathology*, 3: 269-278.

5. Davis, P. L., and Smooth, J. J. (1970). Effect of polyethylene and wax coating, with and without fungicides, on ring breakdown and decay in citrus. *Citrus Industry*, 41: 6-7.

6. Elad, Y., Ayish, N., Ziv, O., and Katan, J. (1990). Control of grey mould (Botrytis cinerea) with film-forming polymers. *Plant Pathology*, 39: 249-254.

7. Fuehring, H. D., and Finkner, M. D. (1983). Effect of folicote antitranspirant application on field grain yield of moisture-stressed corn. *Agronomy Journal*, 75: 579-582.

8. Gale, J., and Hagan, R. M. (1966). Plant antitranspirants. *Annual Review of Plant Physiology*, 17: 269-282.

9. Gale, J. and Poljakoff-Mayber, A. (1962). Prophylactic effect of a plant antitranspirant. *Phytopathology*, 52:715-717.

10. Han, J. S. (1990). Use of antitranspirant epidermal coatings for plant protection in China. *Plant Disease*, 74:263-266.

11. Hinesley, L. E., Snelling, L. K., and Goodman, S. (1993). "Crop-Life" does not slow postharvest drying of Fraser fir and Eastern red cedar Christmas trees. *Hort Science*, 28:1054.

12. Hsieh, T. F., and Huang, J. W. (1999). Effect of film-forming polymers on control of lily leaf blight caused by *Botrytis elliptica*. *European Journal of Plant Pathololy*, 105 (5): 501-508.

13. Kamp, M. (1985). Control of *Erysiphe elliptica* cichoracearum on *Zinnia elegans,* with a polymer-based antitranspirant. *Hort Science*, 20: 879-881.

14. Khader, S. E. S. A. (1992). Effect of gibberellic acid and Vapor Gard on ripening, amylase and peroxidase activities and quality of mango fruits during storage. *Journal of Horticultural Science*, 67: 855-860.

15. Martin, J. T. (1964). Role of cuticle in the defense against plant disease. *Annual Review of Phytopathology*, 2: 81-100.

16. Marois, J. J., Bledsoe, A. M., and Gubler, W. D. (1985). Effect of surfactants on epicuticular wax and infection of grape berries by *Botrytis cinerea*. *Phytopathology*, 75: 1329. (Abstr.)

17. Price, D. (1970). Tulip fire caused by *Botrytis tulipae* (Lib.) Lind.; the leaf spotting phase. *Journal of Horticultural Science*, 45: 233-238.

18. Shaffer, W. H., and White, J. A. (1985). Polymer films: A new approach to control of apple scab. I. Greenhouse studies. *Phytopathology*, 75: 966. (Abstr.)

19. Voyiatzis, D. G., and McGranahan, G. H. (1994). An improved method for acclimatizing tissue-cultured walnut plantlets using an antitranspirant. *Hort Science*, 29: 42.

20. Waks, J., Schiffmann-Nadel, M., Lomaniec, E., and Chalutz, E. (1985). Relation between fruit waxing and development of rots in citrus fruit during storage. *Plant Disease*, 69: 869-870.

21. Zekaria-Oren, J., Eyal, Z., and Ziv, O. (1991). Effect of film-forming compounds on the development of leaf rust on wheat seedlings. *Plant Disease*, 75: 231-234.

22. Ziv, O. (1983). Control of septoria leaf blotch of wheat and powdery mildew of barley with antitranspirant epidermal coating materials. *Phytoparasitica*, 11: 33-38.

23. Ziv, O., and Frederiksen, R. A. (1983). Control of foliar diseases with epidermal coating materials. *Plant Disease*, 67:212-214.

24. Ziv, O., and Frederiksen, R. A. (1987). The effect of film-forming anti-transpirants on leaf rust and powdery mildew incidence on wheat. *Plant Pathology*, 36: 242-245.

25. Ziv, O., and Hagiladi, A. (1984). Control of powdery mildew on *Hydrangea* and *Crapemyrtle* with antitranspirants. *Hort Science*, 19: 708-709.

26. Ziv, O., and Hagiladi, A. (1993). Controlling powdery mildew in euonymus with polymer coatings and bicarbonate solutions. *Hort Science*, 28: 124-126.

27. Ziv, O., and Zitter, T. A. (1992). Effects of bicarbonates and film-forming polymers on cucurbit foliar diseases. *Plant Disease*, 76: 513-517.

CHAPTER 14

重碳酸鹽防治作物白粉病

植物白粉病為世界性的病害，尤其在溫帶地區常造成嚴重的產量損失，例如 *Leveillula taurica*（Lev）. Arn. 引起的番茄白粉病曾造成 40% 的番茄產量損失（Jones and Thomson,1987）。本病在臺灣主要發生於秋末春初，尤其在設施內栽培的番茄、洋香瓜、胡瓜、玫瑰等，易經由葉表病斑上白粉病菌孢子（圖 1）的飛散傳播，而使病害發生更為嚴重（劉,2001; 蔡和童,1989）。本病的防治大多仰賴化學藥劑（Anthony et al.,2004; Das, 1987; McGrath and Shishboff, 1999），然而近年來發現在作物葉表噴布重碳酸鹽，亦可有效降低白粉病的發生（謝等,2005; Ziv and Zitter, 1992）；因此，本文的主要目的在於介紹重碳酸鹽用於防治作物病害的效果與原理，期使讀者了解重碳酸鹽可以作為食品添加物外，亦可用於防治植物病害。

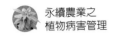
引言

　　臺灣地處熱帶與亞熱帶氣候區，終年半數的時間處於高溫多溼環境，極適合多種作物病害的發生與傳播，嚴重影響農產品的產量與品質。自從農藥問世後，其防治病蟲害效果快速，頗獲農友的喜愛與仰賴，惟卻忽略它對農產品與環境安全的衝擊，造成農藥中毒與環境汙染事件頻傳，並致農民與消費者的健康備受威脅。近年來，政府極力提倡「有機農業」，期能藉由生態平衡的耕作理念，充分利用各種栽培管理措施，配合農作物資源回收再利用，生產無農藥殘留的農產品。目前病蟲害防治的研究方向，多以研發安全且有效的非農藥防治方法為主，希望能夠逐漸降低對化學農藥的依賴，以確保人類的健康與環境生態的和諧，維護農業的永續。在生產有機農產品的過程，真正能夠符合有機產品認證及提供有效病害防治的方法或資材尚嫌不足。近幾年筆者投注些許心力在非農藥防治方法的研發上，發現在國外的有機農場經常採用重碳酸鹽（尤其是小蘇打，或稱碳酸氫鈉），用於防治作物白粉病的發生。為使有機農作物生產者針對重碳酸鹽的特性與作用有整體的認知，本文特別整理現有的文獻，搭配筆者的試驗成果，有系統地闡述重碳酸鹽類在病害防治方面的應用，以饗讀者。

重碳酸鹽的種類

　　重碳酸鹽（bicarbonates）為酸性碳酸鹽之別名，含有重碳酸根（HCO_3^-）之化合物。常見的重碳酸鹽類包括碳酸氫鈉、碳酸氫鉀和碳酸氫銨三種。

　　碳酸氫鈉（$NaHCO_3$）或稱小蘇打，為白色結晶狀固體，比重 2.19~2.22，於 270℃下會釋放出二氧化碳。溶於水，但不溶於酒精，用於製作烘焙粉、碳酸飲料、發氣鹽、陶瓷、貯藏乳酪、醫療品、滅火材料、羊毛及絲之精煉劑。

　　碳酸氫鉀（$KHCO_3$）為無色無臭之透明體或白色粉末，稍呈鹼性，具鹽味，比重 2.17，溶點介於 100~120℃，溶於水、碳酸鉀溶液，但不溶於酒精。碳酸氫鉀係由二氧化碳通入碳酸鉀水溶液而得的產物。可用於替代烘焙用之酵母或烘焙粉、醫藥品及製造純的碳酸鉀等。

碳酸氫銨（NH4HCO$_3$）呈白色粒狀或粉末狀，比重 1.573，58℃下可分解，溶於水，但不溶於酒精，係氫氧化銨與過量的二氧化碳共熱蒸發而得。可用於製作氨鹽、滅火劑、除脂劑、藥品及發酵粉。

重碳酸鹽的特性

重碳酸鹽類的特性相當類似，以下就以碳酸氫鈉為代表，說明其製備及化學特性。

製備：工業上碳酸氫鈉的製備是將食鹽溶液與氨溶液一起混合，通入二氧化碳，即得到氯化銨和碳酸氫鈉。碳酸氫鈉的溶解度很小，可沉澱而出。化學反應式如下：$NaCl + NH_2OH + CO_2 \rightarrow NH_4Cl + NaHCO_3$

特性：商業上的名稱為小蘇打，學名為碳酸氫鈉或重碳酸鈉，又稱酸式碳酸鈉，也可叫蘇打、食粉、法鹼、焙鹼。化學分子式為 $NaHCO_3$，分子量為 84.01。

1. 小蘇打為白色粉末或單斜柱狀的結晶，味涼而微澀，它的水溶液呈微鹼性。

2. 小蘇打在乾燥空氣中雖無變化，但遇溼氣，就會放出二氧化碳，而變為變性鹼或稱倍半碳酸鈉 $Na_2CO_3 \cdot NaHCO_3 \cdot 2H_2O$。

3. 小蘇打受熱分解成碳酸鈉、水和二氧化碳，如下式：$2NaHCO_3 \rightarrow Na_2CO_3 + H_2O + CO_2$

    小蘇打用做糕餅的發鬆劑，就是取其遇熱釋放出二氧化碳氣體，衝出麵團而使麵包蓬鬆。

4. 小蘇打遇酸（如鹽酸或硫酸）立即分解成鹽和水，並放出二氧化碳氣體。反應式如下：$NaHCO_2 + HCl \rightarrow NaCl + H_2O + CO_2$

    $2NaHCO_3 + H_2SO_4 \rightarrow Na_2SO_4 + 2H_2O + 2CO_2$

5. 小蘇打遇氫氧化鈉可生成碳酸鈉和水，故在某些場合下具有抗鹼作用，酸式碳酸鈉之名即據此而來。$NaHCO_3 + NaOH \rightarrow Na_2CO_3 + H_2O$

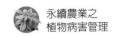
重碳酸鹽的用途

醫學上的用途：除了葡萄糖、胺基酸、磷和蛋白質外，重碳酸鹽是人體器官維持正常功能運作所需及所應保存之要素。體液中的重碳酸鹽是體內最重要的酸鹼平衡緩衝劑（acid-base buffer），與各種酸反應，中和而成中性的鹽。因此，在臨床上常被用做胃酸中和劑。科學家指出，動物性蛋白質會在人體中產生酸類物質，間接使骨質流失，而雖然植物性蛋白質也會產生酸類，不過植物性蛋白質中還含有重碳酸鹽，可以中和酸性物質，這也是植物性蛋白質對人體較有益的原因。另外，人體血管中的紅血球含有血紅素，主要功能為運輸氧和二氧化碳。而二氧化碳是以碳酸、重碳酸根離子以及鉀和鈉的重碳酸鹽等形式進行運輸。利用弱鹼性的重碳酸鈉清潔皮膚，對皮膚具有抑制分泌、消炎及抗過敏的作用，並可去除脂垢。當兒童患有一型糖尿病時，若出現糖尿病性酸中毒（diabetic ketoacidosis），醫生常會使用重碳酸鹽（bicarbonate）給予治療。

烘焙上的用途：泡打粉，係由英文 Baking Powder 翻譯而來的，是由碳酸鈣、硫酸鈉鋁、重碳酸鹽等混合而成的鹽類，與發粉是相同性質的東西，通常與麵粉混合過篩後使用，做為烘焙蛋糕和麵包時的發酵劑，能幫助材料均勻蓬鬆。

染色處理用鹼劑：作為硫化藍染色助劑，設若以硫化藍染色時，染出的色澤帶淺藍色，若添加小蘇打，則染出的色澤呈深紅色。作為縮聚翠藍直接印花固色劑，縮聚翠藍 I5G 在棉布上直接以汽蒸法印花，調製印漿時，除用尿素、糊料外，必須加入小蘇打用以固色。作為活性染料直接印花固色劑，活性染料在棉布上直接印花時，需在鹼性的條件下進行，才能與棉纖維的羥基發生化學結合。但是活性染料在微酸性到中性的條件下（pH 值 5～7）較為穩定，在強鹼性下極不穩定。因為在強鹼或強酸下，染料會迅速水解。為此，在色漿中加入比較溫和的鹼性化合物如小蘇打，這種鹼性化合物在汽蒸時能轉化為比較強的鹼性化合物，既減少了色漿的不穩定，又有利於染料的固色。

其他用途：重碳酸鹽除了上述的功用之外，尚可加強洗碗精的除油膩功能、去除冰箱冷藏室和冷凍室的異味、清潔微波爐內部、消除塑膠耐熱容器及砧板的異味、恢復銀器的光亮、清除咖啡和茶垢等，另外也可作為有機農法中防治作物病害的天然資材。

重碳酸鹽在作物病害防治上的應用

　　重碳酸鹽類之中，以小蘇打或稱碳酸氫鈉（baking soda, sodium bicarbonate）最先被用於防治作物病害（Homma et al., 1981; Horst et al., 1992）。應用小蘇打當作殺菌劑並非是一項新的發現，早在 1933 年，由 Hottes 氏所編著的《*A Little Book of Climbing Plants*》——書中，已提到用稀釋約 133 倍的小蘇打可有效防治玫瑰白粉病。此項發現乃得自於俄羅斯植物病理學家 A. de Yaczenski 的提供。1981 年，日本 Homma 等人利用碳酸氫鈉防治瓜白粉病（Homma et al., 1981）。1982 年，Punja 和 Grogan 發現含銨、鉀、鈉和鋰的碳酸鹽和重碳酸鹽可殺滅白絹病菌，開啓了利用重碳酸鹽防治作物病害的新頁（Punja and Grogan, 1982）。美國康乃爾大學 Horst 博士利用小蘇打防治玫瑰主要病害——白粉病及黑斑病的三年試驗報告，玫瑰每 3 至 4 天噴布 200 倍小蘇打及具殺蟲效果的肥皂（做爲界面活性劑，可使小蘇打易於黏附在葉表上，雖對病害無任何作用，但可以增進小蘇打的防病效果）的混合水溶液，可有效防治白粉病及黑斑病的發生（Horst et al., 1992）。

　　除了玫瑰病害的防治外，康乃爾大學也曾利用 200 倍的小蘇打加上 200 倍的 SunSpray 礦物油，進行防治瓜類眞菌性病害的研究，據稱可完全防治南瓜白粉病的發生，然而單獨噴布小蘇打卻無防治效果，且其 50 倍稀釋液尚會引起藥害（Horst et al., 1992）。另外，以小蘇打混合礦物油也可有效防治瓜類葉斑病、甜瓜葉枯病和蔓枯病。此外，小蘇打尚可用於防治瓜類炭疽病，草皮的銹病、圓斑病和腐霉菌引起的病害、馬鈴薯晚疫病和小麥銹病。以色列的研究人員利用小蘇打和 SunSpray 礦物油，成功地防治日衛茅白粉病（Ziv and Hagiladi, 1993）。在德國也曾評估噴施小蘇打防治葡萄白粉病的效果，結果連續噴用小蘇打 100 倍稀釋液三次，即可達到防治的效果，且不影響葡萄的品質。

　　選用不同種類的重碳酸鹽，可防治不同種類的作物病害。Horst 氏的研究團隊發現碳酸氫銨的防治對象與碳酸氫鈉和碳氫鉀有差異（Horst et al., 1992）。碳酸氫鉀對番茄白粉病的防治效果，有時優於碳酸氫鈉，惟碳酸氫銨卻反而無效。至於碳酸氫鈉和碳酸氫銨對葡萄灰黴病的防治效果則優於碳酸氫鉀。碳酸氫銨對瓜類蔓枯病、葉枯病及葉斑病的效果，亦較另外兩者爲佳。此外，碳酸氫鈉只能輕

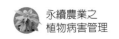

微抑制碎玉米粒上的 *Aspergillus parasiticus*、*Fusarium graminearum* 及 *Penicillium griseofulvum* 等真菌，而碳酸氫銨卻可有效抑制此三種真菌的生長。

一般而言，使用碳酸氫鉀比碳酸氫鈉對植物的生長較有助益。由於鉀離子較不傷害植物細胞，而且可提供鉀肥的補充，因此許多商品化的產品均以碳酸氫鉀為主。例如 1998 年美國一製造蘇打粉的 Church & Dwight 公司，以名為「Armicarb 100®」的碳酸氫鉀配方獲得環保署登記使用許可，用於防治作物白粉病、露菌病、灰黴病和葉斑病，現由 Helena 化學公司生產。另一相同的產品亦由 W. A. Cleary 化學公司生產，以 FirstStep® 之名販售。Monterey 化學公司也通過美國環保署及加州環保局登記許可，生產名為 Kaligreen® 的碳酸氫鉀產品，用於防治葡萄、瓜類、煙草、玫瑰、草莓和其他作物的白粉病（McGrath and Shishkoff, 1999; Mmbaga and Sheng, 2002）。由於產品含有 30% 的鉀，可增進作物鉀肥的供應。此外，另一個碳酸氫鉀產品 Remedy® 由 Gardener's Supply 公司產製，配方中含有界面活性劑，用於觀賞植物、核果類作物、灌木和蔬菜，可防治白粉病、黑斑病、葉斑病、炭疽病、疫病、瘡痂病、灰黴病及其他病害，特別銷售給玫瑰栽培者使用（Anon, 1998）。臺灣則有名方有限公司推出含 80% 碳酸氫鉀的「保綠贊」，推薦用於防治白粉病、黑斑病、早疫病、黑星病及灰黴病等。

重碳酸鹽的抑病範圍

重碳酸鹽被推薦用於防治作物白粉病為主（表 14.1），施用過的作物種類包括辣椒（Fallik et al., 1997）、番茄（Demir et al., 1999）（圖 2, 3）、瓜類（McGrath and Shishkoff, 1999; Reuveni et al., 1996; Ziv and Zitter, 1992）（圖 4）、葡萄（Henriquez et al., 1998）、蘋果（Beresford et al., 1996）、玫瑰（Horst et al., 1992; Pasini et al., 1997）（圖 5）、日衛茅（Ziv and Hagiladi, 1993）、迷迭香（Minuto and Garibaldi, 1996）及木瓜（Tatagiba et al., 2002）等；針對病害的防治對象有草莓灰黴病（Funaro, 1997）、青椒早疫病、洋香瓜葉枯病、瓜類葉斑病、玫瑰黑斑病（Bowen et al., 1995; Horst et al., 1992）、蘋果黑星病（Beresford et al., 1996）、菊花白銹病（Rodrignez-Navarro et al., 1996）及瓜類蔓枯病，胡蘿蔔、草皮和百合的白絹病等

表 14.1　利用重碳酸鹽防治作物病害一覽表

作物	病害及病原菌	使用重碳酸鹽種類及用量
辣椒	白粉病 (*Leveillula taurica*)	碳酸氫鈉／碳酸氫鉀 200 倍
瓜類	白粉病 (*Sphaerotheca fuliginea*)	碳酸氫鈉 200 倍，有藥害
南瓜	白粉病 (*Sphaerotheca fuliginea*)	碳酸氫鉀
番茄	白粉病 (*Erysiphe polygoni*)	碳酸氫鈉
番茄	白粉病 (*Oidium lycopersicum*)	碳酸氫鉀 200 倍
蘋果	白粉病 (*Podosphaera leucotricha*)	碳酸氫鈉
葡萄	白粉病 (*Uncinula necator*)	碳酸氫鈉 100~200 倍
玫瑰	白粉病 (*Sphaerotheca pannosa*)	碳酸氫鈉／碳酸氫鉀 200 倍
迷迭香	白粉病 (*Oidium sp.*)	碳酸氫鈉 100 倍
日衛茅	白粉病 (*Oidium euonymijaponica*)	碳酸氫鈉／碳酸氫鉀
草莓	灰黴病 (*Botrytis cinerea*)	碳酸氫鈉＋油菜籽油
辣椒	早疫病 (*Alternaria alternata*)	碳酸氫鈉／碳酸氫鉀 200 倍
洋香瓜	葉枯病 (*Alternaria cucumerina*)	碳酸氫鹽，有藥害
玫瑰	黑斑病 (*Diplocarpon rosae*)	碳酸氫鈉（初期有效）
瓜類	葉斑病 (*Ulocladium cucurbitae*)	碳酸氫銨
蘋果	黑星病 (*Venturia inaequalis*)	碳酸氫鈉
菊花	白銹病 (*Puccinia horiana*)	碳酸氫鉀＋年豐 17*
瓜類	蔓枯病 (*Didymella bryoniae*)	碳酸氫銨＋ SS 礦物油
胡蘿蔔	白絹病 (*Sclerotium rolfsii*)	碳酸氫銨
草皮	白絹病 (*Sclerotium rolfsii*)	碳酸氫銨
百合	白絹病 (*Sclerotium rolfsii*)	碳酸氫銨
辣椒	貯藏病害 灰黴病 (*Botrytis cinerea*) 早疫病 (*Alternaria alternata*)	碳酸氫鉀 50~100 倍
胡蘿蔔	貯藏病害 黑色根腐病 (*Thielaviopsis basicola*)	碳酸氫銨／碳酸氫鈉
胡蘿蔔	貯藏病害 白腐病 (*Rhizoctonia carotae*)	碳酸氫鈉
馬鈴薯	貯藏病害 銀皮病 (*Helminthosporium solani*)	碳酸氫鹽
柑桔、檸檬	貯藏病害 綠黴病 (*Penicillum digitatum*)	碳酸氫鈉
洋香瓜	貯藏病害 (*Rhizopus stolonifer , Alternaria alternata , Fusarium spp.*)	碳酸氫鈉 50 倍
可樂果	貯藏病害	碳酸氫鈉 1000 倍浸泡

* 年豐 17= Nu-Film 17，主成分為 di-1-p-menthene。

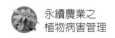
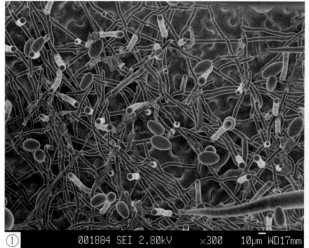

① 白粉病菌在番茄葉表著生產孢的情形。

② 番茄葉片下半邊以碳酸氫鉀 200 倍稀釋液處理時無白粉病發生；葉片上半邊為無處理 (對照
組)，白粉病嚴重發生。

③ 溫室番茄罹患白粉病的情形 (圖左)，植株每隔七天噴施碳酸氫鉀 200 倍稀釋液一次，連續
三次，可有效抑制白粉病的發生 (圖右)。

均有不錯的療效（杜等 , 1992; Punja et al., 1982）。另外，以重碳酸鹽水溶液浸泡
採收後的辣椒、胡蘿蔔、馬鈴薯、柑桔、洋香瓜和可樂果，亦可有效抑制貯藏病害
的發生（Agbeniyi and Fawole, 1999; Aharoni et al., 1997; Fallik et al., 1997; Homma et
al., 1982; Oliver et al., 1999; Punja and Gaye, 1993; Smilanick et al., 1999）。顯然，重
碳酸鹽的防病與抑病範圍相當地廣泛。

④ 洋香瓜罹患白粉病的病徵 (圖左)，洋香瓜噴施碳酸氫鉀 200 倍稀釋液可有效防治白粉病的發生 (圖右)。
⑤ 田間玫瑰罹患白粉病的情形 (圖左)，植株每隔七天噴布碳酸氫鉀 200 倍稀釋液，連續三次，可有效防治白粉病的發生 (圖右)。

重碳酸鹽的抑菌原理

　　重碳酸鹽類防治作物病害的可能機制，可歸納爲重碳酸鹽類的濃度、重碳酸根直接殺菌作用和 pH 值呈鹼性而抑菌等三項，依序說明如下：

重碳酸鹽濃度的影響：

灰黴病菌對各種重碳酸鹽的敏感性不一，其菌絲生長對低濃度（25 mM）的碳酸氫鈉和碳酸氫鉀的敏感性相似，惟高濃度（50 mM）的碳酸氫鈉較能抑制菌絲生長；而對碳酸氫銨則最敏感，低濃度下即可使菌絲生長不良（Palmer et al., 1997）。鉀離子可保持植物細胞膜的完整性，而鈉離子則否，因此灰黴病菌對碳酸氫鉀較具忍受性。至於銨離子會轉變成氨氣，可抑制灰黴病菌的菌絲生長，是以其在培養皿上完全抑制菌絲生長的濃度，用於田間防治病害時，照樣具有相同的防治效果。例如以 50mM 的碳酸氫銨可抑制白絹病菌的菌核發芽，同樣濃度用於田間亦可抑制胡蘿蔔白絹病的發生。以 100mM 的碳酸氫鈉可完全抑制 Rhizoctonia carotae 的生長，同樣地可降低貯藏期胡蘿蔔白腐病的發生。由於防治病害時，係以重碳酸鹽噴布於作物葉表，因此乾燥後會增加重碳酸鹽的濃度，亦會增加葉表環境的滲透壓，致使真菌孢子無法生長，是故以低濃度噴施幾次後，對於病害即可表現防治的功效。

重碳酸根直接殺菌作用：

在氯化鹽、硝酸鹽、硫酸鹽和重碳酸鹽之中，只有重碳酸鹽對灰黴病菌具有明顯的抑制作用，顯示重碳酸根具抑菌或殺菌的作用。同樣的情形，氯化鹽、硝酸鹽、硫酸鹽亦無法有效抑制白絹病菌的發芽，僅重碳酸鹽的抑菌效果明顯。重碳酸鹽對對病原菌的殺滅作用以接觸性為主，由於它可破壞白粉病菌孢子的細胞膜，因此只要病原菌接觸到重碳酸鹽幾分鐘即可致死。重碳酸根本身具有抑菌的功效，主要歸因於它可有效抑制真菌細胞分泌酵素，或與其可直接毒害真菌細胞質有關。

使酸鹼值（pH 值）呈鹼性而抑菌：

大部分的真菌在酸性環境下，比在鹼性的環境下易於生長，如白絹病菌在 pH 值高於 7 時，菌核發芽能力受阻。重碳酸鹽在水中的濃度，與水溶液的 pH 值有直接的關係。重碳酸鹽在 pH 值低於 6 時變成碳酸（H_2CO_3），而碳酸則可分解成二氧化碳和水；在 pH 值增加到 8.5 時，重碳酸鹽的濃度增加；而 pH 值超過 8.5 時，重碳酸鹽會轉變成碳酸鹽。碳酸氫銨具銨離子和碳酸氫根離子二個有效成分，銨離子可變成氨氣。在低 pH 值下，碳酸氫銨轉變成銨離子、水和二氧化碳（$NH_4HCO_3 + H^+ \rightarrow NH_4^+ + H_2O + CO_2$），在此情況下，未見菌絲生長受抑制；在高 pH 值下，碳酸氫銨轉變

成氨氣、水和碳酸氫根（$NH_4HCO_3 + OH^- \rightarrow NH_3 + H_2O + HCO_3^-$），其中釋放出的氨氣可以殺滅病原菌。

結語和省思

重碳酸鹽類對人體無害，且對環境的衝擊非常小，在作物有機栽培的體系中，成為病害防治不可或缺的一項利器。由於它具有明顯的抑菌功效，已被全世界有機農園廣泛地接受與應用，甚至已有多項商品化的產品問世。在使用重碳酸鹽之前，應先小量測試對標的作物是否有藥害產生，才可施用。依筆者的經驗，發現重碳酸鹽對於瓜類植物較易產生藥害，尤其在烈日下噴施時，葉片容易產生灼傷狀的藥斑。在使用重碳酸鹽的過程之中，應考慮劑量使用的問題。一般而言，以稀釋 200 倍、每七天噴施一次、連續三次的效果最為穩定，若能添加天然的展著劑、界面活性劑或礦物油，則防病效果更佳。

參考文獻

1. 杜金池、謝廷芳、蔡武雄（1992）。利用合成土壤添加物防治百合白絹病之研究。中華農業研究。41:280-294。

2. 劉興隆（2001）。自動噴水防治玫瑰白粉病，植保會刊。43：7-16。

3. 蔡竹固、童伯開（1989）。瓜類白粉病菌的生理與品種罹病性。嘉義農專學報。21：191-199。

4. 謝廷芳、黃晉興、謝麗娟（2005）。利用碳酸氫鉀與聚電解質防治作物白粉病。植病會刊，14：125-132。

5. Agbeniyi, S. O., and Fawole, B.(1999). Effect of curing and pre-storage dip treatments on the control of storage mould of kola nuts. *Food Research and Technology,* 208:47-49.

6. Aharoni, Y., Fallik, E., Copel, A., Gil, M., Grinberg, S., and Klein, J. D. (1997). Sodium bicarbonate reduces postharvest decay development on melons. *Postharvest*

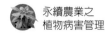
Biology and Technology, 10: 201-206.

7. Anon. (1998). *Fungus remedy. B.U.G.S. Flyer,* Vol. 12, No. 1. p. 5.

8. Anthony, A. P., Keinath, P., Virginia, V. B., and DuBose, B. (2004). Evaluation of fungicides for prevention and management of powdery mildew on watermelon. *Plant Protection,* 23: 35-42.

9. Beresford, R. M., Wearing, C. H., Marshall, R. R., Shaw, P. W., Spink, M., and Wood, P. N. (1996). Slaked lime, baking soda and mineral oil for black spot and powdery mildew control in apples. Pages 106-113 *in*: Proceedings of the Forty Ninth New Zealand Plant Protection Conference, O'Callaghan, M.（ed.） Quality Hotel Rutherford, Nelson, New Zealand, 13-15 August, 1996.

10. Bowen, K. L., Young, B., and Behe, B. K. (1995). Management of blackspot of rose in the landscape in Alabama. *Plant Disease,* 79:250-253.

11. Das, N. D. (1987). Study of the comparative efficacy of saprol with some other fungicides against powdery mildew（*Erysiphe polygoni* DC） of pea. *Pesticides,* 21: 40-42.

12. Demir, S., Gul, A., and Onogur, E. (1999). The effect of sodium bicarbonate on powdery mildew in tomato. *Acta Horticulturae,* 491: 449-452.

13. Fallik, E., Grinberg, S., and Ziv, O. (1997). Potassium bicarbonate reduces postharvest decay development on bell pepper fruits. *Journal of Horticultural Science,* 72:35-41.

14. Fallik, E., Ziv, O., Grinberg, S., Alkalai, S., and Klein, J. D. (1997). Bicarbonate solutions control powdery mildew（*Leveillula taurica*） on sweet red pepper and reduce the development of postharvest fruit rotting. *Phytoparasitica,* 25: 41-43.

15. Funaro, M. (1997). Importance and spread of techniques of integrated control in strawberry crops in Calabria. *L'Informatore Agrario,* 53:43-48.（in Italian）

16. Henriquez, J. L., Montealegre, J., and Lira, W. (1998). Evaluation of ultra fine sun spray oil to control the powdery mildew（*Uncinula necator* Schw. Burr） of grapes. Investigacion Agricola（Santiago）. 18: 25-32.

17. Homma, Y., Arimoto, Y., Misato, T. (1982). The control of citrus storage disease by sodium bicarbonate formulation. Pages 823-825 *in*: Proceedings of the International Society of Citriculture. International Citrus Congress, November 9-12, 1981. K. Matsumoto（ed.）, Tokyo, Japan.

18. Homma, Y., Arimoto, Y. and Misato, T. (1981). Studies on the control of plant diseases by sodium bicarbonate formulation. 2. Effect of sodium bicarbonate on each growth stage of cucumber powdery mildew fungus（*Sphaerotheca fuliginea*） in its life cycle. *Journal of Pesticide Science,* 6:201-209

19. Horst, R. K., Kawamoto, S.O., and Porter, L. L. 1992. Effect of sodium bicarbonate and oils on the control of powdery mildew and black spot of roses. *Plant Disease,* 76: 247-251.

20. Jones, W. B., and Thomson, S. V., (1987). Source of inoculum, yield, and quality of tomato as affected by *Leveillula taurica. Plant Disease,* 71: 266-268.

21. McGrath, M. T., and Shishkoff, N. (1999). Evaluation of biocompatible products for managing cucurbit powdery mildew. *Crop Protection,* 18: 471-478.

22. Minuto, G., and Garibaldi, A. (1996). Comparison of methods of control of powdery mildew（*Oidium* sp.） on rosemary. *Informatore Fitopatologico,* 46: 33-37.

23. Mmbaga, M. T., and Sheng, H. Y. (2002). Evaluation of biorational products for powdery mildew management in *Cornus florida. Journal of Environmental Horticulture,* 20:113-117.

24. Oliver, C., MacNeil, C. R., and Loria, R. (1999). Application of organic and inorganic salts to field-grown potato tubers can suppress silver scurf during potato storage. *Plant Disease,* 83:814-818.

25. Palmer, C. L., Horst, R. K., and Langhans, R. W. (1997). Use of bicarbonates to inhibit *in vitro* colony growth of *Botrytis cinerea. Plant Disease,* 81:1432-1438.

26. Pasini, C., D' Aquila, F, Curir, P, and Gullino, M. L. (1997). Effectiveness of antifungal compounds against rose powdery mildew（*Sphaerotheca pannosa* var. *rosae*） in glasshouses. *Crop Protection,* 16: 251-256.

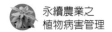

27. Punja, Z.K., and Grogan, R.G.. (1982). Effects of inorganic salts, carbonate-bicarbonate anions, ammonia, and the modifying influence of pH on sclerotial germination of *Sclerotium rolfsii. Phytopathology,* 72:635-639.

28. Punja, Z. K., Grogan, R. G., and Unruh, T. (1982). Comparative control of *Sclerotium rolfsii* on golf greens in Northern California with fungicides, inorganic salts, and *Trichoderma* spp. *Plant Disease,* 66: 1125-1128.

29. Punja, Z. K., and Gaye, M. M. (1993). Influence of postharvest handling practices and dip treatments on development of black root rot on fresh market carrots. *Plant Disease,* 77: 989-995.

30. Reuveni, M., Agapov, V., and Reuveni, R. (1996). Controlling powdery mildew caused by *Sphaerotheca fuliginea* in cucumber by foliar sprays of phosphate and potassium salts. *Crop Protection,* 15: 49-53.

31. Rodrignez-Navarro, J. A., Zavaleta-Mejia, E., and Alatorre-Rosas, R. (1996). Epidemiolog and man agement of chrysanthemum（*Dendranthema grandiflora* Tzvelev）white rust（*Puccini ahoriana* P. Henn.）. *Fitopatologia,* 31: 122-132.（in Spanish）

32. Smilanick, J. L., Margosan, D. A., Mlikota, F., Usall, J., and Michael, I. F. (1999). Control of citrus green mold by carbonate and bicarbonate salts and the influence of commercial postharvest practices on their efficacy. *Plant Disease,* 83: 139-145.

33. Tatagiba, J. S., Liberato, J. R., Zambolim, L., Costa, H., and Ventura, J. A. (2002). Chemical control of papaya powdery mildew. *Fitopatologia Brasileira,* 27: 219-222.

34. Ziv, O., and Hagiladi, A. (1993). Controlling powdery mildew in euonymus with polymer coatings and bicarbonate solutions. *HortScience,* 28: 124-126.

35. Ziv, O., and Zitter, T. A. (1992). Effects of bicarbonates and film-forming polymers on cucurbit diseases. *Plant Disease,* 76: 513-517.

CHAPTER 15

天然植物保護製劑之研發與應用

防治植物病蟲害是農業生產體系中重要的一環。現今二十一世紀的農業生產不但要注重農民的經濟收入，且更要考慮到消費大眾的飲食安全和生產環境周遭的生態和諧。許多研究報告指出，在自然界中許多植物含有殺菌或殺蟲的成分；相較於合成的化學農藥，利用天然植物萃取液來防治作物病蟲害，對人畜與環境的安全性較高。本文係針對植物萃取液防治作物病害的現況做系統性整理，以期有助於推動我國天然植物保護製劑的開發與應用。

引言

在現今消費者意識抬頭的時代，極為重視蔬果與飲食的安全問題，臺灣地處熱帶與亞熱帶氣候區，高溫多溼適合於作物病害的發生，嚴重影響農產品的產量與品質。近年來，政府極力提倡「永續農業」或「有機農業」，期望藉由生態平衡的耕作理念，充分利用各種栽培管理措施，配合植物資源利用，生產安全且無農藥殘留的農產品。目前病蟲害防治的研究導向，大多以研發安全且有效的非農藥防治方法為主，逐漸降低對化學農藥的依賴，以保障消費者的健康與環境生態的和諧，促進農業生產的永續。

在穩定的生態系之中，防治病蟲害的資材取之於生態系，用之於生態系，可使農業生態系不遭受外來的重大衝擊，並使天然資材循環利用，生生不息。如植物萃取物及其製劑，天然素材或礦物等均取自於自然界，可作為防病忌蟲的天然資材。

天然植物保護製劑的定義

天然植物保護製劑即為國際上所稱的植物源農藥（botanical pesticides 或 plant derived pesticides），泛指利用植物體本身所含的穩定有效成分，按一定方法對目標植物進行施用後，以降低病、蟲、雜草等有害生物危害的天然植物製劑產品。由基因導入植物體以獲取所需的毒蛋白，亦包括在內。植物源農藥防治病、蟲、草的主要成分有印楝素（azadirachtin）、大蒜浸出液（garlic extract）、菸鹼（nicotine）、除蟲菊精（pyrethrum）、魚藤精（rotenone）、藜蘆鹼（sabadilla, vertrine）及皂素（saponins）等。臺灣採用的天然資材乃是指以植物體為原料，經脫水、乾燥處理後壓榨、磨粉或製粒而成的物質；惟不包含以化學方法精製或再加以合成者。植物源農藥的優點如下：(1) 全世界可作為植物源農藥應用的植物種類繁多，取材容易；(2) 植物是天然化工廠，生產天然化合物，取之不盡，用之不竭；(3) 植物源農藥具有抑菌忌蟲及誘導抗病的功效。目前已有魚藤酮、苦參鹼、煙鹼、印楝素、藜蘆鹼、茴蒿素、木煙鹼、苦皮藤素及苦豆子總鹼等產品問世。

天然植物保護製劑的研究現況

天然植物保護製劑或植物源農藥屬生物農藥範疇的一個分支，植物源農藥成分複雜多變，通常是植物有機體的一部分或全部，依植物種類與來源不同，可能含有生物鹼、糖苷、毒蛋白質、揮發性香精油、單寧、樹脂、有機酸、酯、酮、萜等各類物質（譚等, 2003）。

全世界可作為植物源農藥應用的植物約有二千種以上。就中國大陸而言，大多數植物源農藥都是從中草藥中發掘出來的，其中已知可用於調配植物源農藥的植物種類約 500 種（無名氏, 1959）。植物源農藥的種源十分廣泛而豐富，但被利用者微乎其微，僅魚藤酮、苦參鹼、煙鹼、印楝素、藜蘆鹼、茴蒿素、木煙鹼、苦皮藤素、苦豆子總鹼等被少數農藥公司開發生產。中國大陸利用植物性材料防治作物病蟲害已經有二百多年的歷史，惟實際以科學方式進行開發利用則是近一、二十年的事。目前中國大陸用於防治作物病害的植物主要有大蒜、板藍根、商陸、大黃、連翹、苦楝等幾十種。其中有些天然植物成分已被成功地研發成商品，如市售的大蒜素、中草藥製劑「912」、MHll-14 可溼性粉劑等，並已推廣給農民使用。依據我國科技政策中心科技產業資訊服務──熱點專輯的資料，中國大陸在 1987~2004 年間已登錄核可的植物源農藥專利達 196 項（無名氏, 2005）。此外，德國利用虎杖（*Reynoutria sachalinensis*）萃取液有效防治作物白粉病及灰黴病，並以商品名 Milsana® 在美國登錄使用（Daayf et al., 1995）。

植物萃取物防治病害的原理

植物萃取物防治作物病蟲害是開發天然植物製劑的初階研究。目前研究植物萃取物防治作物病害的成果頗多，可歸納成二大類，第一類為植物萃取物可誘導植物產生抗病性；第二類為植物萃取物中的抗菌物質或含抑菌成分可直接抑制病原菌的生長。

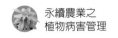
誘導植物抗病性

多數研究指出植物的系統性抗病能力可被誘導，抗病性的發生與植物體產生抗菌物質——植物防禦素（Phytoalexin）有關。一般而言，此類抗菌物質只有當植物受外來的刺激物質如微生物、紫外光或其他化學物質刺激時才被誘導產生。

植物萃取液誘導作物抗病性的報告頗多，如油菜、萵苣、豌豆、煙草、番茄、玉米、小麥和胡瓜的葉片酒精萃取液可誘導胡瓜抗炭疽病（Foughtk and Kuc, 1996）；利用苦楝（*Azadirachta indica* Juss.）葉水萃取液可以有效防治大麥葉條斑病（*Drechslera graminea* 所引起）（Paul and Sharma, 2002），其中處理過的大麥葉片含 phenylalanine ammonia lyase 和 tyrosine ammonia lyase 之酵素活性明顯增加，並累積有抑菌的酚化合物，惟病原菌的孢子發芽不受苦楝萃取液的影響，顯示其作用機制在於間接誘導植物抗病性（Paul and Sharma, 2002）。以 2% 虎杖（*Reynoutria sachalinensis*）水溶性萃取液每星期噴布於胡瓜植株上，噴施後植體葉片的抑菌酚化合物會累積，進而抵抗白粉病菌的入侵（Daayf et al., 1995; Konstantinidou-Doltsinis and Schmitt, 1998）。另外，鹿蹄草萃取液可增加胡瓜葉片中過氧化酵素及幾丁質分解酵素的含量，進而抑制細菌性斑點病的發生（Ribnicky et al., 2001）。Lychnis viscaria 種子萃取液含有不同的 brassinosteroids 可誘導植物產生抗病性，以 0.5~1mg/l 乾粉水萃取液可促進煙草、胡瓜及番茄對病毒與真菌病原的抗性達 36%（Roth et al., 2000）。

直接抑制病原菌生長

健康植物體內擁有一些抗菌物質，當病原菌侵染時，產生具有抗菌活性的水解產物，當該類植物體以適當的方法萃取其抗菌物質，可用於抑制植物病原菌的生長。國外在植物萃取液的抑菌特性研究上著墨甚多，如苦楝葉萃取液對數種真菌孢子、細菌均有抑制發芽或靜菌作用（Coventry and Allan, 2001）。黃堇（*Corydalis chaerophylla*）之根及葉萃取液含洋小蘗素（berberine），可抑制多種真菌孢子發芽（Basha et al., 2002）。胡椒科植物蓽撥果實萃取液稀釋 1000 倍可完全抑制小麥

赤銹病菌（*Puccinia recondite*）孢子發芽（Lee et al. 2001）。鳳梨花 pineapple lily（*Eucomis autumnalis*）鱗莖粗萃取液，可完全抑制豌豆褐斑病菌（*Mycosphaerella pinodes*）孢子發芽（Pretorius et al., 2002）。丁香羅勒油與香茅油在 250 ppm 下可完全抑制白粉病菌（*Erysiphe polygoni*）孢子發芽（Raj and Shukla, 1996）。土壤中添加 10% 辣椒／芥茉精油、70% 丁香油乳劑可分別降低 99.9% 和 97.5% 的菊花萎凋病菌（*Fusarium oxysporum* f.sp. *chrysanthemi*）孢子數量。90% 苦楝油乳劑則會增加病原菌族群數量（Bowers and Locke, 2000）。紅辣椒萃取液含 meta-coumaric acid 和 trans-cinnamic acid，對細菌性軟腐病菌（*Erwinia carotovora* subsp. *carotovora*）的生長具抑制作用。芫荽、刺芫荽及苦瓜萃取液可抑制 Erwinia 屬細菌的生長，而 mamon（*Melicocca bijuga*）對香蕉的 *Pseudomonas* 細菌具抑制作用（Guevara et al., 2000）；南美紫茉莉（*Mirabilis jalapa*）葉片萃取液完全抑制茄子（*Solanum melongena*）的胡瓜嵌紋病毒（*Cucumber mosaic cucumovirus*, CMV）（Bharathi, 1999），而雜草 *Clerodendrum aculeatum* 的部分純化葉萃取液 2:1 濃度連續噴布大豆植株 6 次後，可明顯抑制大豆嵌紋病毒（*Soybean mosaic potyvirus*, SMV）的危害（Alpana et al., 1992）。

　　臺灣有關對測定植物萃取液的抑菌效果亦有諸多研究，農業試驗所的研究團隊測試評估 33 科 67 種植物萃取液對蕙蘭細斑病菌（*Fusarium proliferatum*）、百合灰黴病菌（*Botrytis eliptica*）及小白菜炭疽病菌（*Colletotrichum higginsianum*）的孢子發芽影響，其中以山韭茉及大風子抑制孢子發芽的效果最佳（謝等, 2005）。何等（2002）亦篩選 64 種植物萃取液，發現 23 種對甘藍黑斑病菌（*Alternaria brassicae*）、14 種對火鶴花花腐病菌（*Corynespora cassicola*）孢子發芽有抑制效果。此外，何和吳（2002）發現扛板歸的萃取液，對甘藍黑斑病菌孢子發芽的抑制作用極為優異，且不同來源的材料，抑菌程度亦有差異。黃氏等（2003）發現百餘種植物萃取液中，有多種具抑制甜瓜白粉病菌的效果。武藤氏等（2005a）評估十四種臺灣原住民鄒族常用藥用植物之水溶液與酒精抽出物的抗菌活性，發現龍葵（Solanum nigrum）的水與酒精萃取物均能完全抑制十字花科蔬菜黑斑病菌（*A. brassicicola*）的孢子發芽；新鮮琉球鐵線蓮（Clematis tashiroi）與新鮮山葛（*Pueraria montana*）水萃取物可抑制白菜炭疽病菌（*C. higginsianum*）；至於新鮮琉球鐵線蓮

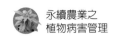
水萃取物尚可抑制番茄晚疫病菌（*Phytophthora infestans*）（Muto et al., 2005a）

植物萃取物防治作物病害的效果

　　國外利用植物萃取物防治作物病害的例子有：日本大黃（*Rheum undulatum*）萃取物可溼粉製劑（RK）2000 倍稀釋液，對胡瓜白粉病有 75 ～ 100% 的防治率（Paik et al., 1996）；虎杖（*Reynoutria sachalinensis*）萃取液可防治作物白粉病及灰黴病（Cheah and Cox, 1995; Daayf et al., 1995; Herger et al., 1989）。大豆植株噴布 1% 指甲花（henna, *Lawsonia inermis* L.）葉片萃取液混合 0.1% 明礬可降低大豆炭疽病（*Colletotrichum truncatum*）的發生（Chandrasekaran et al., 2000）。馬纓丹（*Lantana camara* L.）花萃取液可降低 *Aspergillus niger* 引起番茄果腐病，同時也降低 *Drosophila busckii* 引發的果腐（Purnima and Saxena, 1990）。苦楝葉的酒精萃取液及種子的油萃取液有效降低稻熱病菌孢子發芽及減輕稻熱病的發生（Amadioha, 2000）；以 5% 和 10% 的辣椒／芥荽和丁香油乳劑處理洋香瓜萎凋病菌（*F. oxysporum* f. sp. *melonis*）病土一星期後，可顯著降低幼苗死亡率（Bowers and Locke, 2000）。

　　德國 BASF 於 1993 年大量篩選植物萃取液的抑菌效果，獲得虎杖 giant knotweed（*R. sachalinensis*）的一種乾抽出物，商品名為 Milsana，是唯一在美國登錄的植物抽出物殺菌劑。義大利研究人員發現 Milsana 可降低 50% 的胡瓜白粉病，對玫瑰白粉病亦有相同的效果，惟其效果比植物油的抑病效果差；若重複噴施 Milsana 可使葉片變得翠綠及光滑，亦使葉片變得易碎（Daayf et al., 1995）。此外，許多植物病理學者利用植物油或礦物油來防治作物病害，如橄欖油（olive oil）、荼籽油（rapeseed oil）、苦楝油、Stylet-Oil 可防治白粉病（Cheah, 1995；McGrath & Shishkoff, 2000; Pasini et al., 1997）；1% 乳化礦物油可防治胡瓜白粉病，但過高的濃度則易引起藥害（Casulli, 2000）。施用的方式大多將油脂以展著劑乳化，每週噴施於葉部或灌注於土壤中一次，顯然植物萃取物可廣泛用於作物病害的防治。

　　國內利用植物萃取物防治病害的例子亦不在少數，如臺中區農業改良場曾經推行利用天然植物資材，如大蒜、辣椒、木醋液等防治作物病蟲害的發生（謝，

1999）。另外，花蓮改良場亦曾測試多種植物油的防病忌蟲效果，其中以丁香油及肉桂油之效果最佳（陳, 1996）。中興大學黃振文教授以甘藍下位葉及菸葉渣為主要成分，製造液體的中興一百（CH 100）植物健素，可防治許多種植物病害，包括韭菜銹病、瓜類白粉病及馬鈴薯軟腐病，且已經商品化（黃, 1992; Huang, 1992; Huang and Chung, 2003）。林（2000）發現 0.5%（w/v）的丁香及其主要抑菌成分丁香酚有防治甘藍立枯病的功效。武藤（2001）測試 103 種藥用植物的萃取液後，發現蘿蔔種子及大黃的萃取液，均可有效降低萵苣褐斑病的發病率；另外，以龍葵根的乙醇萃取液亦可有效防治白菜黑斑病（Muto et al., 2005a; 2005b）。農業試驗所發現大風子酒精萃取液 200 倍稀釋液可抑制白菜炭疽病菌之孢子發芽率，亦可降低此病之發病率（謝等, 2003）；直接利用橙花、依蘭、花梨木與天竺葵等植物精油，可有效降低蝴蝶蘭灰黴病的發生（陳和謝, 2005）。另外，中興大學蔡東纂教授以天人菊根萃取液處理根瘤線蟲 24 小時後，可 100% 殺滅線蟲，種植天人菊或將天人菊植株混拌於土壤中，皆可大幅降低土壤線蟲族群密度。

天然植物製劑的開發與應用

經由一系列植物萃取液的製備、抑菌能力的篩選、製劑的調配及病害防治效果評估等試驗後，農業試驗所已研發出多種天然植物保護製劑，可有效防治作物病害。近年來開發的天然植物保護製劑，如「葵無露」乳劑可防治作物白粉病、「活力能」植物保護製劑則可有效防治作物炭疽病。

「葵無露」乳劑防治作物白粉病

在農業試驗所與夏威夷大學合作下，將一般食用的葵花油經過適當的乳化後，稀釋成 1000 倍溶液可以降低番茄白粉病約 50%；使用 200~500 倍稀釋液時，可使病害降至 10~20%（Ko et al., 2003）（圖 1）；溫室試驗亦證明對豌豆白粉病有防治效果（圖 2）。在田間實驗結果顯示，每週噴施一次時，對番茄（圖 3）、瓜類（圖 4）、枸杞（圖 5）等作物的白粉病均有良好的預防效果。此外，葵無露對銹病、

① 葵無露 200 倍稀釋
液可有效抑制番茄
白粉病的發生 (圖
左為對照組，圖右
為處理組)。

② 葵無露防治豌豆白
粉病的效果 (圖左
為對照組，圖右為
處理組)。

③ 田間施用葵無露防治
番茄白粉病的效果
(圖右為處理組)。

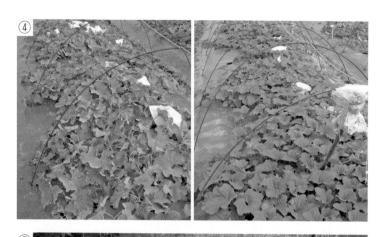

④ 田間噴施葵無露防治甜瓜白粉病的情形 (圖左為對照組，圖右為處理組) (黃晉興提供)。

⑤ 田間利用葵無露 200 倍稀釋液防治枸杞白粉病 (圖左為對照組，圖右為處理組)。

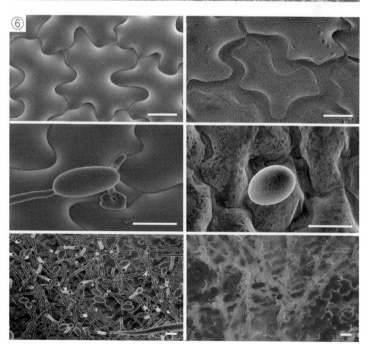

⑥ 葵無露噴布番茄葉表後 (右排圖片)，形成一層油質保護膜，使白粉病菌無法發芽入侵或可阻隔病斑上的白粉病菌孢子行二次傳播。

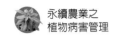
露菌病亦有相當的抑制功效，尤其在設施內施行預防性防治時，效果最佳。

葵無露稀釋液噴布於植株上時，會在植物體表面形成一層薄膜，可阻隔病原菌孢子發芽與菌絲生長（Ko et al., 2003）（圖6），且有減少植物水分散失的功效，但它不會影響植物的呼吸作用及光合作用。因此，食用油不但兼具病害防治與增強光合作用效能的雙重功效，而且對環境無毒無害，符合有機生產需求及環保概念，是一種生產成本低且實用的防病資材。

「活力能」植物保護製劑防治作物炭疽病

農業試驗所利用五倍子、薑黃、仙草及山奈等數種有效的植物萃取液調配而成的「活力能」植物保護製劑，可有效防治作物炭疽病（發明第 I 293242 號）。將植物保護製劑的 1000 及 2000 倍稀釋液，分別於接種病原菌前二天、當天及接種後二天噴布於白菜葉片上。結果發現接種病原菌前二天或同時處理「活力能」植物保護製劑的 1000 與 2000 倍稀釋液，均可顯著（P<0.05）降低炭疽病的發生（圖7, 8）；然而，接種後二天處理植物保護製劑時，僅能降低罹病面積，卻無法有效降低炭疽病的單位面積病斑數，顯示「活力能」植物保護製劑可抑制病斑的進展。此外，以「活力能」植物保護製劑的 1000 倍稀釋液浸泡市售的芒果，七天後發現處理組可顯著降低芒果炭疽病的發生（圖9）。

結語和省思

植物是天然的化工廠，每天都藉由光合作用及根部所吸收的養分，持續不斷地生產天然的化合物，取之不盡，用之不竭。應用植物萃取物具有抑制植物病原菌及可以誘導植物產生抗病性的現象，據以研發天然植物製劑，是現今的熱門課題，世界各地的研究人員正積極進行相關研究。目前已有一種名為 Milsana® 的植物萃取物產品問世，它是虎杖（giant knotweed）的酒精萃取物，推薦於防治觀賞作物白粉病及灰黴病之用。該萃取物的防病原理為誘導植物體產生系統性抗病的功效。未來在天然植物保護製劑的開發方面，應著重萃取技術及複合製劑的研究，以提昇其防

⑦ 活力能 1000 倍稀釋液防治白菜炭疽病的發生 (圖左為對照組，圖右為處理組)。

⑧ 活力能 1000 倍稀釋液防治白菜炭疽病的發生 (近照)(圖左為對照組，圖右為處理組)。

⑨ 活力能 1000 倍稀釋液可抑制芒果炭疽病的發生 (圖左為對照組，圖右為處理組)。

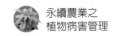
治病害的範圍與有效性。農試所開發成功的天然植物保護製劑已達技術移轉階段，除可提供國內作物有機栽培過程中病害管理的市場需求外，更可放眼國際市場，為我國農業研究開拓另一扇作物病害防治之門。另外，針對美國 EPA 已核定之生物性農藥的有效成分，在國內應簡化登錄程序，以加速植物源農藥或天然植物保護製劑商品化的時程。

參考文獻

1. 何婉清、李惠玲、李智緯、吳宗諭、李興進（2002）。抑菌植物材料的篩選。植保會刊，44：365。

2. 何婉清、吳宗諭（2002），影響扛板歸抑菌效果的因子。植保會刊，44：364-365。

3. 林宗俊（2000）。丁香及其主成分防治甘藍苗立枯病的功效。國立中興大學植物病理研究所碩士論文。

4. 武藤眞知子（2001）。蘿蔔種子粉水溶性抽出物防治萵苣褐斑病的功效。國立中興大學植物病理研究所碩士論文。

5. 陳俊宏、謝廷芳（2005）。植物精油抑制灰黴病菌孢子發芽與防治蝴蝶蘭灰黴病之效果。植病會刊，14：257-264。

6. 陳哲民（1996），植物油抑制植物病原眞菌胞子發芽之效果。花蓮區農業改良場研究彙報，12：71-90。

7. 黃振文（1992）。利用合成植物營養液管理蔬菜種苗病蟲害。植保會刊，34：54-63。

8. 黃晉興、謝廷芳、胡敏夫（2003）。利用離葉接種法測定植物萃取液防治胡瓜白粉病。植病會刊，12：278。（摘要）

9. 中國土農藥誌編輯委員會編著（1959）。中國土農藥誌。北京：科學出版社，281 頁。

10. 無名氏（2005），植物源農藥／中草藥殺蟲劑－中國專利（1987-200 4/10），科技政策中心產業資訊服務－熱點專輯。http://cdnet.stpi.org.tw/techroom/topics/bio_bot/cnp_bio_bot. htm

11. 謝廷芳、黃晉興、胡敏夫（2003）。大風子抽出液防治白菜炭疽病的效果（摘要）。植病會刊，12：278-279。

12. 謝廷芳、黃晉興、謝麗娟、胡敏夫、柯文雄（2005）。植物萃取液對植物病原真菌之抑菌效果。植病會刊，14：59-66。

13. 謝慶芳（1999）。天然藥劑與病害控制。興大農業，30:14-17。

14. 譚仁祥、王劍文、徐琛、崔桂友（2003）。植物成分功能。科學出版社，744頁。

15. Alpana, V., Singh, R. B., and Verma, H. N. (1992). Prevention of soybean mosaic virus infection in *Glycine max* plants by plant extract. *Bioved,* 3:225-228.

16. Amadioha, A. C. (2000). Controlling rice blast in vitro and in vivo with extracts of *Azadirachta indica. Crop Protection,* 19: 287-290.

17. Basha, S. A., Mishra, R. K., Jha, R. N., Pandey, V. B., and Singh, U. P. (2002) Effect of berberine and bicuculline isolated from *Corydalis chaerophylla* on spore germination of some fungi. *Folia Microbiologica,* 47: 161-165.

18. Bharathi, M. (1999). Effect of plant extract and chemical inhibitors on cucumber mosaic virus of brinijal. *Journal of Mycology and Plant Pathology,* 29: 57-60.

19. Bowers, J. H., and Locke, J. C. (2000). Effect of botanical extracts on the population density of *Fusarium oxysporum* in soil and control of Fusarium wilt in the greenhouse. *Plant Disease,* 84: 300-305.

20. Chandrasekaran, A., Narasimhan, V., and Rajappan, K. (2000). Integrated management of anthracnose and pod blight of soybean. *Annual Plant Protection Science,* 8: 163-165.

21. Casulli, F., Santomauro, A., and Faretra, F. (2000). Natural compounds in the control of powdery mildew on Cucurbitaceae. *Bulletin-OEPP,* 30: 209-212.

22. Cheah, L. H., and Cox, J. K. (1995). Screening of plant extracts for control of powdery mildew in squash. Pages 340-342 *in*: Proceedings of the 48th New Zealand Plant Protection Conference. 8-10 August, 1995. Hastings, New Zealand.

23. Coventry, E., and Allan, E. J. (2001). Microbiological and chemical analysis of neem （*Azadirachta indica*）extracts: new data on antimicrobial activity. *Phytoparasitica,* 29: 441-450.

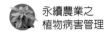

24. Daayf, F., Schmitt, A., and Bélanger R. R. (1995). The effects of plant extracts of *Reynoutria sachalinensis* on powdery mildew development and leaf physiology of long English cucumber. *Plant Disease,* 79: 577-580.

25. Foughtk, L., and Kuc, J. A. (1996). Lack of speci.city in plant extracts and chemicals as inducers of systemic resistance in cucumber plants to anthracnose. *Journal of Phytopathology,* 144: 1-6.

26. Guevara, Y., Maselli, A., and Sanchez, M. C. (2000). Effect of plant extracts for the control on plant pathogenic bacteria. *Manejo Integrado de Plagas,* 56: 38-44.

27. Herger, G., Harvey, I., Jenkins, T., and Alexander, R. (1989). Control of powdery mildew of grapes with plant extracts. Pages 178-181 *in*: Proceedings of the Forty Second New Zealand Weed and Pest Control Conference, Taranki Country Lodge, New Plymouth, August 8-10, 1989.

28. Huang, J. W. and W. C. Chung. (2003). Management of vegetable crop diseases with plant extracts. Pages 153-163 *in*: Advances in Plant Disease Management. H. C. Huang and S. N. Acharya, eds. Research Signpost, Kerala, India.

29. Ko, W. H., Wang, S. Y., Hsieh, T. F., and Ann, P. J. (2003). Effects of sunflower oil on tomato powdery mildew caused by *Oidium neolycopersici. Journal of Phytopathology,* 151: 144-148.

30. Konstantinidou-Doltsinis, S., and Schmitt, A. (1998). Impact of treatment with plant extracts from *Reynoutria sachalinensis*（*F. Schmidt*）Nakai on intensity of powdery mildew severity and yield in cucumber under high disease pressure. *Crop Protection,* 17: 649-656.

31. McGrath, M. T., and Shishkoff, N. (2000). Control of cucurbit powdery mildew with JMS Stylet-Oil. *Plant Disease,* 84 : 989-993.

32. Muto, M., Takahashi, H., Ishihara, K., Yuasa, H., and Huang, J. W. (2005a). Antimicrobial activity of medicinal plants used by indigenous people in Taiwan. *Plant Pathology Bulletin,* 14: 13-24.

33. Muto, M., Takahashi, H., Ishihara, K., Yuasa, H., and Huang, J. W. (2005b). Control of black leaf spot （*Alternaria brassicicola*） of crucifers by extracts of black nightshade （*Solanum nigrum*）. *Plant Pathology Bulletin,* 14: 25-34.

34. Paik, S. B., Kyung, S. H., Kim, J. J., and Oh, Y. S. (1996). Effect of a bioactive substance extracted from *Rheum undulatum* on control of cucumber powdery mildew. *Korean Journal of Plant Pathology,* 12: 85-90.

35. Pasini, C., D' Aquila, F, Curir, P, and Gullino, M. L. (1997). Effectiveness of antifungal compounds against rose powdery mildew （*Sphaerotheca pannosa* var. *rosae*） in glasshouses. *Crop Protection,* 16: 251-256.

36. Paul, P. K., and Sharma, P. D. (2002). *Azadirachta indica* leaf extract induces resistance in barley against leaf stripe disease. *Physiological and Molecular Plant Pathology,* 61: 3-13.

37. Pretorius, J. C., Craven, P., and van der Watt, E. (2002). *In vivo* control of *Mycosphaerella pinodes* on pea leaves by a crude bulb extract of *Eucomis autumnalis. Annals of Applied Biology,* 141: 125-131.

38. Purnima, S., and Saxena, S. K. (1990). Effect of flower extract of *Lantana camara* on development of fruit rot caused by *Aspergillus niger* in the presence of *Drosophila busckii. Acta Botanica Indica,* 18: 101-103.

39. Raj, K., and Shukla, D. S. (1996). Evaluation of some innovatives vis-à-vis powdery mildew of opium poppy incited by *Erysiphe polygoni. Journal of Living World,* 3: 12-17.

40. Ribnicky, D. M., Chet, I., Frisem, D., Poulev, A., Raskin, I., and Yedidya, I. (2001). Extracts of *Gaultheria procumbens* L. promote disease resistance in *Cucumis sativus* challenged with *Pseudomonas syringae* pv. *lachrymans.* Plant Biology 2001 July 21-25, 2001 -Providence, Rhode Island, USA.

41. Roth, U., Friebe, A., and Schnabl, H. (2000). Resistance induction in plants by a brassinosteroid-containing extract of *Lychni sviscaria* L. Zeitschrift fur Naturforschung. *Section C, Biosciences,* 55:552-559.

CHAPTER 16

設施調控微氣候防治作物灰黴病

在溫帶與亞熱帶地區栽培作物時，遇有低溫潮溼的季節，作物極易遭受灰黴病危害。灰黴病係由 *Botrytis cinerea Pers.* 引起，灰黴病菌可在病組織或死亡的植物殘體上存活及產生大量孢子，並藉由氣流及水滴傳播危害作物。採用化學防治法雖有良好的抑病效果，惟易造成農藥殘毒與環境汙染等問題，且誘使部分的病原菌產生抗藥性，致使藥劑防治效果逐漸變差。由於灰黴病菌在黑暗環境下不易產孢，但在 345nm 波長之光線照射下卻可促進孢子繁殖（圖 1）。利用光線及溼度影響灰黴病菌產孢與發芽之特性，可以研擬有效防治作物灰黴病的策略。

引言

在設施栽培環境下，調控微氣候以生產高品質農產品是現今農業科技的一大成就。設施包括簡易的塑膠布覆蓋溫室及精密的環控溫室（陳,1992），前者如塑膠布遮雨棚、簡易遮陰網、隧道式塑膠布覆蓋、兩側通風或封閉式之塑膠布溫室；而後者則如以電腦控制微環境之塑膠布或玻璃溫室。無論簡易或精密設施都可提供某種程度的微氣候調節或控制。當然，設施愈簡單則控制微環境的成效愈不容易顯現。利用設施除了可提高栽培作物之產量與品質外，更有助於病蟲害的管理（Jarvis, 1989）。設施栽培在溫帶地區與亞熱帶地區所遭遇到的問題雖不盡相同，然而在低溫潮溼的季節，作物易遭受灰黴病危害的情況卻是一樣的。因此，本文之目的在於針對對灰黴病菌之生態習性，彙整有關調控設施內之微氣候影響作物灰黴病發生的相關報告，據以提出防治策略。

認識作物灰黴病菌

全世界灰黴病菌共有 22 種（species），其中以 *Botrytis cinerea* Pers. 為主（Trolinger and Strider, 1985）。本病原菌屬不完全菌綱真菌，在罹病寄主組織上不形成特殊的產孢構造，分生孢子梗直接由菌絲尖端特化而成。分生孢子梗呈直立狀，近頂端處膨大呈球形或橢圓形，分生孢子著生於梗上膨大頂端之小分枝上，呈叢生狀，猶如成串之葡萄果實（圖2）。分生孢子表面光滑、單胞無色透明球形、橢圓形或亞球形，分生孢子堆則呈灰色。本菌屬兼性寄生菌，具強腐生存活能力，寄主作物超過 200 種，引起的病

① 百合灰黴病菌 (*Botrytis elliptica*) 經近紫外光照射後可產生大量孢子 (圖左)，未照射則只行菌絲生長 (圖右)。

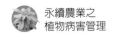
徵包括幼苗猝倒、苗枯、葉斑（圖3）、花斑（圖4）、葉枯（圖5）、莖部潰瘍（圖
6）、花枯（圖7）及果實腐敗（圖8）等（Agrios, 1988）。本菌分布於全球各地，
尤其溫帶及亞熱帶地區，在冷涼潮溼之季節可危害感病之寄主作物。

② 兩種灰黴病菌的孢子呈葡萄串著生於孢子梗上（圖左為
　 Botrytis elliptica，圖右為 *Botrytis cinerea*）。
③ 百合灰黴病在葉片（圖右）及花器（圖左）上的病斑。
④ 蝴蝶蘭灰黴病在花器上的病斑。
⑤ 非洲菊灰黴病在葉片上的病斑。
⑥ 洋桔梗灰黴病在莖基部危害徵狀。

⑦ 唐菖蒲露天種植時，易遭受灰黴病
　的危害使植株枯死。
⑧ 灰黴病菌在草莓果實病組織上產生
　孢子的情形。

作物灰黴病的發生生態

　　由 *Botrytis cinerea* 引起的灰黴病是溫室作物的主要病害之一。灰黴病菌主要以菌核或植物殘體上之菌絲存活於自然界，當環境適宜時，本菌之菌核或殘體上之菌絲產生分生孢子，並以分生孢子為主要的初次感染源。分生孢子成熟後，以氣流，水滴或昆蟲傳播至感病的寄主植物上。孢子發芽形成發芽管，分泌分解酵素，直接由植體表面之角質層侵入寄主組織；當於低溼度時則可由氣孔入侵。若植物體受傷時，病原菌可由傷口直接侵入寄主組織。

　　許多報告指出氣象因子可影響灰黴病菌之生活行為，如相對溼度及溫度可影響孢子產生（Hyre,1972; Shiraishi et al., 1970a）、孢子發芽（Shiraishi et al., 1970a,b;

Snow, 1949）、孢子釋放與傳播
（Jarvis, 1962）、菌絲生長（Jarvis,
1962;van den Berg and Lentz,1968）及
存活（van den Berg and Lentz, 1968）
等。在眾多氣象因子中溫度和相對溼
度是決定本病原菌孢子是否成功發芽
與侵入寄主的重要因子。本病原菌分
生孢子之含水量介於 6~25% 之間，
發芽時對水分的需求相當高，相對

⑨ 簡易塑膠布遮雨篷可降低百合灰黴病的發
生。

溼度低於 90% 時，不利孢子之發芽（Snow, 1949）。Polley 氏（1986）發現本菌
必須在相對溼度 90% 以上維持 18 小時，方可成功感染番茄花器。本菌菌絲生長之
適溫範圍為 20~25℃，而孢子發芽之適溫範圍為 12~27℃，以 15℃ 最為適合（楊，
1994）。Hyre 氏（1972）以天竺葵切離葉測試溫度對本菌侵染的影響，發現病斑
大小由 10 至 25℃ 漸增，而在 30℃ 時，則不產生典型病徵。是以臺灣灰黴病主要
發生於冬末春初低溫多溼季節，尤其在春雨或梅雨季節發生最為嚴重，而簡易設
施可降低雨水的傳播機會（圖9）。另外，光線對本病原菌孢子發芽（Blakeman,
1980）及病斑產生（Hyre, 1972）之影響不大，惟 Hite 氏（1973）指出光源在
345nm 可促進本病原菌產孢。

設施內防治灰黴病的要領

在設施環境下灰黴病常造成嚴重的植物病害，例如以塑膠布覆蓋的隧道式溫室
內，其高溼的微氣候條件易導致番茄罹患本病（Jarvis, 1992）。目前仍無抗灰黴病
的番茄商業品種可供栽植，本病防治方法仍需仰賴化學藥劑的施用。傳統的化學防
治法雖有良好的抑病效果，然易造成農藥殘毒與環境汙染等問題，且頻繁的施用化
學藥劑之後，大部分的病原菌系易產生抗藥性，致使藥劑防治功效漸失（楊 ,1994;
Gullino, 1992; Moorman and Lease, 1992），增加本病之猖獗。

Trolinger 和 Strider 兩氏（1985）提出設施內防治作物灰黴病之策略如下：(1)

注重田間衛生以降低感染源；(2) 選用不帶菌之種子（球）或無性繁殖體；(3) 移植時避免植株造成傷口；(4) 保持低溼度並避免葉面噴灌；(5) 避免密植以保持良好通風，及 (6) 藥劑防治等。另選用抑制產孢之覆被材質（Honda et al., 1977; Nicot et al., 1996）及利用葉表拮抗微生物來防治灰黴病（Elad, 1996），均是大家重視的研究課題。

調控微氣候防治作物灰黴病（圖 10）

（一）光線對灰黴病菌之影響

光是影響植物病害發生的重要因子之一（Colhoun, 1973）。投射於地球表面之日光，其波長範圍為 280~3000nm，可分成紫外光區（<400nm）、可見光區（400~700nm）以及近紅外光區（700~3000nm）等三個主要波段（申雍，1989）。其中紫外光（280~380nm）可影響病原菌的產孢作用及干擾病原菌在寄主植物上的產孢，對某些植物病害的發生造成間接效應（Leach and Anderson,

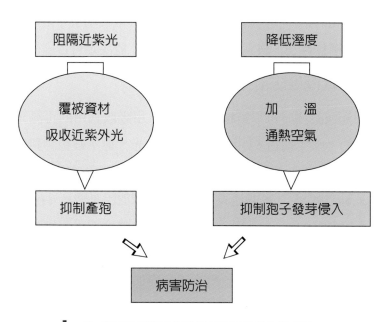

⑩ 調控設施微氣候防治作物灰黴病之模式圖。

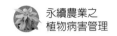

1982）。Leach 氏（1962）指出多種眞菌產孢需要近紫外光。灰黴病菌之產孢可由光線誘導（Leach and Tulloch, 1972）。Hite 氏（1973）以不同濾光材質測試對灰黴病菌產孢量的影響，證明波長小於 343nm 之光線可促進產孢。至於利用吸收波長短於 360nm 近紫外光之 PE 塑膠布則可降低灰黴病菌在各種植物組織上之產孢（Nicot et al., 1996）。因此，Hite 氏（1973）認爲溫室中控制光質可降低本病原菌接種源之建立，有效降低病害的發生。

（二）利用吸收紫外光覆蓋塑膠布防治灰黴病

利用吸收波長短於 345nm 及 390nm 近紫外光之覆蓋塑膠布，可分別有效降低由 *Botrytis cinerea* 所引起的胡瓜和番茄灰黴病（Honda et al., 1977）與韭菜灰黴病（Sasaki et al., 1985）之發生。Nicot 氏等（1996）指出，利用吸收波長 280 至 380 nm 之塑膠布可明顯降低灰黴病菌在培養基上或植物組織上之產孢，然而產孢量之抑制情形會受組織部位及營養狀態之影響，例如番茄之花器及胡瓜之胚軸部位含高量營養，使得產孢量下降之情況較不明顯。灰黴病菌菌株間對紫外光的敏感度不一，有些菌株之產孢需要近紫外光，有些則否。Nicot 氏等（1996）測試五個菌株，其中二個菌株在番茄莖部之產孢不受覆蓋吸收近紫外光塑膠布之影響。因此，利用吸收近紫外光塑膠布防治作物灰黴病之前，應先了解栽培環境中是否有此類不需近紫外光仍可產孢的菌株存在，與其分布比例多寡，才能決定可否施行此法。

（三）以保溫降低溼度防治作物灰黴病

太陽輻射的光波長中，可以被植物行光合作用吸收利用的可見光區能量，只占全部日射能量的 44%；而占 53% 能量的近紅外光，並不被植物利用，於白天輻射於地表，引起明顯的地面及植物體的加溫作用，使設施內溫度升高（申雍, 1989; Leach and Anderson, 1982）。夜間地表及植物體因釋放出長波紅外線（3~100 μm）輻射於大氣中而冷卻（Chrysochordis, 1976）。植物體冷卻可改變許多新陳代謝速率，包括病原菌與植物體間之相互關係，因此罹病的根和地上部組織會因地面長波輻射冷卻植體與土壤而受影響，且植體冷卻時降低其本身活力而導致抗病能力降低。另長波輻射後空氣溫度降低，導致相對溼度提高而有利於大部分的植物地上部病害的發生（Dixon,1982）。因此，在設施栽培下以吸收紅外光之塑膠布於夜間覆

蓋溫室，以降低地表及植體上熱能的散失，應可降低病害的發生。Vakalounakis 氏（1992）即利用覆蓋紅外光吸收塑膠布，提高溫室內之氣溫和土壤溫度，並降低相對溼度，因而成功地防治番茄早疫病（由 *Alternaria solani* 引起）、葉黴病（由 *Fulria fulva* 引起）及灰黴病等葉部病害的發生，有效促進植株開花，提高著果數與果實之產量。

（四）通熱空氣降低灰黴病

Harrison 氏等（1994）指出空氣中相對溼度會影響風速降低葉表溼度之有效性。在低相對溼度下，快的風速降低葉表周圍溼度的效果遠較吹低風速者高；然而，在高相對溼度下雖加快風速，其對於降低葉表溼度之效果則相對減低。灰黴病菌在罹病組織上之菌絲生長及產孢同樣會受相對溼度及風速的影響。本菌於 21℃、相對溼度 94% 及風速為 0m/sec 下，在葡萄果實表面之菌絲生長最快，而在 69% 相對溼度及 0.3m/sec 以上風速下，則菌絲不生長（Thomas et al., 1988）。另外，相對溼度在 90%、溫度為 30℃時，只要溫度再降低 1.8℃即可達到露點（Jarvis, 1989）；同樣道理，增加溫度則可降低相對溼度。灰黴病菌藉由水膜發芽感染寄主，避免溫度達到露點及降低相對溼度是有效避病的關鍵（Jarvis, 1989）。又在夜溫 16℃下的玻璃溫室內行夜間通風，可降低番茄灰黴病的發生（Morgan, 1984）。因此，以送風及增加溫度來降低相對溼度的做法可有效抑制灰黴病菌的發芽與感染。

Hausbeck 氏等（1996a）於試驗溫室內，以塑膠布覆蓋於植盆上，搭配於夜間 10 時至翌日 6 時期間，間歇性強力送熱風等兩種方式混合處理，可有效降低天竺葵灰黴病的發生，並降低病原菌在罹病葉片上產孢之情形。兩種方式混合處理的效果比個別單獨處理者更為明顯。此外，強力送熱風者比植盆上覆蓋塑膠布的效果要好（Hausbeck et al., 1996a）。該氏等更於簡易溫室中，在覆蓋透明塑膠布之高架植床下強力送熱風，證明可明顯降低天竺葵莖部及葉片之灰黴病罹病率，且可降低在病斑上產孢之數量。另以孢子採集器於白天計量孢子濃度，亦證明此法可減少空氣中之孢子量（Hausbeck et al., 1996b）。

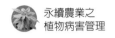
結語和省思

　　綜合利用設施調控微氣候防治作物灰黴病的相關資料，可以歸納成下列三點結論：(1) 了解灰黴病菌之生態有助於病害防治策略的研擬；(2) 吸收近紫外光之覆被資材具有抑制灰黴病菌在罹病組織上產孢的功效，並可降低本病之初級感染源，進而減少病害的發生；(3) 經由加溫或送風方式降低植物體表面溼度，抑制孢子發芽，可有效降低病害之發生。另外，增加溫室內之通風，以及在夜間將溫室內上層之熱空氣往下層之植床運送，使植物體表面無法達到結露點，亦是可行的辦法，惟其可行性有待進一步的驗證。雖然利用吸收紫外光或紅外光之覆被材質及強力輸送熱空氣等措施可降低作物灰黴病之危害，然而若能將其他栽培防治法或化學防治措施一併融入整個作物栽培管理體系中，則能更臻至理想的防病效果。

參考文獻

1. 申雍（1989）。設施內輻射環境的控制與管理。第二屆設施園藝研討會專集第47-54頁。

2. 陳世銘（1992）。日本之設施栽培與環境控制。溫室環控自動感測技術研討會專集，臺中：臺灣省農業試驗所出版，17-21頁。

3. 楊秀珠（1994）。觀賞植物灰黴病之發生及防治。臺灣花卉病蟲害研討會專刊，第 167-176 頁，臺中：中華植物保護學會出版。

4. Agrios, G. N. (1988). Plant Pathology. [3nd ed]. New York: Academic Press. 803pp.

5. Blakeman, J. P. (1980). Behaviour of conidia on aerial plant surfaces. Pages 115-151 in: The Biology of Botrytis. J. R. Coley-Smith, K. Verhoeff, and W. R. Jarvis. eds. Academic Press, London.

6. Colhoun, J. (1973). Effects of environmental factors on plant diseases. *Annual Review of Phytopathology,* 11: 343-364.

7. Chrysochoidis, N. (1976). Heat. *Athens College of Agricultural Science,* Athens. 166pp.

8. Dixon, G. R. (1982). Vegetable Crop Diseases. AVI, Westport, CT. 404pp.

9. Elad, Y. (1996). Mechanisms involved in the biological control of *Botrytis cinerea* incited diseases. *Europ. Journal of Plant Pathology,* 102: 719-732.

10. Gullino, M. L. (1992). Chemical control of *Botrytis* spp. Pages 217-222 *in:* Recent Advances in Botrytis Research. K. Verhoeff, N. E. Malathrakis, and B. Williamson, eds. Pudoc Scientific Publishers, Wageningen, Netherlands.

11. Harrison, J. G., Lowe, R., and Williams, N. A. (1994). Humidity and fungal diseases of plants -problems. Pages 79-97 *in:* Ecology of Plant Pathogens. J. P. Blakeman, and B. Williamson. eds. CAB International, Oxon, UK.

12. Hausbeck, M. K., Pennypacker, S. P., and Stevenson, R. E. (1996a). The effect of plastic mulch and forced heated air on *Botrytis cinerea* on geranium stock plants in a research greenhouse. *Plant Disease,* 80: 170-173.

13. Hausbeck, M. K., Pennypacker, S. P., and Stevenson, R. E. (1996b). The use of forced heated air to manage Botrytis stem blight of geranium stock plants in a commercial greenhouse. *Plant Disease,* 80: 940-943.

14. Hite, R. E. (1973). The effect of irradiation on the growth and asexual reproduction of *Botrytis cinerea. Plant Disease Reporter,* 57: 131-135.

15. Honda, Y., Toki, T., and Yunoki, T. (1977). Control of gray mold of greenhouse cucumber and tomato by inhibiting sporulation. *Plant Disease Reporter,* 61: 1041-1044.

16. Hyre, R. A. (1972). Effect of temperature and lighton colonization and sporulation of the Botrytis pathogen on geranium. *Plant Disease Reporter,* 56: 126-130.

17. Jarvis, W. R. (1962). The dispersal of spores of *Botrytis cinerea* Fr. in a raspberry plantation. *Transaction of British Mycological Society,* 45: 549-559.

18. Jarvis, W. R. (1989). Managing diseases in greenhouse crops. *Plant Disease,* 73: 190-194.

19. Jarvis, W. R. (1992). Managing Diseases in Greenhouse Crops. American Phytopathological Society, St. Paul, MN, USA.

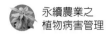
20. Leach, C. M. (1962). Sporulation of diverse species of fungi under near-ultraviolet radiation. *Canadian Journal of Botany,* 40: 151-161.

21. Leach, C. M., and Anderson, A. J. (1982). Radiation quality and plant diseases. Pages 267-306 in: Biometeorology in Integrated Pest Management. J. L. Hatfield and I. J. Thomason, eds. New York, USA: Academic Press.

22. Leach, C. M., and Tulloch, M. (1972). Induction of sporulation of fungi isolated from *Dactylis glomerata* seed by exposure to near-ultraviolet radiation. *Annals of Applied Biology,* 71: 155-159.

23. Moorman, G. W., and Lease, R. J. (1992). Benzimidazole-and dicarboximide-resistant *Botrytis cinerea* from Pennsylvania greenhouses. *Plant Disease,* 76: 477-480.

24. Morgan, W. M. (1984). The effect of night temperature and glasshouse ventilation on the incidence of *Botrytis cinerea* in a late-planted tomato crop. *Crop Protection,* 3: 243-251.

25. Nicot, P.C., Mermier, M., and Vaissiere, B. E. (1996). Differential spore production by *Botrytis cinerea* on agar medium and plant tissue under near-ultraviolet light-absorbing polyethylene film. *Plant Disease,* 80: 555-558.

26. Polley, R. H. (1986). Possibilities for reduced spray programs for the control of Botrytis in tomatoes. 1986 British Crop Protection Conferene Pests and Diseases, Vol. 1, DCPC Publications, Thornton Heath, Surrey, UK, pp. 283-290.

27. Snow, D. (1949). The germination of mould spores at controlled humidities. *Annals of Applied Biology,* 36: 1-13.

28. Sasaki, T., Honda, Y., Umekawa, M., and Nemoto, M. (1985). Control of certain diseases of greenhouse vegetables with ultraviolet-absorbing vinyl film. *Plant Disease,* 69: 530-533.

29. Shiraishi, M., Fukutomi, M., and Shigeyasu, A. (1970a). Mycelial growth and sporulation of *Botrytis cinerea* Pers. and the conidium germination and appressorial formation as affected by conidial age. *Annals of the Phytopathological Society of Japan,* 36: 230-233.

30. Shiraishi, M., Fukutomi, M., and Shigeyasu, A. (1970b). Effects of temperature on the conidium germ in ation and appressorium formation of *Botrytis cinerea* Pers. *Annals of the Phytopathological Society of Japan,* 36: 234-236.

31. Thomas, C. S., Marois, J. J., and English, J. T. (1988). The effects of wind speed, temperature, and relative humidity on development of aerial mycelium and conidia of *Botrytis cinerea* on grape. *Phytopathology,* 78: 260-265.

32. Trolinger, J. C., and Strider D. L. (1985). Botrytis diseases. Pages 17-101 in: Diseases of Floral Crops. Vol. 1. David L. Strider. ed. New York, USA: Praeger Publishers.

33. Vakalounakis, D. J. (1992). Control of fungal diseases of greenhouse tomato under long-wave infrared-absorbing plastic film. *Plant Disease,* 76: 43-46.

34. ven den Berg, L., and Lentz, C. P. (1968). The effect of relative humidity and temperature on survival and growth of *Botrytis cinerea* and *Sclerotinia sclerotiorum. Canadian Journal of Botany,* 46: 1477-1481.

CHAPTER 17

有機作物栽培之病害管理技術

推動有機栽培農法不但可以維護環境生態的穩定與和諧外,尚可確保糧食生產安全。有機農作物的病害管理觀念,是以「共存」作為防治策略的執行準則,因此在整個有機農業生態體系中,均應確認農作物、植物病原、媒介者、拮抗微生物、天敵及環境等因子是它固有的基本成員,是故作物病害的管理系統須先釐定作物經濟損門(Economic loss threshold),進而以病原菌的生態特性及傳染病學作為研擬防治策略的基礎,設計病害預測模式外,並且執行合理化、多元化的病害防治技術,才能有效達成管理作物病害的目標。管理有機農作物病害的主要手段,包括:⑴降低病原菌的最初接種源(initial inoculum)與⑵降低病原菌的傳播與感染速率。歸言之,有機作物病害的管理技術必須優先嚴格執行法規防治(拒病)外,尚須全盤掌握整個農業環境與明瞭農作物、病原菌的各種生態特性,有效融入各種病害防治法,才可達到防治作物病害的效益。執行病害管理的過程尤應適時、適地,且合乎經濟與生態法則以採納如作物輪栽、選擇適當的種植時間與地點、注重田間衛生管理、加強種子處理、培育健康種苗、採用抗病根砧及施用生物製劑與有機添加物等技術。本文主要目的在於介紹有機作物栽培田出現的病害問題與病害的防治管理技術,期有助於有機農業的永續經營與管理。

引言

自從 1929 年康乃爾大學植物病理學教授 H. H. Whetzel 博士提出植物病害的防治四大原則後，植物保護工作雖有長足的進展，但卻大多偏重在化學藥劑的使用及抗病品種的育成兩方面。然而，病原菌頻頻出現新的生理小種及抗藥菌系，使得傳統的化學防治病害方法面臨重大的衝擊。此外，化學防治所使用的水銀劑、砷劑與有機氯劑，引發公害殘毒問題，也衍生嚴重環境汙染與人類安全的顧慮。基於考量自然生態的平衡與其整體之經濟利益，顯然，完全除滅植物病害確是一件不可能的事實，且亦不合乎經濟原則。因此，在有機農業生態體系中，植物病原菌與農作物的「共存」現象，啟發吾人重新思索「植物病害綜合管理」的觀念。

現今二十一世紀的農業，由於環保的壓力，使得很多國家都在尋找不使用化學農藥的新耕種方法，其中一項就是有機作物栽培。雖然過去二、三十年間已經有很多人在大力提倡有機作物栽培，但是進展緩慢且成效不彰。直到目前很多農業專家包括研究人員和推廣人員對有機農業的看法仍然是兩極化。有人認為有機農業對環境保護、經濟成長、人畜安全、生物多樣性等有正面的影響（FAO, 2002; Mäder, et al., 2002; Lotter,2003; Bengtsson,et al., 2001; O'Riordan and Cobb,2001; Reganold,et al., 2001），但也有人認為有機農業不符合永續經營的理念，因為作物生產成本高、產量低反而造成對土地使用上的壓力（Trewavas, 2001）。這些不同立論凸顯開發有機作物栽培技術的重要性。顯然的，開發非農藥病害防治技術已經成為作物有機栽培中不可或缺的一環。

有機農田的病害問題

近年來，由於推行有機栽培農法，農友逐漸改變施肥種類與病蟲害防治方式，不再施用化學肥料與化學農藥，因此田間的病害相也發生巨大的改變，尤其是過去對化學藥劑較敏感的菌種，以及有些喜好在富含有機質環境中增殖的病原菌類又逐漸浮現，導致新病害問題產生。茲簡介六種常出現於有機蔬菜田的病害如下：

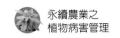
（一）白菜炭疽病（Anthracnose of cruciferous vegetables）

在有機蔬菜栽培田易發生由 *Colletotrichum higginsianum* 引起的白菜炭疽病。白菜葉片感染病原菌，會出現淡黃色至灰褐色圓形斑，中間白色透明發亮，有時會有穿孔現象，多數病斑會融合成大壞疽斑（圖 1）。病徵多發生於下位葉，嚴重時受害葉片會乾枯下垂。該病原菌也會造成甘藍、蘿蔔、芥菜、芥藍、不結球白菜等十字花科蔬菜的炭疽病。本病原菌尚可感染定經草[*Lindernia antipoda*（L.）Alston]。（林秋俐和黃振文，2002）

（二）萵苣褐斑病（Acremonium brown spot of lettuce）

萵苣褐斑病係臺灣新發現的作物病害，是由 *Acremonium lactucae* 引起萵苣的葉部病害，在萵苣下位葉最初呈現細小圓形或不規則形的黃褐色斑點，散布於中肋及葉脈上，隨後病斑相互融合，造成葉片全面受害（圖 2），嚴重時導致葉片壞疽及黃化。本病菌也會危害花環菊（*Chrysanthemum carinatum* Schousb.）。（林秀儒和黃振文，2002）

（三）萵苣萎凋病（Fusarium wilt of lettuce）

有機蔬菜田中，發現萵苣植株遭受 *Fusarium oxysporum* f. sp. *lactucae* 危害，引起幼苗大量死亡，導致萵苣田缺株現象；此外受害萵苣成株則有矮化、萎凋與死亡的病徵。罹病植株的根部及莖部內維管束呈現褐變，有時病原菌尚會蔓延至葉片（圖 3）；使受害的一側出現黃化與偏上扭曲變形的病症。（彭玉湘和黃振文，1998）

（四）莧菜葉斑病（Rhizoctonia leaf spot of amaranthus）

在有機農場的莧菜栽培田，發現 *Rhizoctonia solani* AG 2-2 IIIB（有性世代 *Thanatephorus cucumeris*）可引起莧菜葉斑病，該病菌的擔孢子是引起病害的最初感染原。受害莧菜葉片初期呈水浸狀的透化圓形小斑，直徑大小約 1mm，隨後擴展融合為不規則的爪狀斑（圖 4）；若病勢發展嚴重，會造成葉片枯萎死亡。（林信甫氏等，2002）

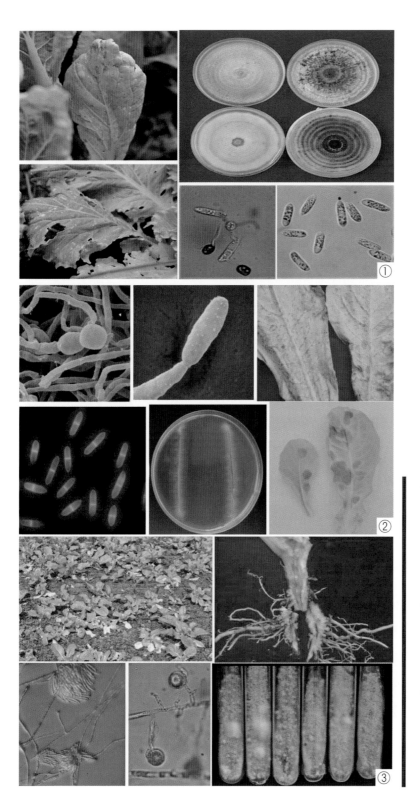

① 白菜炭疽病在葉
　片上的病徵 (左)
　與病原菌的菌落
　(右上)，厚膜孢
　子 (下中) 和分生
　孢子 (下右) 之形
　狀。
② 萵苣褐斑病在葉
　片上的病徵 (右)
　與病原菌的菌落
　和孢子 (左、中)
　之形狀。
③ 萵苣萎凋病在葉
　片 (左上) 和根部
　(右上) 的病徵與
　病原菌的菌落 (右
　下) 和孢子 (左下)
　之形狀。

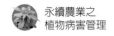

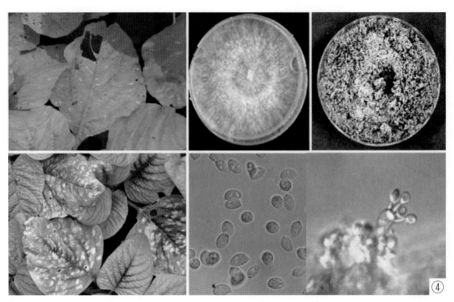

④ 莧菜葉斑病的病徵（左下）與病原菌在有機基質表面產生大量有性世代的孢子。

（五）蔬菜幼苗立枯病（Rhizoctonia blight of vegetable crops）

立枯絲核菌 *Rhizoctonia solani* 所引起的幼苗立枯病，是蔬菜幼苗培育過程的主要限制因子之一。蔬菜種子發芽且尚未出土前被立枯絲核菌感染，即造成種子腐爛。出土後之蔬菜幼苗被侵害時，近地面的莖基部呈褐色水浸狀，造成蔬菜幼苗萎凋死亡。幼苗後期被感染時，莖基部褐變縊縮，且莖部變細，全株發育不良，甚至會倒伏死亡。（林宗俊氏等，2002）

（六）蔬菜白絹病（Southern blight of vegetable crops）

白絹病菌 *Sclerotium rolfsii*（無性世代）以菌核型態存活於土壤中，菌核發芽長出白色菌絲，沿土壤表面蔓延，侵入寄主植株莖基部，形成水浸狀病斑，隨後地上部黃化、落葉、萎凋，地下部皮層腐爛，長出白色菌絲纏繞莖基部，並有菌核出現，由白色轉變成褐色，在土壤中存活。該病菌寄主範圍廣泛，約三百餘種植物受其危害，在高溫多溼環境下尤為嚴重。白絹病菌有性世代為 *Athelia rolfsii*，但是不常見。

病害綜合管理的原則與策略

　　研究植物病理學的主要目的，就是在於探討如何有效地防治植物之病害。因此，病害防治（Disease control）成為一般人慣用的名詞。然而，若仔細推敲「防治」一詞的意涵，吾人不難發覺它隱含有滅絕另一群生物或完全控制另一個生物族群的終極目標。事實上，人類發展出來的各種防治方法與策略，僅能有效減少或降低作物病害的發生，並無法完全摧毀病原菌的存在。所以很多學者建議以「病害管理（Disease management）」替代「病害防治」，似乎較合邏輯（Apple, 1977; Flint and Bosch, 1981; Fry, 1982）。

　　「病害管理」是以「共存」為執行策略之準則，因此它的各種管理策略的設計，均認定植物病原菌與病害是有機農業生態體系中固有的成員。是故作物病害的管理模式必須有經濟損失門檻（Economic loss threshold）的設定（Dent, 1995）；並在作物經濟損失基準下，設法減低作物受害及損失的程度。此外，由於農業生態環境常有更動，故病害管理的策略均須持續不斷地修正與調整，才能有效減輕作物病害的發生和危害程度，以提高作物的生產潛能。

　　「綜合防治（Integrated control）」一詞是由昆蟲學者首先提出，其目的在於針對一種特定的害蟲，考量生態環境與經濟利益後，以多元化的防治法，達成協力或加乘的防蟲效果（陳和葉， 1992；Andrews,1983）。近年來，植物病理學者及醫師們也常用綜合防治的觀念，從事植物病害及人類疾病的防護（protection）工作。由於綜合防治的意義相當廣泛，因此一般人常將它與病害綜合管理（Integrated disease management）之意義混為一談。其實，「病害綜合管理」是整體自然資源管理的重要一環，除具有「綜合防治」的內涵外，農業生態環境、栽培制度、社會及政治利益等因子，均會影響整個病害管理策略的成就。因此，病害綜合管理工作的執行，首先必須選定具有經濟潛力之病害問題，並釐清病害管理之農業生態體系的單位與範圍後，再利用病原的生態特性及病害的傳染病學作為基礎，進而研發病害預測之模式及多元化之病害防治法，藉以同時達成有效管理多種作物病害的目標。

　　病害綜合管理策略的兩個主要手段，就是 (1) 降低病原的最初接種源（initial

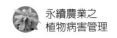
inoculum）與 (2) 降低病原的傳播與感染速率。因此，除呼籲政府決策單位加強訂定與重視法規防治法外，吾人必須加強明瞭農作物與病原菌的各種生態特性與掌握整個農業生態環境後，在有機栽培農法中，融入適當的生物（包括抗病品種）、化學及物理等防治法，藉以減少作物病害的發生與提升作物的生產潛能。其中尤應適時、適地且合乎經濟與生態法則地融合應用下列各種栽培防治法技術，如作物的輪作、作物種植時間與地點的選擇、注意田間衛生管理與種子處理、加強健康種苗與抗病品種的培育、採用拮抗微生物與有機添加物等。

有機農作物病害綜合管理之設計要領

有機農作物病害綜合管理之設計與規畫，目前仍未具有足夠之實際經驗，惟病害管理的一些規畫原則，卻可由過去經驗之累積（柯，1998）歸納如下：

（一）鑑定或確定病害的防治對象

在特定有機農業生態系內，具危害潛力與重要經濟性的作物病害，首先須診斷鑑定其病原菌，並對病原菌的生態學、病害流行學及其他相關病蟲害資料詳予收集，以便確立所欲防治的對象。

（二）以農業生態系為管理的單位

農業生態系相當於自然生態系中，早期具動態性之演替時期，極難予以定界，因其不具穩定性，所以對某一病原菌或其他有害生物防治之任何措施，都可能促使另外一些病害的惡化。在某種作物或作物群聚之農業生態系中，耕作、輪作、更換品種、灌溉、施肥及化學藥劑的使用類型等，都可能引起有害生物的地位發生變化。某一防治措施亦可能對病原菌產生影響，同時也可能導致新的病原菌系的出現。作物病害綜合管理係操控生態系統，使有害病原生物族群維持在危害容許密度下，並避免生態系遭受衝擊。

（三）發展管理策略

管理策略的目標在於：(1) 維持高品質及高產量的穩定生產體系；(2) 建立人畜

安全、避免環境汙染、增進經濟效益；且 (3) 能延長抗病品種的使用期間和生物農藥的使用年限等。

管理策略應包括各種單項防治措施的實施，以達預定的目標，是故病害管理的策略，必須以減少接種源之數量為首要，或以降低病害之感染速率為標的，亦或同時兼具有上兩項功效之防治法。

在農業生態系內，需持續調查與研究病原菌之生態學及植物流行病學、農業生態系之多樣性與穩定性，並探討它們彼此間相互之動態關係及各種防治措施等，以作為管理策略之參考。

（四）建立經濟門檻及經濟容許危害基準

綜合管理之原則，認為某些有害生物在危害容許基準以下，繼續存在是合理的，而在它們危害數量或發生程度超過一定的基準時，才進行防治，這個基準即稱為經濟容許危害基準（economic injury level）。

經濟門檻（economic threshold）係指病原菌之族群密度發展至某一水平時，防治成本與獲益利潤達成平衡的臨界點，即稱之為經濟門檻。經濟門檻可由下列四項因素決定：(1) 經濟容許危害基準；(2) 病害發展之速率；(3) 採行防治措施之效能；(4) 防治成本。但若缺乏有效的或經濟的病害管理技術，即應發展新的管理技術，例如培育新抗病品種、改進施用生物性藥劑種類或改善環境等。

（五）發展監測技術

有害生物綜合管理的成就，必須仰賴正確的監測（monitoring）系統，監測的對象包括氣候、土壤、作物、有害生物及其他相關因素（如人為因素等）。由於上述諸因子隨時都在變化，病害之進展也不斷變化，為了取得預測和決策所需之最新動態資料，只有經由監測才能在綜合管理中，有效地掌握自然的控制因素。

（六）持續修正與改進描述及預測的模式

發展農業生態系的預測模式（predictive model），可不斷衍生新管理的決策，促使生產者及消費者獲取的利益合理化。這個過程需要幾組複雜資料的蒐集和整合，每一組均與動態性的生物學、物理學、氣象學或社會經濟學等有關，這些過程

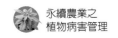
卻均可以用系統分析和數學模式加以簡化。

有機農作物病害管理的原則

拒病、除滅、防護及抗病育種等是管理有機農作物病害的四大原則，如何巧妙地在有機農場中執行這四大原則，是一位有機農法施行者必須擁有的基本知識，才能有效克服作物病害的發生。因此，介紹四大原則如後：

（一）拒病（Exclusion）

透過立法達成防治作物病害的目標，故又稱法規防治，其中尤重視檢疫工作。每個農場須有自訂的規章，防阻病原入侵農場內。因此，要阻止病原菌進入農場的基本要求是：

1. 農場應設於隔離處所，或以圍籬、網帳或玻璃設施阻隔病原進入農地。
2. 謝絕訪客參觀。
3. 要避免水源、種子、種苗、介質、有機肥及工具等攜帶病原菌。
4. 工作人員進入農場前，更衣消毒的步驟不可省略。

（二）除滅（Eradication）

將已建立（立足）不久之病害設法除去，為徹底防治病害的措施。其方法包括：輪作、田間衛生、除去越冬寄主、除滅寄主與病菌、砍除中間寄主等。

1. 採用不同農田（或畦間）交替輪作制，針對寄主植物之種類，田間病原種類，土壤性質；栽培時期及作物栽培系列等選擇輪作模式，可有效控制病害的發生。
2. 清除病原菌棲居的處所，避免在農場內外丟棄病枝（病株）、病葉，阻止病原孳生蔓延。
3. 野生雜草、寄主及田埂上的雜草，往往是病原菌藏匿的處所，應設法清除。
4. 重視種子、種球及種苗的消毒工作；經常深耕翻犁田土，使病原菌深埋入土層，加速病原菌之衰亡。
5. 避開越冬植物——當野生寄主無法除去時，選擇隔離地區，也是可行的良策。

6. 高溫處理土壤——應採用巴斯德低溫消毒法（55~65℃），避免過高溫度處理（100℃以上）土壤，破壞有益微生物族群，造成土壤的真空，致使病原菌出現再汙染的危險。

7. 利用紫外光及放射線消毒處理種薯或種球。

8. 採用組織培養法，培育健康種苗。

（三）防護（Protection）

是一種消極性防治病害的方法，有許多病害在一地區已發生很久，無法以「拒病」和「除病」方式達成防治的效果，因此只好在作物生育期間，施行各種病害防治法，藉以減少病原危害之程度，達到經濟生產之目的，是謂防護。防護的方法包括 (1) 栽培環境之調節——栽培地區之選擇、貯藏場所及運輸環境之調節；(2) 耕作方法之調整——選擇播種期及種植期、調整土壤水分（灌溉及淹水等方法）、行株距之調整、調整土壤酸鹼值、土壤肥力；(3) 防除與阻斷媒介昆蟲；(4) 生物防治技術——施用有機質添加物、生物製劑（農藥）、生物肥料等。

（四）抗病育種（Resistance）

栽種抗病品種、抗病根砧或野生品種，可使作物免於病原菌的為害。

作物病害的非農藥防治技術

有機農法施行者建立植物病害綜合管理的觀念後，若要成功有效的經營有機農場時，筆者認為他們還需要擁有各種病害防治的管理技術，才能達成有機農法永續經營的目標。有關非農藥防治技術有：採行健康種苗、抗病品種、誘導性植物抗病、交互保護法、拮抗生物與有益微生物、土壤添加物、植物營養液（黃氏等，2001）與非農藥殺菌物質、栽培管理及物理防治等技術，詳細內容可參考安寶貞氏等（1999）編寫之資料。本文僅針對土壤添加物、生物製劑及天然植物保護製劑等三項防治技術簡述如下：

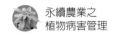
（一）土壤添加物

利用土壤添加物防治土壤傳播性病害的原理不外有四方面（黃，1991），即 (1) 土壤添加物可以抑制病原菌，(2) 促進拮抗微生物之族群增殖，(3) 提供營養以使作物生育強壯，(4) 誘導農作物產生抗病性。往昔中興大學蔡東纂教授將蝦蟹殼粉、糖蜜、箆麻粕、海草粉和黃豆粉等資材組合成 LT 有機土壤添加物，用於防治葡萄根瘤線蟲、柑桔類根瘤線蟲、柑桔線蟲及螺旋線蟲與西瓜根瘤線蟲等作物病害（黃氏等，1995）。筆者研究室利用荣籽粕當做主體材料成功研發 PGBB 粒劑，用於防治白菜立枯病（圖 5）（Chung, et. al. 2005）。此外，我們也將魚粉、蝦蟹殼粉、香菇太空包堆肥及炭化稻殼等有機物均勻混合矽酸爐渣及苦土石灰，製成 CBF-05 添加物，可以有效防治萵苣萎凋病。

（二）微生物製劑

應用微生物防治作物病害的作用機制，約略可分為下列五種；即 (1) 產生抗生素（antibiotic production），直接殺害病原菌；(2) 營養競爭（competition for nutrients），直接或間接造成病原菌養分缺乏；(3) 超寄生（hyperparasitism），

Control   1%PBGG

⑤ 利用 PGBB 粒劑處理土壤以防治 *Rhizoctonia solani* 所引起的白菜立枯病（圖右）。圖左為無處理之對照區。

直接殺害病原菌；(4) 產生細胞壁分解酵素（cell wall degrading enzymes）：直接分解病原菌之細胞壁；以及 (5) 誘導植物產生抗病性（induce systemic acquired resistance），直接或間接抑制病原菌。目前常用於防治植物病害的拮抗微生物，包括 *Agrobacterium radiobacter* strain 84 防治癌腫病；螢光假單胞細菌（Fluorescent Pseudomonads）處理種子，可以防治多種病原菌引起的病害。筆者研究發現 *Streptomyces padanus* PMS-702 可以有效防治番茄晚疫病（圖 6）、小星辰花炭疽病及甘藍立枯病等。此外，木黴菌（*Trichoderma* spp.）、膠狀黏帚黴菌（*Gliocladium* spp.）及枯草桿菌（*Bacillus subtilis*）等，具有防治多種作物病害的效果外，尚且具有促進植物生長的功能。

（三）天然植物保護製劑

天然植物保護製劑就是國際上通稱的植物源農藥（Botanical pesticides 或 Plant derived pesticides），泛指利用植物體自身所含的穩定有效成分，針對標的作物進行施用後，可以有效降低病、蟲、草為害作物的天然植物保護製品。植物源農藥的優點有：(1) 使用過程具低毒性，且持續使用對環境無或少傷害與汙染；(2) 利用天

⑥ 利用稠李鏈黴菌 *Streptomyces padanus* PMS-702 防治番茄晚疫病的效果（圖右）。圖左為無處理之對照區。

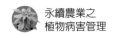
然資材防治有害生物，沒有產生抗藥性之風險；(3) 較少傷及非目標生物；(4) 植物為天然資材，可應用之種類繁多，取之不盡，用之不竭。近年來行政院農委會農試所研究成功的葵花油與無患子油混合物（葵無露），可以有效防治作物的白粉病與銹病。筆者研究室證明丁香、肉桂等萃取物可以抑制炭疽病菌、腐霉菌、立枯絲核菌及鐮胞菌等。此外，萊服子萃取物可抑制萵苣褐斑病菌（Muto, et. al, 2004）；龍葵萃取物可防治十字花科黑斑病。（Muto, et. al, 2005）

有機農場實施案例

1. 多樣化栽培法：間種蜜源植物，如天人菊、萬壽菊等作物；種植忌避共榮作物，如蔥、蒜、苜蓿等作物；追求植栽多樣化，有機農場公園化的目標，藉以維持農場生態的均衡穩定。

2. 阻斷、干擾法：覆蓋厚紙板或銀白色紙蓆等，阻止土媒病原菌飛濺傳播。田間逢機插立掛有銀色塑膠布條竹桿，可干擾媒介昆蟲棲息；間種玉米、阻隔蚜蟲危害木瓜，有效防治木瓜輪點病。

3. 太陽能法：利用 0.025mm 厚之透明塑膠布覆蓋，提升土溫，促進耐高溫有益微生物增殖。若覆蓋蓆子搭配施用有機添加物，更可提升抑菌功效。

4. 調虎離山法（欺敵法）：田間吊掛成熟果實模型，配合芳香劑、黏著劑，引誘害蟲就範。

5. 應用天然或微生物植物保護製劑：施用天然植物萃取之成分（如苦茶粕、蒜及苦楝等）或利用有機營養液培養微生物（如枯草桿菌、放線菌、乳酸菌及酵母菌等），搭配海草精、糖蜜及農用醋等，可以有效降低植物病原菌的危害。

6. 嫁接栽培法：利用抗病根砧，可以防治土媒病原菌的危害。例如西瓜嫁接扁蒲、苦瓜嫁接絲瓜等，均可有效控制瓜類蔓割病的發生。

結語和省思

隨著時代的變遷與科技日新月異，人類的生活環境與品質已產生重大的改變；

此外，許多農作物的種類，栽培方式與經營管理策略也大多異於往昔。因此，植物保護的研究方向與政策，實有必要重新做通盤的檢討與調整。基於上述理論的闡述，筆者認為今後有機作物病害的保護工作與研究方向應朝「病（蟲）害綜合管理」的目標推進。植物保護工作者應學習自然與順應自然的法則，考量農業生態的平衡與經濟利益，謹慎追求採行安全化與合理化的管理技術、栽植多樣化物種及執行經營管理多元化的策略，相信必可維持與保護有機農作物的健康及避免農業生態體系的失衡，進而推動有機農法的永續發展。當然，為了落實有機農作物病害綜合管理策略的執行，病害管理之人才與推廣教育人員的培訓亦是不可忽視的重要工作。

參考文獻

1. 安寶貞、羅朝村、謝廷芳、黃秀華（1999）。作物病害之非農藥防治。行政院農業委員會：臺灣省政府農林廳編印，47 頁。

2. 林秀儒、黃振文（2002）。萵苣褐斑病菌之半選擇性培養基。植病會刊，11（3）:149-158。

3. 林宗俊、鄭可大、黃振文（2002）。丁香及其主成分防治甘藍立枯病的功效。植病會刊，11：189-198。

4. 林信甫、謝廷芳、黃振文（2002）。莧菜葉枯病菌之鑑定與侵染過程。植病會刊，11:33-44。

5. 林秋琍、黃振文（2002），臺灣十字花科蔬菜炭疽病之發生與其病原菌的鑑定。植病會刊，11（4）：173-178。

6. 柯勇（1998）。作物病害與防治。臺北：藝軒出版社，386 頁。

7. 陳秋男、葉瑩（1992）。作物病蟲害防治之政策。病蟲害非農藥防治技術研討會專刊。臺中：中華植物保護學會出版 1-4 頁。

8. 黃振文（1991）。利用土壤添加物防治作物之土壤傳播性病害。植保會刊，33：113-123。

9. 黃振文、鍾文全、黃鴻章（2001）。非農藥防治法（三）無機與有機添加物防治植物病害，永續農業第一輯（作物篇）。臺中：中華永續農業協會編印，臺中 217-227 頁。

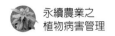
10. 黃振文、蔡東纂、高清文、孫守恭（1995）。作物病害綜合管制之實例。植保會刊，37：15-27。

11. 彭玉湘、黃振文（1998）。萵苣萎凋病菌的病原性測定。植病會刊，7（3）：121-127。

12. Andrews, J. H. (1983). Future strategies for integrated control. Pages 431-440 *in*: Challenging Problems in Plant Health. Kommeahl, T. and Williams, P. H.（eds.）APS Press, Minnesota.

13. Apple, J. L. (1977). The theory of disease management. Pages 79-101 in: Plant Disease-An Advanced Treatise Vol. I. Horsfall, J. G. and Cowling, E. B.（eds.）. Academic Press. New York.

14. Bengtsson, J., Ahnström, J. and Weibull, A. (2005). The effects of organic agriculture on biodiversity and abundance: A meta-analysis. *Journal of Applied Ecology,* 42（2）:261-269.

15. Chung, W.C., Huang, J. W., and Huang, H. C. (2005). Formulation of a soil biofungicide for control of damping-off of Chinese cabbage（*Brassica chinensis*）caused by *Rhizoctonia solani. Biological Control,* 32: 287-294.

16. Dent, D. (1995). Integrated Pest Management. Chapman & Hall, London. 356 pp.

17. FAO. 200 2. Organic Agriculture, Environment and Food Security, FAO, Rome, Italy.

18. Flint, M. L., and van den Bosch, R. (1981). Introduction to Integrated Pest Management. New York: Plenum. 240 pp.

19. Fry, W. E. (1982). Principles of Plant Disease Management. New York: Academic Press. 378 pp.

20. Huang, H. C., and Huang, J. W. (1993). Prosepcts for control of soilborne plant pathogens by soil amendment. Current Topics in Botanical Research 1: 223-235.

21. Lotter, D. (2003). Organic agriculture. *Journal of Sustainable Agriculture,* 21（4）:59-128.

22. Mäder, -P., Fliebach, A., Dubois, D., Gunst, L., Fried, P. and Niggli, U. (2002). Soil

fertility and biodiversity in organic farming. *Science,* 296（5573）:1694-1697.

23. Muto, M., Huang, J. W., and Takashi, H. (2004). Effect of water-soluble extracts of radish seed meal on control of lettuce brown leaf spot（*Acremonium lactucae* Lin et al.）. *Plant Pathology Bulletin,* 13: 275-282.

24. Muto, M., Takahshi, H., Ishihara, K., Yuasa, H., and Huang, J. W. (2005). Control of black leaf spot（*Alternaria brassicicola*）of crucifers by extracts of black night shade（*Solanum nigrum*）. *Plant Pathology Bulletin,* 14: 25-34.

25. O'Riordan, T. and Cobb, D. (2001). Assessing the consequences of converting to organic agriculture. *Journal of Agricultural Economics,* 52（1）: 22-35.

26. Reganold, J. P., Glover, J. D., Andrews, P. K. and Hinman, H. R. 2001. Sustainability of three apple production systems. *Nature,* 410（6831）: 926-930.

27. Trewavas, A. (2001). Urban myths of organic farming. *Nature,* 410（6827）: 409-410.

PART 4

植物病害與人生

CHAPTER 18

植物之「純病害」與「實用病害」

植物一旦遭受真菌、細菌、病毒或線蟲侵染時，其生理或形態出現異常的現象，就稱作「生病」。通常我們都認為所有植物病原菌都是可怕的，因為他們會危害我們的農作物，所以一提到植物病害，立即會想到如何研擬防治對策。其實在植物病理學上，按照植物病害對人類的影響，可以分為「純病害」（pure disease）與「實用病害」（practical disease）兩大類。「純病害」是指植物病害對人類純屬有害無益；而「實用病害」是指植物病害對人類有益無害。本文特別列舉數個由真菌引起的植物病害，來說明「純病害」與「實用病害」間的區別，以期有助於讀者了解植物病害與人生的關係。

引言

　　自然界中每一種植物都會因為病原線蟲或者病原微生物如細菌、真菌或病毒等之危害，而造成各種不同疾病。在所有植物病害中，人們往往依照其對人類的用途，而將它們區分為「純病害」（pure disease）和「實用病害」（practical disease）兩大類。所謂「純病害」是指植物病原菌危害作物後，會使農作物產量與品質遭受重大損失，甚至於造成農民血本無歸；至於「實用病害」則是指某些植物病害非但沒有給農民帶來作物損失的困擾，反而給農民和社會大眾帶來經濟利益。本文僅摘錄幾個真菌病害用來比較說明「純病害」與「實用病害」的差異，並說明有些植物病害歸屬的困難處，以期有助於讀者進一步思考植物病害對人類社會的影響，同時也希望導引植病研究人員面對植物病害的研究課題有較新的思維和因應對策。

「純病害」的範例

範例 1：桃果實褐腐病（Peach brown rot）

　　桃果實褐腐病是由真菌 *Monilinia fructicola*（又名 *Sclerotinia fructicola*）危害枝條果實所引起的病害。受害的果實會出現褐色病斑（圖 1），並在病斑上產生大量分生孢子（conidia）。在美國和加拿大，本病原菌可以危害蘋果、李、杏、櫻桃等多種果樹，造成果實褐腐病。由於果農栽培果樹的主要目的是生產果實，如果褐腐病嚴重的話，不但會直接造成產量和品質上的損失，而且有些攜帶病原菌的果實還會在運輸、貯藏和銷售期間引發果實腐爛，導致喪失商品銷售的價值。由此可見本病害不但影響生產者的經濟收入，而且也會影響消費者的購買意願。所以這一種病害是應該歸屬於「純病害」。

範例 2：向日葵萎凋病（Sclerotinia wilt of sunflower）

　　向日葵萎凋病是由土壤中菌核病菌（*Sclerotinia sclerotiorum*）的菌核發芽，產生菌絲侵入向日葵根部，因而造成植株萎凋（圖 2）（Huang and Dueck, 1980）。

① 桃果實褐腐病於病斑上產生孢子。
② 由菌核病菌引起的向日葵萎凋病，
　使植株枯死，並於莖基部出現褐色
　病斑。

一旦植株受害數天後，整株即枯死。此一病害在美國和加拿大的向日葵產區發生極為普遍而嚴重。在北美洲栽培的向日葵可分兩類：第一類是油料用向日葵（oilseed sunflower），其品種的種子含有大量不飽合脂肪酸，可以作為食用油；第二類是零食用的向日葵（confectionary sunflower），其品種的種子比較大且含油量很低，可以將種子炒熟當瓜子食用。目前這兩類向日葵所栽培的品種，大多極易遭受菌核病菌侵染而引起嚴重的萎凋病和爛頭病，導致種子產量與品質大受影響（Dorrell and Huang, 1978）。由於本病的威脅以致許多農民喪失栽培向日葵的意願，所以這一種病害亦歸屬於「純病害」類。

「純病害」兼「實用病害」的範例

本來有些植物病害應該歸屬於「純病害」類，但是人們卻發現這些病害除了造成農作物損失之外，它們竟然還有其他料想不到的用途。諸如此類的病害到底該歸屬於「純病害」或「實用病害」，則是見仁見智了。茲舉三個例子說明如下：

範例 1：葡萄灰黴病（Gray mold of grapes）

葡萄灰黴病是由真菌 *Botritis cinerea* 侵害葡萄，引起果實腐爛的現象（圖3）。該病原菌往往在腐爛病斑上產生大量分生孢子（圖4）或以菌絲蔓延於其他果實，致使成串果實腐爛（bunch rot 或稱 sour rot），因而失去市場銷售價值。依此現象觀之，本病應該是歸屬於「純病害」類。然而卻有人發現一些釀酒用的葡萄品種，在果實成熟期受到灰黴病菌的侵染，就會造成果腐病；如果將這種受害葡萄暴露於白天乾燥，晚上潮溼的環境下，使果實變成葡萄乾。然後將這種葡萄乾採收釀酒，就可釀造出上等甜葡萄酒，所以特稱這種葡萄灰黴病為富貴腐爛病（noble rot），且將這種利用罹病的葡萄乾所釀成的酒特別稱為「灰黴菌葡萄酒」（Botrytized wine）（http://www.portaljuice. com/noble_rot.html）。這種酒因具有特殊風味，其市場價格遠比普通葡萄酒昂貴。顯然從成串果腐或酸腐（bunch rot or sour rot）角度，判定葡萄灰黴病應

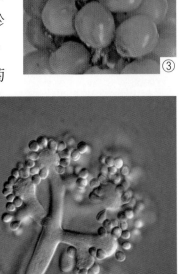

③ 葡萄灰黴病使葡萄成串腐爛 (bunch rot)。
④ 葡萄灰黴病菌產生大量分生孢子。

歸屬於「純病害」；然而若從富貴腐爛病（noble rot）的角度來看，它卻似乎屬於「實用病害」。由於葡萄灰黴病帶來商機，迄今已有業者在研究室內以人工接種技術來生產「灰黴菌葡萄酒」（Botrytized wine）。

範例 2：臺灣相思樹靈芝根基腐病（Root rot of Taiwan acacia）

相思樹根基腐病是由靈芝菌（*Ganoderm alucidium*）寄生所引起（應之璘等，1976）。該病原菌寄生於相思樹根部，使樹勢生長衰弱以致整株枯死（圖5）。受害植株根部往往會長出子實體（fruiting body）（圖6），這些子實體長大以後稱為靈芝（圖7）。從樹木病害的角度觀之，相思樹根基腐病是屬於「純病害」；但是病株所長出來的靈芝卻被當作高貴中藥材。若從醫藥用途來看，此病似乎又可歸為「實用病害」了。雖然目前靈芝已可以用人工栽培（圖7），但早期採集的靈芝卻需從自然得病的樹木根部土壤才可以找到。

範例 3：玉米黑穗病（Corn smut）

玉米黑穗病是由真菌 Ustilago maydis 所引起的。此病原菌雖然可以侵害玉米植株各部位，一般大多於開花結穗期間侵害玉米穗上的子房（ovaries），並以其所產生的生長激素刺激細胞分裂增生（hyperplasia）和細胞肥大（hypertrophy），致使受害的玉米穗上形成灰白色大腫瘤（tumor）（圖8），並在腫瘤內產生大量黑色的多孢子（teliospores）。在美國、加拿大和其他很多國家都把玉米黑穗病當作「純病害」。因為玉米粒是人、畜的主要糧食，如果受黑穗病危害，就會導致玉米減產。所以一般農民都要施以化學藥劑，杜絕本病在玉米田發生。

雖然在北美洲（美國和加拿大）都把玉米黑穗病當作「純病害」，但在墨西哥和其他中南美洲國家，卻有人把玉米黑穗病的腫瘤當作美食（delicacy）。因此在墨西哥玉米黑穗病又叫做墨西哥松露（Mexican truffle）、Cuitlacoche 或 Huitlacoche（http:// en.wikipedia.org/wiki/Huitlacoche）。目前在墨西哥和中南美洲很多市場或雜貨店都可以買到新鮮、製罐或者冷凍的玉米黑穗病食材。這些食材都是在黑穗病菌尚未產生多孢子之前採收，取食後略帶有清甜和煙燻的味道（smoky

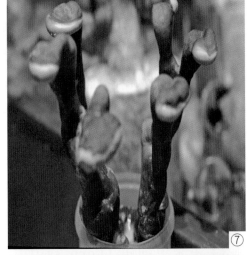

⑤ 相思樹靈芝根基腐病使受害植株莖葉
枯死。

⑥ 相思樹遭受靈芝菌危害後，於根部長
出的子實體。

⑦ 靈芝菌子實體發育完成之全貌，本圖
攝自人工栽培之靈芝。

⑧ 玉米黑穗病之病徵。病穗上黑色腫瘤
已破裂，並散放出黑色冬孢子。

flavor），因此玉米黑穗病在美加地區歸屬於「純病害」，但對於墨西哥人來說卻是一種「實用病害」。

「實用病害」範例

在植物病害中，真正屬於「實用病害」的例子並不多。最明顯的一個例子就是臺灣常見的茭白黑穗病（Smut of zizania）。茭白（*Zizania latifolia*）原產於東亞地區，是一種多年生的水生植物（圖 9）（Terrell and Batra, 1982）。它的普通名有菰、菰筍、茭筍（廖君達等，2002）、茭白筍、水筍（Yang and Leu, 1978）、滿洲野生稻（Manchurian wild rice）、亞洲野生稻（Asian wild rice），或「zizania」（Terrell and Batra, 1982）等多種不同稱呼，與北美洲的野生稻（*Zizania palustris*）是同屬而不同種。此植物於二十世紀初隨著木材運輸船無意中引進紐西蘭，在該國變為重要的入侵植物（invasive plant）。它不但侵占農田，且堵塞輸水道和影響植物生態系，一旦入侵就不容易防除（http://www.issg.org/database/species/ecology.asp?si=886&fr=1&sts=）。然而在有些國家，茭白整株卻都是寶物。例如種子可以食用或製作糕餅，幼嫩花序可以作為蔬菜，幼莖可以生吃或熟食，葉片可以織蓆。除此之外，此植物也可以作為中草藥。例如它的種子、根、莖等有利尿（diuretic）和解熱（febrifuge）的功效。而葉片可作為補劑（tonic）（http://www. issq.org/database/species/ecology.asp?si=886&fr=1&sts=）。

茭白在臺灣是專用來生產茭白筍的一種重要經濟作物（圖 9, 10），它主要產地是在南投縣埔里地區（廖君達等，2002）。茭白筍是由於植株受黑穗病菌（*Ustilago esculenta*）侵害所引起的。病原菌入侵植株後，自寄主體內產生生長激素以刺激莖部組織細胞的增生（hyperplasia）和細胞的肥大（hypertrophy），並在離地大約 10.15 公分處形成紡錘形腫瘤（圖 11d），且於莖部頂端呈現彎曲萎縮（圖 11b, c），以至於失去開花、結子的能力。切開幼嫩茭白筍，裡面呈白色（圖 11d），是作為食用的最佳時期。老化的茭白筍內部出現黑色斑點（圖 11b, c），這些黑色斑點就是本病原菌的多孢子堆，內藏有很多多孢子（teliospores）（圖 12）。這種內部組織變黑色的茭白筍就不適合作為食用蔬菜。由於黑穗病菌與茭白

⑨ 茭白在田間生長的情形（本圖由臺中區
農業改良場廖君達先生提供）。
⑩ 茭白筍採收後成包銷售的情形。
⑪ 茭白黑穗病的病徵。健康的茭白植株莖
部中空有節（圖a），受黑穗病菌侵染植
物莖部膨大呈紡錘形，而頂部莖節呈萎
縮彎曲的現象（圖b-d）。幼嫩的茭白筍
內部組織為白色（圖d），而老化的茭白
筍內部出現黑色斑點，即為病原菌的冬
孢子堆（圖b-c）（本圖由臺中區農業改
良場廖君達先生提供）。

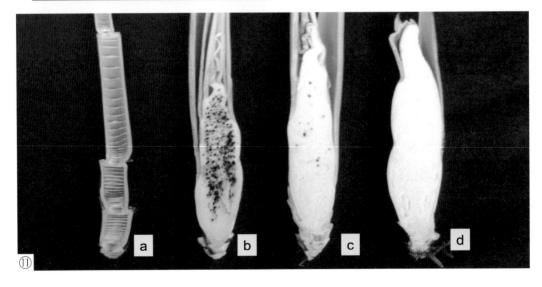

是一種共生關係（symbiotic relationship），因此該病原菌侵入茭白時，並不會把植株殺死。設若茭白沒有黑穗病菌的侵入，就不會產生「茭白筍」，所以我們稱茭白黑穗病是一種真正的「實用病害」。

結語和省思

　　一般人都認為植物和人一樣都會生病，一旦有病就要求醫治療。可是從本文所列舉的植物病害例子，我們可以看出有些病害如桃果實褐腐病和向日葵萎凋病是屬於有害無益的「純病害」，有些病害如茭白黑穗病則是有益無害的「實用病害」，又有些病害如葡萄灰黴病，相思樹靈芝根基腐病，和玉米黑穗病等，對人類即是有害又是有益。因此屬於「純病害」的植物病害應該防除，而屬於「實用病害」的植物病害則非但不應防除而且必須加以保護。至於那些好壞兼具的植物病害之管理要領則見仁見智，因地而異。例如玉米黑穗病在美國和加拿大的農民都把它視為重要病害，必須加以防除，但是墨西哥人把玉米黑穗病當做美食，非但沒有將病株拔除，而且還希望大量採收罹病穗，當做食品在市場銷售呢！墨西哥人還學會在玉米

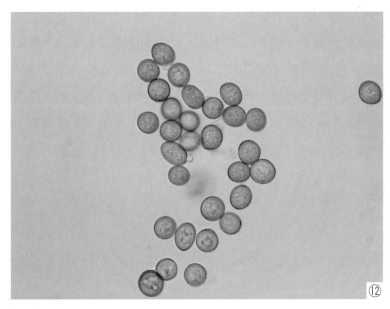

⑫ 茭白黑穗病菌產生的冬孢子（又稱厚膜孢子）。

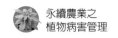

栽培期間，將莖基部割傷使黑穗病菌藉著流水，經傷口進入玉米莖部，並蔓延到全株。用這種接種方法可採收更多玉米黑穗病穗（Mexican truffle）充當美食（http://en.wikipedia. org/wiki/Huitlacoche）。據報導在美國有些農民還倡議栽培玉米來大量生產黑穗病穗，因為病穗的價格遠超出玉米本身的價值（http://www.mycoweb.com/recipes/mn_mar92.html）。

從茭白與茭白黑穗病的討論中也出現幾點有趣的現象。茭白這一植物在紐西蘭被視為可怕的入侵物種（invasive species），而且往往採用除草劑進行防除。但是在中國和臺灣等地卻把茭白當作重要經濟作物，生產茭白筍作為蔬菜。又茭白一旦遭受黑穗病菌侵入，就不會開花結子，這對依賴茭白種子作為糧食的人，黑穗病菌又是一種應該加以防除的「純病害」了。顯然地，我們無法把地球上的每一物種（植物或微生物）用簡單的「有益或有害」二分法，來區別它的善與惡及有用或無用。就如俗語所說：「同一種植物，一個人可能把它當作無用的雜草，但是另一個人可能把它當作喜愛的美食」；同樣的，「今日的植物病原菌，可能是明日的有用資材」！

由本文提供的植物病害範例，希望能增進我們對「純病害」與「實用病害」的認知。同時也希望這些病害的討論能夠進一步啟發和開導我們的研究思路。就以抗病育種為例，從事桃果實褐腐病和向日葵萎凋病之研究，我們都希望找到抗病性強的品種以增加產量，但是研究茭白黑穗病，我們則希望找到感病性強的品種。假如我們選育出來的茭白都是抗黑穗病的品種，則這些品種在田間都不會感染黑穗病，這樣一來我們就沒有「茭白筍」可以吃了！顯然，植物病害、病原菌與人類三者間的關係確實頗為複雜，因此，從事植物病害的研究者必須深入了解每一種病害的本質與特性，才能夠研發出有用而且創新的病害管理技術。

謝啟

本章第 9 和第 11 兩張茭白筍圖片，由臺中區農業改良場廖君達先生提供，謹致謝忱。

參考文獻

1. 廖君達、林金樹、陳慶忠 (2002)。臺灣茭白筍病蟲害種類及發生消長調查。臺中區農業改良場研究彙報，75:59-72。

2. 應之麟等 (1976)，相思樹靈芝根基腐病。中華林學季刊，9（3）：17。

3. Dorrell, D. G., and Huang, H. C. (1978). Influence of Sclerotinia wilt on seed yield and quality of sunflower wilted at different stages of development. *Crop Science,* 8:974-976.

4. Huang, H. C., and Dueck, J. (1980). Wilt of sunflower from infection by mycelial germinating sclerotia of *Sclerotinia sclerotiorum. Canadian Journal of Plant Pathology,* 2:47-52.

5. Terrell, E. E., and Batra, L. R. (1982). *Zizania latifolia* and *Ustilago esculenta,* a grass-fungus association. *Economic Botany,* 36:274-285.

6. Yang, H. C., and Leu, L. S. 1978. Formation and histopathology of galls induced by *Ustilago esculenta* in *Zizani alatifolia. Phytopathology,* 68:1572-1576.

7. hhtp://www.pportaljuice.com/noble_rot.html Noble rot.（Accessed 11/29/2005）

8. hhtp://en.wikipedia.org/wiki/Huitlacoche Corn smut.（Accessed 12/20/2005）

9. hhtp://www.issg.org/database/species/ecology.asp?si=866&fr=1 &sts=Zizania latifolia（grass）（Accessed 12/20/2005）

10. hhtp://www.mykoweb.com/recipes/mn_mar92.html Can you say Huitlacoche?（Accessed 12/20/2005）

CHAPTER 19

植物病原菌與人畜安全

植物病原菌如真菌、細菌等除了危害作物造成產量與品質的損失之外，有些尚且會產生對人畜有害的物質。這些有毒物質往往隨著收穫的農產品進入食物鏈而造成人畜中毒的現象。在世界各地的作物栽培田，麥角病菌和菌核病菌都是危害多種重要經濟作物的植物病原菌，它們會在罹病植株上產生肉眼易見的黑色菌核。因此，我們特別選擇這兩個病原菌作為案例，比較說明它們的菌核對人畜健康的影響，期有助於讀者了解取食乾淨與無病菌汙染之蔬菜、水果和米麵的重要性。

引言

　　田間或溫室栽培農作物時，植物病害往往會造成農作物產量與品質的損失。此外，有些病原菌還會潛藏於收穫的農產品中，引起貯藏期病害（storage disease）或市場銷售期病害（market disease）。例如菌核病菌（*Sclerotinia sclerotiorum*）在田間危害胡蘿蔔（圖2）、芹菜（圖3）、菜豆（圖6）、豌豆（圖7）、綠豆（圖8）、向日葵（圖10）等400餘種植物。它在病株上產生的菌核，往往會夾雜於採收的蔬菜（圖2）和種子（圖8）中，並出現於銷售市場的農產品上。同樣地，麥角病菌（*Claviceps purpurea*）也會在受害的大麥（圖1）、小麥或裸麥等作物的穗上產生菌核，並混雜在收穫的麥粒中。因此，這兩個病原菌的菌核都有機會進入人畜的食物鏈（food chain）。

　　大多數的植物病原菌為了生存上的需要，因而產生各種代謝物質如抗生素（antibiotics）、真菌毒素（mycotoxins）等，以提高其對周遭微生物的抵抗性。這些代謝物質很多是對人畜有益。例如西元1926年，Alexander Flemming從真菌 Penicillium notatum 中發現盤尼西林（penicillin）抗生素，救治了許多人類與動物的疾病。然而有些微生物的代謝物質對人畜卻具有強烈毒性，例如麥角鹼（ergot alkaloids）會引起人畜中毒，並影響健康。

　　由於菌核病菌和麥角病菌都是非常重要的植物病原真菌，而且兩者都會產生黑色菌核（圖1, 9）夾雜於農產品中，因此本文特別以這兩個病原菌為例，詳細說明它們進入人畜食物鏈的可能性，以及對人畜健康的影響。希望藉此導引讀者認識作物病原菌除了會造成作物產量與品質損失之外，有些還有引起人畜中毒的可能性。

麥角病菌〔*Claviceps purpurea*（Fr.）Tulasne〕

　　麥角病菌是一種真菌，它能夠寄生在小麥、大麥、裸麥、燕麥以及多種禾本科雜草上，造成危害，其中尤其以裸麥（rye）最為感病，受害最為嚴重。通常在寄主植物開花期間，此病原真菌的菌核會發芽產生子囊孢子（ascospores），藉空氣傳播到麥穗上，並發芽侵入花器，以致在每一麥穗上產生一至數粒黑紫色的菌核

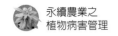

（sclerotia），由於它們的形狀多為長條形且往往是角狀彎曲，故稱麥角（ergot）（圖1）。麥角顆粒的大小，常依寄主植物而異，例如在裸麥穗上形成的麥角長度約 1~3 公分。在受害植物上形成的麥角，大部分多會掉落在田間地上越冬，待翌年才分化產生子囊孢子，再繼續危害新栽培的作物和田埂四周的寄主雜草，但是仍有一小部分的菌核隨著麥類的採收而摻雜於麥粒中。這種摻雜麥角的穀粒，若被人畜取食後，往往會發生嚴重的食物中毒現象。顯然麥角病菌不但侵害麥類造成作物減產，而且也是一種可經由食物傳播而危害人畜安全的病原菌（foodborne pathogen）。

　　麥角病菌的麥角含有多種麥角鹼（ergot alkaloids），其中已知的有麥角胺（ergotamine）、麥角異胺（ergotaminine）、麥角醇（ergosterol）、麥角毒鹼（ergotoxin）、麥角異鹼（ergostine）、麥角克鹼（ergocristine）、麥角司臺森（ergostetrine）和 alkaloid ergine（d-lysergic acid amide）（簡稱為 LSD 等）。這些麥角鹼化合物當中，有些對人畜具有強烈毒性，如果取食後出現中毒現象者，即稱為麥角中毒症（ergotism）。一般麥角中毒徵狀包括壞疽性中毒（gangrenous ergotism）和神經痙攣性中毒（convulsive ergotism）兩種。壞疽性中毒的動物會因為血流通暢性受阻，致使全身燥熱（burning sensation）和組織壞疽引起足蹄、耳朵、

▌　① 大麥麥角病菌在麥穗上長出黑色、長角形的菌核。

尾尖脫落等現象。痙攣性中毒的動物因為神經中毒致使全身出現發抖、頸部歪扭和精神恍惚（hallucination）等徵狀。

麥角中毒症（ergotism）可能是人類最早發現真菌毒素中毒現象（mycotoxicosis）的一種疾病。據文獻記載在西元前 600 年（600B.C. 即中國周朝的春秋時代），在中東亞述帝國（Assyrian Empire）的人民早就知道把採自裸麥穗上的麥角投入敵人的水井中，用以毒殺敵人（http://www.bioterry.com/HistoryBioTerr. html）。直到西元 857 年（857A.D. 即中國唐朝時代）在歐洲萊茵河流域（Rhine Valley）首次爆發大量壞疽性麥角中毒（gangrenous ergotism），當時人們把這種病稱為「聖火」（Holy Fire），因為他們認為這是一種上帝懲罰人類的疾病，所以患者會有燥熱的感覺（burning sensation）。顯然那時人們雖已經了解麥角中毒的病徵，但是卻還不了解真正的病因（http://www. botany.hawaii.edu/faculty/wong/bot135/lect12.htm）。直到西元 1039 年，法國地區又爆發麥角中毒症。當時有一位名叫 Gaston de la Valloire 的人為了紀念聖安東尼（St. Anthony），因而興建了一座聖安東尼醫院，專門用來收容麥角中毒症的患者，是故麥角中毒症又稱做「聖安東尼之火」（St. Anthony's Fire）。隨後僧侶們又擴建 370 所聖安東尼醫院用來收容患者，並於醫院漆上紅色標記，以讓不識字的人辨認這種建築是專門用來幫助人們減輕遭受麥角中毒之苦的處所。當時到聖安東尼醫院求治的人，都有減輕麥角中毒病情的現象。文獻推測這種成效的主因可能在於患者在醫院治療期間，都食用無麥角菌汙染的麵包所致（http://www.botany.hawaii.edu/faculty/wong/bot135/ lect12.htm）。

自西元 900 年至 1300 年間，在法國和德國地區經常發生麥角中毒症。尤其是法國地區因為氣候涼冷潮溼，適合裸麥麥角病的發生；此外，當時窮人多以裸麥為生，故常有中毒的現象，因此直到西元 944 年，法國南部就有四萬人因麥角中毒而死亡（http://www.botany.hawaii.edu/faculty/wong/bot135/lect12. htm）。西元 1670 年法國有一位醫師 Dr. Thuiller 證實麥角中毒症不是一種傳染病；而是人們誤食受麥角菌汙染的麵包所引起。到西元 1853 年一位著名的真菌學家 Louise Tulasne 才發表麥角病菌的生活史，並將該菌訂名為 *Claviceps purpurea*（Fr.）Tulasne。顯然麥角中毒症大多在中世紀（Middle Ages）流行。在二十世紀，人們已開始重視收穫穀物的處理，因此，麥角中毒的現象已經顯著減少；但是在落後地區卻仍經常有麥角

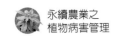
中毒的報導，其主要乃導因於他們對於穀物的品質管理尚不完善所致。

雖然前述麥角中所含的許多麥角鹼對人畜有毒，可是很多研究報告卻也發現有些麥角鹼純化物質具有藥用價值（Thompson, 1935; Dudley and Moir, 1935）。例如中世紀（Middle Ages）在中國和歐洲，替人接生的產婆就常用少量麥角來促進產婦生產。此外，十九世紀末有美國和德國人使用麥角浸出液治療偏頭疼（migraine headaches）（Wiese, 1991; Siberstein, 1997）。這種麥角的藥用價值引起人們的關注，在地中海地區，甚至有許多農民還特別栽種裸麥來採收麥角，並高價賣給藥商（Dickson, 1947）。

菌核病菌〔*Sclerotinia sclerotiorum*（Lib.）de Bary〕

菌核病菌是一種真菌，它能夠危害 400 多種不同植物（Boland and Hall, 1994）。菌核病菌與麥角菌都是屬於子囊菌，但是兩者的寄主種類卻有很大差異。麥角病菌大多危害禾本科單子葉植物如麥類或禾本科雜草，而菌核病菌則多危害雙子葉植物，其中包括很多重要經濟作物，如胡蘿蔔（圖 2）、芹菜（圖 3）、萵苣（圖 4, 5）、菜豆（圖 6）、豌豆（圖 7）、綠豆（圖 8）、向日葵（圖 10）、大豆、油菜、番茄等（Purdy, 1979）。菌核病菌也會在受害植株上產生很多黑色菌核（圖 2, 6, 8, 9, 10），其形狀大小依作物種類與受害部位而異。例如在綠豆莖桿內的菌核大多成長條狀（圖 9），而在菜豆果莢內的菌核則多呈鐮刀形（圖 6）。菌核的長度大小不一，其中小的約數毫米（mm），而大的可達 10 公分（cm）以上。這些菌核於作物採收時期大部分會掉落在田間越冬，但是有小部分的菌核可能會混雜在所收穫的農產品當中，如果沒有將它們去除乾淨，往往會造成嚴重的貯藏期病害（storage disease）或市場銷售期病害（market disease）。

菌核病菌的菌核混雜於採收的蔬菜如胡蘿蔔（圖 2）、菜豆（圖 6），或其他農作物如綠豆（圖 8,9）、向日葵（圖 10）等，如果人畜取食後，是否會像麥角那樣引起嚴重的食物中毒現象呢？這一方面的研究報告不多，有些人認為菌核病菌的菌核對人畜是無毒害的（Grau, 2002）。例如早期有人將羊群放飼於萵苣田間，用以清除該田的罹病萵苣。結果發現羊隻吃了有菌核病的植株，並沒有出現任何異樣

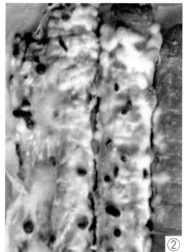

②   ④

③   ⑤

② 胡蘿蔔菌核病在腐爛的塊根長出黑色菌核。

③ 芹菜菌核病引起葉柄腐爛。

④ 萵苣菌核病引起植株萎凋、腐爛。

⑤ 西元 1980 年在美國加州 Salinas 地區的一塊萵苣田，有些植株受菌核病菌危害造成植株萎凋或枯死 (箭頭)。

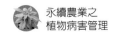

的疾病，因此認爲菌核病對動物無害（Brown, 1937）。後來在加拿大有人將採自向日葵爛頭病的菌核（圖10）磨碎混合於飼料中，飼餵懷孕的老鼠22天之後，將老鼠解剖，結果發現取食菌核的老鼠，其胎兒重量並沒有受到影響，只是在飼料中添加多量菌核（4%到8%），會使母鼠因厭食而減輕體重（Ruddick and Harwig, 1975）。另外，在加拿大又有人將油菜菌核病菌的菌核磨成粉，加入飼料中餵飼老鼠，經過84天後，檢查發現含有1%菌核的飼料對老鼠生長沒有影響，但是含有5%菌核的飼料，一半以上的老鼠多因不喜歡取食這種飼料，而導致生長不良、體重出現減輕的現象（Morrall et al., 1978）。同時他們也發現取食添加菌核的飼料，對老鼠的血尿蛋白（blood urea nitrogen）和血糖（blood glucose）的含量並沒有影響，尚且每隻老鼠的肝臟或腎臟與身體重量之百分比也沒有受到影響。在美國也有人將採自大豆菌核病的菌核用有機溶劑萃取，然後將萃取液注射到老鼠和雞胚胎中，結果並未發現老鼠和雞胚胎出現中毒的現象（Ciegler et al., 1978）。從上列這幾篇報告可以看出菌核病菌的菌核不論是來自向日葵、油菜或大豆，對動物都沒有什麼毒性。因此推測如果人類誤食受菌核病菌之菌核汙染的食物，其中毒的可能性也不大。

雖然前面提到菌核病菌的菌核對動物沒有什麼毒害，但是它的菌絲卻會危害芹菜（*Apium graveolens* L.）而產生芹菜粉紅腐爛病（pink rot of celery）（圖3）。有些報告指出如果工人採收芹菜時，他們的手碰觸芹菜病株汁液加上陽光的刺激，往往引起手上皮膚泡疹症狀（photodematitis）（Birmingham et al., 1961; Perone et al., 1964; Austod and Kavli, 1983）。後來研究發現健康的芹菜含有 5-methoxypsoralen，而有病的芹菜植株則含有 8-methoxypsoralen（又稱Xanthotoxin）和 4,5,8-trimethylpsoralen（Scheel et al., 1963; Wu et al., 1972; Pathak, 1974）。因此他們斷定芹菜病株經過光照反應而產生 Xanthotoxin 等有毒物質，是引起皮膚炎的主要原因（Floss et al., 1969; Pathak, 1974）。因爲芹菜粉紅腐爛病很容易於採收期間從田間引進室內，而變成一種貯藏期病害。爲了避免市場搬運工人因爲接觸病株而引起皮膚病，最好將芹菜貯藏於低溫（4℃）環境下，而且要在二到三週內將產品出售完畢，以避免因高溫貯藏，或貯藏期過長而造成更多芹菜腐爛，增加搬運工人的接觸和染病機會（Chaudhary et al., 1985）。這種因接觸芹菜

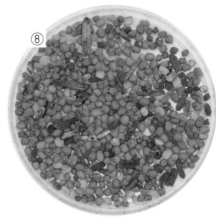

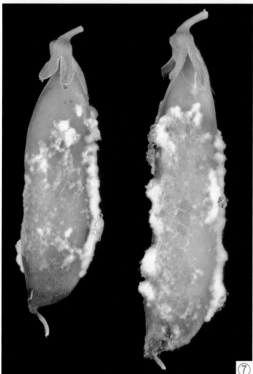

⑥ 菜豆菌核病造成果莢腐爛和產生鐮刀狀的菌核（圖左）。

⑦ 豌豆菌核病引起果莢腐爛。

⑧ 從病田採集的綠豆種子夾雜菌核病菌的菌核。

⑨ 綠豆菌核病的菌核。

⑩ 向日葵菌核病在腐爛的頭部組織中產生大小不一的菌核。

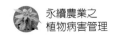

病株而引起皮膚病的現象，到目前為止仍然未在其他作物發生。其可能原因在於 Xanthotoxin 使人體受害的植物毒素（phytoalexin）只發生在芹菜屬（Apium spp.）之類的特定作物上，這一方面值得大家進一步去深入研究。

結語和省思

　　從本文所列舉的麥角病菌（*Claviceps purpurea*）和菌核病菌（*Sclerotinia sclerotiorum*）這兩個例子，我們可以看出它們兩者之間有很多相同之處，例如兩者都是子囊菌，會在田間危害多種農作物，並造成重大經濟損失；會在寄主植物上長出黑色大粒菌核，以及菌核會夾雜於收穫的農產品中，進入人畜的食物鏈。此外，這兩個病原菌也有許多不相同的地方，例如麥角菌主要危害禾本作物如麥類和禾本科雜草，菌核病菌則大多危害雙子葉蔬菜、水果等。另外兩者最大的不同處就是麥角菌的菌核對人畜具有強烈毒性，而菌核病菌的菌核到目前為止仍然沒有發現造成人或動物中毒的現象。雖然有幾篇報告指出受菌核病菌菌絲侵害的芹菜，使採收工人因接觸這種腐爛的芹菜組織而引起手、肘皮膚炎（photodermatitis）（Birmingham et al., 1961）。這是芹菜中的特殊成分與菌核病菌相互作用而產生對人體皮膚有害的過敏毒素（phytoalexin）。它僅僅是一個特例，不代表所有受菌核病菌侵害的病組織對人體皮膚都有毒性。由此可見在所有植物病原菌當中，不論是真菌或細菌，有些是對人畜有毒，但也有很多是對人畜無害的。所以從事植物病害研究的人員，除了努力研究病害防治的方法以減少作物損失之外，也得重視病原菌（或非病原菌）隨著農產品進入人畜食物鏈的可能性與安全性。

　　為了減少有害的微生物經由農產品進入人畜食物鏈中，我們建議農民、農產品銷售者和社會大眾要注意下列事項：

　　1. 注意田間衛生：例如筆者於西元 1980 年在美國加州 Salinas 附近的蔬菜產區，看到一塊萵苣田裡有很多植株因為菌核病而萎凋腐爛、枯死（圖 4, 5）。如果將這些腐爛蔬菜收集、燒毀，就會減少菌核病菌在田間殘存的機會，並減少該菌對新種植蔬菜的威脅。

2. 避免作物在接近採收期間使用新鮮糞肥（**manure**）：因為未經腐熟的糞便往往會攜帶一些對人畜有害的病原菌。例如具有強毒性的大腸桿菌（Escherichia coli O157:H7）有可能經由汙染的生菜再進入人畜體內（FDA, 2001; Liao et al., 2003）。

3. 農作物採收時要盡量避免受到機械傷害：因為病原菌很容易經由農產品的傷口侵入，造成貯藏期病害。

4. 注意清除農產品夾帶的病根、病葉或病果等：同時在農產品加工過程也要盡量去除這些夾帶的病組織或病原菌（例如菌核）等。

5. 注意農田採收和農產品加工人員的衛生管理。

6. 注意農產品包裝或運銷器具的清潔處理：例如器具消毒或避免使用病原菌汙染的器具等。

7. 一般消費者在購買生食的蔬菜或水果時，要注意選擇健康無病的產品，以免中毒。

本文主要的目的在於討論食物傳播病害（foodborne diseases），藉以讓讀者了解「病從口入」的真諦。例如在中世紀時期的歐洲就有很多人因為取食受麥角病菌菌核汙染的麵包，因而感染麥角中毒症（ergotism）中毒致死。直到二十世紀在歐洲、俄羅斯、印度等地區仍有麥角中毒症發生的案例。這種疾病通常都發生在比較貧窮的家庭，因為他們吃不起乾淨、高品質的麵包。目前很多先進國家所種的麥子雖然仍有可能遭受麥角病菌的危害，但是人畜得麥角中毒症的案例卻很少，主要是因為這些國家都有完善的農產品品質管理制度，以確保食物對人畜的安全性。目前很多人認為生吃新鮮蔬菜水果有益身體健康，可是在「嘗鮮」的時候千萬不要忽略這些蔬果是否乾淨和有無夾帶有毒微生物等，以免遭受「病從口入」的痛苦。

這一篇文章我們特別拿麥角病菌來深入討論，主要原因是它早在兩千六百年前（即 600 B.C.）就已經被人類發現此一真菌菌核（即麥角）的毒性，並學會將它投入敵人的井水中，以毒殺敵人，這極可能就是人類發動生物戰爭（biological warfare）的首例。因為過去兩千六百多年來，人類屢遭麥角中毒的痛苦而激發研究麥角（ergot）毒性的動機。尤其這些相關問題促使人類研究發現麥角含有很多種麥角鹼（ergot alkaloids），可以用來當作藥物如治療偏頭痛、孕婦催生劑以及 LSD

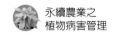
之類的迷幻藥物（hallucination drug）等。歸言之，因為麥角菌可以危害麥類作物，因而農民對它恨之入骨；一般百姓和動物因它的毒性而深受其害；然而醫生們卻又把它的菌核當作寶貝藥品，用以醫治人畜疾病。早期文獻記載，在地中海地區甚至有農民發現麥角有利可圖，乃執意栽培裸麥用以採收麥角，充當作商品出售以增加收益（Dickson, 1947）。除了從麥角萃取自然麥角鹼之外，目前已經有採用人工合成的麥角鹼作為醫療藥物。這一種科學的進展確是麥角病菌的恩賜。由以上這些麥角病菌的故事，使我們體悟到「天生萬物必有用」的道理。自然界中每一個微生物的「好」與「壞」，全看我們如何去看待它了。若與可怕的麥角病菌之菌核相比，菌核病菌的菌核對人畜的安全性高，即使誤食少量也不會造成嚴重的中毒現象。雖然了解菌核病菌菌核對人畜安全問題相當地重要，但若我們能夠再進一步去了解這種菌核的化學成分如 β-glucan（Saito, 1974）等是否具有醫藥或工業用途。也許有一天我們可以把發酵槽當作農場，進而在室內大量生產菌核，從中萃取有用的物質呢！這些相關問題均值得研究人員省思。

參考文獻

1. Austad, J., and Kavli, G. (1983). Phototoxic dermatitis caused by celery infected by *Sclerotinia sclerotiorum. Contact Dermatitis,* 9:448-451.

2. Birmingham, D. J., Key, M. M., Tubich, G. E., and Perone, V. B. (1961). Phototoxic bullae among celery harvesters. *Archives of Dermatology,* 83:73.

3. Boland,G. J. and Hall, R. (1994). Index of plant hosts of *Sclerotinia sclerotiorum. Canadian Journal of Plant Pathology,* 16:93-108.

4. Brown, J. G. (1937). Relation of livestock to the control of sclerotinosis of lettuce. *Phytopathology,* 27:1045.

5. Chaudhary, S. K., Ceska, O., Warrington, P. J., and Ashwood-Smith, M. J. (1985). Increased furocoumarin content of celery during storage. *Journal of Agricultural and Food Chemistry,* 33:1153-1157.

6. Ciegler, A., Burbridge, K. A., Ciegler, J., and Hesseltine, C. W. (1978). Evaluation of *Sclerotinia sclerotiorum* as a potential mycotoxin producer on soybeans. *Applied and Environmental Microbiology,* 36:533-535.

7. Dickson, J. G. (1947). Diseases of Field Crops.（First ed.）. McGraw-Hill Book Company, Inc., New York. 429 pp.

8. Dudley, H. W., and Moir, C. (1935). The substance responsible for the traditional clinical effect of ergot. *British Medical Journal,* 3871:520-523.

9. Floss, H. G., Guenther, H., and Hadwiger, L.A. (1969). Biosynthesis of furanocoumarins in diseased celery. *Phytochemistry,* 8:585-588.

10. Food and Drug Administration（FDA）, USA. (2001). Analysis and evaluation of preventive control measures for control and reduction/elimination of microbial hazards on fresh and fresh-cut produce. <hhttp://www.cfsan.fda.gov/~comm/ift3-1. html>. Accessed 1/15/2002

11. Grau, C. R. (2002). Sclerotinia Stem Rot. Page 14 in: Proceedings of Soybean Pest Management Strategic Plan, November 7 & 8, 2002, St. Louis, Missouri.

12. Liao, C. H., McEvoy, J. L., and Smith, J. L. (2003). Control of bacterial soft rot and foodborne human pathogens on fresh fruits and vegetables. Pages 165-193 in: Advances in Plant Disease Management. H. C. Huang, & S. N. Acharya（eds.）. Research Signpost, Trivandrum, Kerala, India. 429 pp.

13. Morrall, R. A. A., Loew, F. M., and Hayes, M. A. (1978). Subacute toxicological evaluation of sclerotia of *Sclerotinia sclerotiorum inrats. Canadian Journal of Comparative Medicine,* 42:473-477.

14. Pathak, M.A. (1974). Phytophotodermatitis. In: Sunlight and Man ed. Pathak, M.A. et al. University of Tokyo Press. p. 495.

15. Perone, V. B., Scheel, L. D., and Meitus, R. J. (1964). A bioassay for the quantitation of cutaneous reactions associated with pink-rot celery. *Journal of Investigative Dermatology,* 42:267-271.

16. Purdy, L. H. (1979). *Sclerotinia sclerotiorum*: history, diseases and symptomatology, host range, geographic distribution, and impact. *Phytopathology,* 69:875-880.

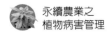
17. Ruddick, J. A. and Harwig, J. (1975). Prenatal effects caused by feeding sclerotia of *Sclerotinia sclerotiorum* to pregnant rats. *Bulletin of Environmental Contamination and Toxicology,* 13:524-526.

18. Saito, I.(1974). Ultrastructual aspects of the maturation of sclerotia of *Sclerotinia sclerotiorum*（Lib.）de Bary. *Transactions of Mycological Society of Japan,* 15:384-400.

19. Scheel, L. D., Perone, V. B., Larkin, R. L., and Kupal, R. E.(1963). The isolation and characterization of two phototoxic furanocoumarins（psoralens） from diseased celery. *Biochemistry,* 2:1127-1131.

20. Silberstein, S. D. (1997). The pharmacology of ergotamine and dihydroergotamine. *Headache,* 37（Suppl. 1）: S15-S25.

21. Thompson, M. A. (1935). The active constituents of ergot: A pharmacological and chemical study. *Journal of the American Pharmacists Association,* 24: 24-38.

22. Wiese, M. V.（ed.）(1991). Compedium of Wheat Diseases. [2nd edition]. St. Paul: APS Press.

23. Wu, C. M., Koehler, P. E., and Ayres, J. C. (1972). Isolation and identification of xanthotoxin（8-methoxypsoralen） and bergapten（5-methoxypsoralen） from celery infected with *Sclerotinia sclerotiorum. Applied Microbiology,* 23:852-856.

24. http://www.botany.hawaii.edu/faculty/wong/ bot135/lect12.htm（Ergot of rye I: Introduction and history）. Accessed 10/29/2005

25. http ://www. bioterry.com /HistoryBioTerr.html（ History of Bioterrorism）. Accessed 10/29/2005

CHAPTER 20

作物病害生物防治之風險評估

自從西元 1930 年代，科學家發明化學合成農藥如 DDT、BHC 等之後，在二十世紀後半葉，幾乎所有的農藥廠商都傾全力開發新興農藥，供作除草、殺蟲與殺菌之用。其中許多農藥如 DDT 殺蟲劑及有機汞殺菌劑都以毒性強，藥效持久和廣效性（即一藥治百病）作為最佳賣點。直到西元 1980 年代，由於環保意識抬頭，人們開始注意到這些劇毒性的農藥，雖然能夠有效地殺死病菌、害蟲或雜草，然而，它們的持久性殘毒不但會傷及其他生物，同時也會造成環境汙染。因此，很多過去認為具有神奇功效的農藥如 DDT、有機汞劑等，迄今都已全面被禁止使用。於是人們開始嘗試尋找其他可替代化學農藥的方法，以防治農作物的病、蟲、雜草，其中生物防治被認為是一種最有潛能的方法。往昔二、三十年來，有關病、蟲、雜草等生物防治的研究報告如雨後春筍，且有些方法也已進一步被開發成為生物防治劑的商業產品。值得注意的是，這些研究大多只注重生物防治製劑對病、蟲或雜草的防治效果，卻往往忽略它們對生態環境可能產生的衝擊。因此，本文列舉數個作物幼苗猝倒病的不同防治方法作為案例，說明這些防治方法間的優缺點，期引導讀者了解運用植物病蟲害的生物防治對策，除了要評估生物防治劑的防治效果之外，也必須探討該製劑對農業生態及人畜安全等可能造成的正、反面影響。

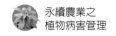
引言

　　植物病、蟲、雜草的防治是農業耕種體系不可或缺的一環。一般在整個農業生態環境中，病、蟲或雜草所占的比例或許不高，但是它們可能對農作物造成的危害與損失卻是很大。因此在作物生長季節，農民都想盡各種辦法防除病、蟲、雜草等，以減輕農作物所遭受的損失。

　　從十九世紀到二十世紀初葉，農民用以防治病、蟲害的藥劑大多歸屬於天然藥劑如毒魚藤、除蟲菊或無機鹽類等，例如西元 1880 年代在法國以硫酸銅與生石灰混合製成波爾多液（Bordeaux Mixture）防治葡萄露菌病等。直到西元 1930 年代有機汞殺菌劑及 DDT 殺蟲劑發明之後，大多數科學家專注於合成農藥（synthetic pesticides）的開發與應用，且不斷推出殺傷力強及持久性長的農藥，藉以提升農業生產。例如西元 1930 年至 1970 年代，採用有機汞劑處理麥類種子，使得麥類黑穗病的危害減輕（Anonymous, 1974）。這種積極推廣化學農藥的趨勢，一直延伸到西元 1980 年代，環保意識抬頭，才逐漸緩和下來。在瑞典曾經發現鳥類取食有機汞劑處理過的種子，因而出現中毒死亡的案例（Kips, 1985）。顯然，從西元 1970 年代起，各國已開始相繼禁止使用有機汞劑，直到目前該類藥劑已遭全面禁止使用，其主要原因在於一旦有機汞劑殘毒進入食物鏈，就會影響人畜安全以及破壞生態環境。

　　現今的農業，由於環保的壓力，使得很多國家都在尋找不用化學農藥的新耕種方法，其中一項就是有機農業。很多人認為生物防治在有機農業生產上，深具應用潛能。由於作物病、蟲、雜草的生物防治都是應用生物相剋的原理，有些生物防治菌或昆蟲不但會控制標的病菌、害蟲或雜草（target pests），尚且會傷及非標的生物（non-target organisms）。像這種生物殺菌劑、殺蟲劑或除草劑對農業生態環境所造成的負面影響，其實與化學農藥殘毒並沒有兩樣。然而目前很多生物防治的研究發展與應用，大多僅注重該生物製劑對病菌、害蟲或雜草的防治效果，卻往往忽略它對環境的風險評估；其中包括對其他動物、植物、微生物等影響，以及對土壤、水質和人畜安全的衝擊等。本文僅以常見的作物幼苗猝倒病（Pythium damping-off）防治為例，說明各種生物防治菌防病的效果以及對農業生態的影響，期有助於開發

和利用優良的生物防治劑產品。

作物幼苗猝倒病生物防治劑之優劣比較

　　世界各國很多農作物的幼苗猝倒病是由腐霉菌（*Pythium*）這一屬的真菌所引起的。在土地狹小的臺灣就有 122 種植物遭受本病原菌危害的報導（Anoymous, 2002）。其中較常見的病原菌種類包括 *Pythium aphanidermatum, P. debaryanum, P. irregulare, P. myriotylum, P. spinosum, P. splendens* 以及 *P. ultimum*。受這種病原菌危害的植物種類當中，很多是重要的經濟作物，包括田間栽種的糧食作物、蔬菜、果樹、花卉及溫室栽培的蔬菜和花卉等，因此本病在世界各地往往會造成重大的經濟損失。在加拿大田間調查報告顯示，幼苗猝倒病使油菜出苗率減低 99%（Harrison, 1989）及使紅花出苗率減低 82%（Howard et al., 1990）；有些溫室蔬菜的出苗減損率高達 95% 到 100%（Paulitz et al., 2002），可見作物幼苗猝倒病只要遇到適當發病環境，就會大量發生，並使農民播種的心血完全白費。

　　在加拿大西部阿爾伯塔省，由於幼苗猝倒病菌危害豌豆、油菜、紅花及甜菜等作物，往往造成重大損失。因此筆者選定這幾種作物來探討幼苗猝倒病的生物防治方法。其中一項是利用全省各地分離、篩選的根圈微生物（rhizobacteria）做拮抗菌，並以種子處理的方法測定這些細菌對幼苗猝倒病的防病效果。這些根圈細菌主要包括根瘤細菌 [（Rhizobium leguminosarum bv. viceae（Bardin et al., 2004）] 和非根瘤細菌如 *Pseudomonas fluorescens, P. putida, Bacillus cereus, Pantoea agglomerans, Erwinia rhapontici* 以及 *E. carotovora* 等（表 20.1）（Liang et al., 1996; Bardin et al., 2003）。這些菌株不但在溫室和培養室環境下，防病效果良好（圖 1~2），而且在自然病田裡的防病效果也很不錯（圖 3~6）。雖然這七種生物防治細菌（表 20.1）對主要標的菌（target organism）（即幼苗猝倒病菌）都具有良好防治效果，但是它們之間對非標的生物（non-target organisms）的影響，卻有很明顯的差異。因此必須進一步進行風險評估（risk assessment），才能確定那一個生物防治菌，在特定的農業生態環境裡最具有實際開發應用的價值。

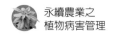
表 20.1　作物幼苗猝倒病（Pythium damping-off）的防治方法及其風險評估與生態良性指
數（eco-friendly index）

幼苗猝倒病防治方法	病害防治效果	風險評估項目	生態良性指數[1]（風險高低）	參考文獻
種子處理固氮細菌 *Rhizobium leguminosarum* bv. *viceae*	良好	★增進植物健康 ★促進植物生長 ★與四類豆科植物共生，提高土壤肥力（氮肥）	＋＋＋（風險最低）	4, 5
種子處理根圈細菌 *Pseudomonas fluorescens*	良好	★增進植物健康 ★促進植物生長	＋＋（風險低）	3, 22
種子處理根圈細菌 *Pseudomonas putida*	良好	★增進植物健康 ★促進植物生長	＋＋（風險低）	3, 22
種子處理根圈細菌 *Bacillus cereus*	良好	★增進植物健康 ★促進植物生長	＋＋（風險低）	3, 22
種子處理根圈細菌 *Pantoea agglomerans*	良好	★增進植物健康 ★促進植物生長	＋＋（風險低）	3, 22
種子處理根圈細菌 *Erwinia rhapontici*	良好	★會引起豌豆、菜豆、扁豆、小麥等作物之粉紅種子病和其他作物根冠腐敗病	＋（風險高）	13,14, 15,17, 18,24, 26
種子處理根圈細菌 *Erwinia carotovora*	良好	★為多種作物（如蔬菜類）之軟腐病原菌	＋（風險高）	6, 22
菜豆連作	極差	★幼苗猝倒病增加，植株生長不良，產量減低	－（風險最高）	16,19, 20
菜豆六年輪作[2]	良好	★菜豆生長健康，產量高 ★根系有益微生物多	＋＋＋（風險最低）	16

[1] 生態良性指數：－，最低（即風險最高）；＋，低；＋＋，高；＋＋＋，最高（即風險最低）。
[2] 六年輪作次序為：馬鈴薯、甜菜、燕麥、菜豆、冬小麥、紅三葉草。

植物病蟲害生物防治風險評估

　　生物防治的風險評估，主要是調查該生物防治劑防治標的病原菌或害蟲的效果外，亦追蹤其對同一生存生態環境中的他類物種是否也會造成直接或間接的不良影響。雖然風險評估的項目往往會因作物種類、栽培環境等有所差異，但一般需注意

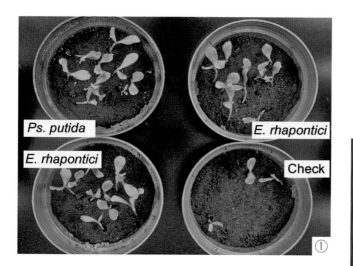

①～② 紅花幼苗猝倒病之生物防治與無處理的對照相較(圖1, 2)。其中用根圈細菌 Erwinia rhapontici (圖1, 2)或 Pseudomonas putida (圖1)處理的種子,出苗率高(圖1)和幼苗生長快(圖2,溫室試驗;每盆播種12粒紅花種子)。

③ 紅花幼苗猝倒病之生物防治 (1997 年自然病土田間試驗)。與對照區相較,經過根圈細菌 Erwinia rhapontici 處理過的種子,出苗率高且生長旺盛。

④ 油菜幼苗猝倒病之生物防治 (1996 年自然病土田間試驗)。與對照區相較 (圖 4a, 4f),其中用根圈細菌 Erwinia rhaponitici (圖 4e),Pseudomonas fluorescens(圖 4b),Pantoea agglomerans (圖 4d),或殺菌劑 Thiram(圖 4c) 處理過的種子,出苗率高且生長旺盛。

⑤～⑥ 豌豆幼苗猝倒病之生物防治 (1997 年自然病土田間試驗)。與對照區相較 (圖 5, 6)，其中
用 *Erwinia rhapontici*(圖 5) 或 *Pseudomonas fluorescens*(圖 6) 處理的種子，出苗率高且生
長旺盛。

的基本要項是該生物防治劑（或生防菌）的防病或防蟲的功效；寄主範圍的廣泛或
狹窄度；傳播途徑和傳播能力；以及對其他非標的物種（non-target species）的直
接或間接影響等。這些評估資料可以用來決定一個特定生物防治劑（或生防菌）的
風險指數（risk index）或生態良性指數（eco-friendly index），然後再以這種指數
之高低來判斷該生物防治劑（或生防菌）的優劣與開發應用的價值。

　　茲以七種不同生物防治細菌做爲種子處理劑和兩種耕作方法用來防治作物幼苗
猝倒病爲例，比較它們之間的防病效果及其生態友好指數的差異（表 20.1）。一般
生態良性指數可分爲下列四個等級：

第一級：生態良性指數最高，風險最低

　　豆科作物根瘤細菌 *Rhizobium leguminosarum* bv. *viceae* 屬於這一級。這一
種根瘤細菌與豌豆屬（Pisum）、扁豆屬（Lens）、蠶豆屬（Vicea）及香豌豆
屬（Lathyrus）等豆科植物共生；它不但具有防治豌豆及甜菜幼苗猝倒病的功效
（Bardin et al., 2004），而且可固定空氣中的氮素，以增加土壤肥力（Brockwell et
al., 1995）。另外它對其他作物生長也沒有不良影響。因此這類固氮細菌的生態良
性指數極高，且使用上的風險極低（表 20.1）。

第二級：生態良性指數高，風險低

很多植物根圈細菌如 *Pseudomonas fluorescens*（圖 4b, 6）、*Pseudomonas putida*（圖 1）、*Pantoea agglomerans*（圖 4d）等屬於這一級。這類細菌在土壤中很容易和幼苗猝倒病菌競爭，進而達到保護種子發芽和幼苗成長的功效（Liang et al., 1996; Bardin et al., 2003）。一般而言這類細菌的生態良性指數高，因此作為生物防治劑的風險也較低（表 20.1）。但是有些醫學報告指出 *P. fluorescens*（Hsueh et al., 1998），*P. putida*（Macfarlane et al., 1991）和 *P. agglomerans*（De Champs et al., 2000）會傷害人體。如果從這一方面考量，這些細菌的生態良性指數就比前面提到的根瘤細菌低一些。

第三級：生態良性指數低，風險高

有些根圈細菌如 *Erwinia rhapontici* 及 *Erwinia carotovara* 等屬於這一級（表 20.1）。它們防治作物幼苗猝倒病雖然有良好效果（Liang et al., 1996; Bardin et al., 2003），但也會危害其他多種作物。例如用 *E. rhapontici* 處理種子雖然可以減輕紅花（圖 1,3）、油菜（圖 4e）、豌豆（圖 5）、甜菜等作物的幼苗猝倒病（Liang et al., 1996: Bardin et al., 2003）和促進紅花（圖 2, 3）、油菜（圖 4e）和豌豆（圖 5）幼苗生長，但是它本身也是一種病原菌，可以造成豌豆（圖 7）（Huanget al., 1990）、菜豆（圖 8）（Huang et al., 2002a）、扁豆（Huang et al., 2003b）、硬粒小麥（圖 9）（McMullen et al., 1984）和普通小麥（Roberts, 1974）等作物的粉紅色種子病害（pink seed disease），以及其他作物的根冠腐爛病（Huang et al., 2003a）。田間試驗證明遭受 *E. rhapontici* 侵害的種子，出苗率明顯降低（Huang and Erickson, 2004）。又如 *Erwinia carotovora* 雖然具有防治幼苗猝倒病的效果（Liang et al., 1996），但它卻是引起多種蔬菜作物軟腐病的病原細菌（Conners, 1967）。所以應用這類細菌作為生物防治劑，對農業生產和農業生態的負面影響，遠超過它們防治某些作物病害的貢獻（表 20.1）。

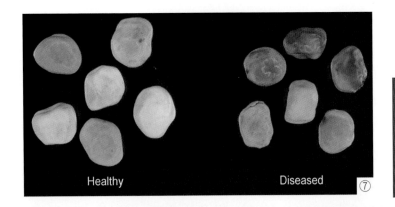

⑦～⑨ 由 *Erwinia rhapontici*
引起豌豆 (圖7)、
菜豆 (圖8) 和硬粒
小麥 (圖9) 的粉紅
種子病。其中受害
種子變小且種皮變
為粉紅色。

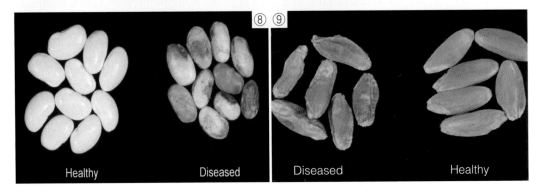

第四級：生態良性指數最低，風險最高

　　這類生物防治劑（菌或昆蟲）是屬於會對環境、生態等造成極大損害者。例如有些由外地引進的生物防治菌或昆蟲天敵，如果沒有經過風險評估就加以應用，往往有可能變成當地農作物的重要新病原菌或新害蟲，結果不但沒有達到防治某一特定病害或特定害蟲的目的，反而對其他農作物或農田微生物造成傷害，且在使用後往往變成一種無法收拾的外來入侵物種（invasive species）。因此，引進外來的微生物或昆蟲來防治本地病害、蟲害或草害（indigenous pests），必須特別小心，尤其事先要了解或評估該生防菌或昆蟲天敵的寄主範圍、生態適應性等，才能決定可否安全引進使用。

　　此外不同的作物栽培方法對病害發生與生態環境也會造成不同的影響。例如在日本北海道研究發現長期連作菜豆會造成菜豆幼苗猝倒病（由 *Pythium* 所引起）

的嚴重發生（Kageyama and Ui, 1982, 1983; Huang et al., 2002b），並導致荣豆植株矮化、下位葉呈現萎黃（圖10）和種子產量遽減（Hua n g et al., 2002b）。相對的，如果荣豆以六年輪作方法（輪作次序為馬鈴薯、甜菜、燕麥、荣豆、冬小麥和紅三葉草）栽培，不但可以減少幼苗猝倒病的發生，並可促使植物生長茂盛（圖11），同時還可以提高產量（Huang et al., 2002b）。這些研究報告說明荣豆連作栽培方法的生態良性指數最低，且破壞生態環境的風險最高（表20.1）。

⑩～⑪ 日本北海道北見農業試驗所的輪作試驗田。圖中顯示菜豆在連作區因為遭受幼苗猝倒病菌的危害，使植株矮化萎黃(圖10)，然而在六年輪作區(圖11)菜豆植株健康，生長茂盛此輪作試驗是從1959年開始；本圖攝於1994年7月17日。

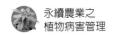
結語和省思

　　目前作物病、蟲、雜草生物防治之所以成爲熱門研究課題，主要是因人類顧慮化學農藥與化學肥料的過度使用，會造成環境汙染以及影響人畜安全等問題。因此，很多國家都競相研發少用化學農藥與善用有機肥料的新農業耕種技術，其中以提倡有機農業最受大眾關注。在這種情形下，生物防治也就很自然地被認爲是有機農業耕種體系中不可或缺的一種重要手段。然而值得我們用心去了解的是：所有生物防治劑的安全性未必均較化學農藥來得優越，例如本文所討論的七種不同根圈細菌當中，雖然對作物幼苗猝倒病都有很好的防治效果（Liang et al., 1996; Bardin et al., 2003, 2004），但是它們之間的優劣性差異卻頗大。有些細菌如根瘤菌（*Rhizobium leguminosarum* bv. *viceae*）不但能防治病害（Bardin et al., 2004），而且還能增加土壤肥力，並促使生態良性發展。相對的，有些細菌如 *E. rhapontici* 雖然能夠有效地防治作物幼苗猝倒病（圖 1, 3, 4e, 5）（Liang et al., 1996; Bardin et al., 2003），但它卻會危害許多種作物如豌豆（圖 7）、菜豆（圖 8）、扁豆及小麥（圖 9）等。因此，我們在研究發展生物防治劑的過程，除了必須注重生物防治之效果評估外，更應該注重研究它對其他物種（動物、植物、微生物）的存活、生態平衡、水土汙染及生物多樣性等方面的影響。這些研究資料可以用來幫助廠商，決定那一種生物防治劑是最具有進一步開發和應用的價值。只可惜目前很多生物防治工作者，大多把研究焦點放在生物防治效果方面，一旦看到某一微生物具有防治病、蟲或雜草的效果，就急於將它大量生產和應用，這種研發態度與手段是相當危險的。其實大家應該知道，若要成功地開發一種新的生物防治劑，其繁雜與困難的程度可能不亞於一種新化學農藥的開發。

　　生物防治菌（或昆蟲）的風險評估應該包括研究該菌（或昆蟲）的寄主專一性（specificity），防病、蟲或雜草的機制（mode of action），及在特定生態環境下之持續性（persistence）與傳播和散布能力（transmission and dispersal capacity）等。這些項目與生物防治劑商品化之間的關係看起來似乎是一刀兩面的對立趨勢，其實一方面我們希望生物防治菌（或昆蟲）的寄主範圍越小、越專一越好，如此才不至於傷及其他非標的物種；可是另一方面，商人們卻又希望他們所生產的生物性農藥

可以「一藥治百病」，才有厚利可圖。此外，我們也希望生物防治菌（或昆蟲）施用一次後，就可在田間自然環境中生長與繁殖，並可達到控制翌年再出現的病、蟲或雜草的效果；然而廠商卻希望，所有生物農藥都像化學農藥一樣，年年必須施用，才是高商業價值的產品。上述諸多利益衝突的現象，可能就是造成現今生物農藥開發應用緩慢的主要原因之一。目前生物農藥開發成功的例子仍然不多，其中用以防治害蟲的 Bt（*Bacillus thuringiensis*）細菌約占所有生物農藥的 90%，主要原因就是在於它的廣效性。據 Glare 和 O'Callaghon（2000）報導，此細菌產生的 Bt- 毒素（Bt-toxin）能夠危害 3,000 種無脊椎動物，其中在某一特定農業生態環境下，它是否對有益生物如蜜蜂、蚯蚓、昆蟲天敵和生物防治菌等有害，確實有必要詳加了解。現今 Bt 之所以能大量商品化應用，主要原因在於許多研究證明它對非標的物種影響不大，安全性高，且對農業生態的破壞性不高（Glare and O'Callaghan, 2003）。顯然，有了健全的風險評估資料，可以提高廠商的信心與開發生物防治產品的意願。

此外，如果一種生物防治菌（或昆蟲）的寄主範圍狹小，應用範圍有限，廠商便會認為無利可圖而不願投資開發。其實評估一個生物防治劑的開發潛能與商品價值，是要從各種不同角度去考量。例如 *Coniothyrium minitans* 是一種超寄生真菌，它只能危害作物菌核病菌（*Sclerotinia sclerotiorum*），不會侵害高等植物。這種寄主專一性對整個農業生態環境而言是很友善的，然而對於廠商來說則可能認為它沒有商品化的價值，因為它只能防治作物菌核病。其實大家都知道菌核病菌可以危害 400 種以上的植物，其中包括多種重要的經濟作物，如油料作物、豆類、蔬菜和花卉等。設若從這一角度來評估，則 *C. minitans* 不但使用上安全（只侵害菌核病菌，不危害高等植物），而且同一種生物防治劑可以應用於多種不同的作物（增加商品價值），這方面倒也值得研究人員和廠商在研發生物防治劑時加以考量。

參考文獻

1. Anonymous. (1974). Pesticides in the modern world. Pages 48-51 in: A Symposium prepared by members of the Cooperative Programme of Agro-Allied Industries with

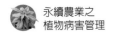
FAO other United Nations Organizations 1972.

2. Anomyous. (2002). List of Plant Diseases in Taiwan, 4th Edition. Taiwan Phytopathological Society, Republic of China. 386 p.

3. Bardin, S. D., Huang, H. C., Liu, L., and Yanke, L. J. (2003). Control, by microbial seed treatment, of damping-off caused by *Pythium* sp. on canola, safflower, dry pea and sugar beet. *Canadian Journal of Plant Pathology,* 25: 268-275.

4. Bardin, S. D., Huang, H. C., Pinto, J., Amundsen, E. J., and Erickson, R. S. (2004). Biological control of Pythium damping-off of pea and sugar beet by *Rhizobium leguminosarum* bv. *viceae. Canadian Journal of Botany,* 82: 291-296.

5. Brockwell, J., Bottomly, P.J., and Thies, J.E. (1995). Manipulation of rhizobia microflora for improving legumes productivity and soil fertility: a critical assessment. *Plant and Soil,* 174: 143-180.

6. Conners, I. L.（compiler）. (1967). An Annotated Index of Plant Diseases in Canada. Canadien Department of Agricuture. Publication No. 1251. Ottawa, Canada. 381 pp.

7. De Champs, C., Le Seaux, S., and Dubost, J. J., (2000). Isolation of Pantoea agglomerans after plant thorn and wood sliver injuries. *Journal of Clinic Microbiology,* 38:460-461.

8. Glare, T. R., and O'Callaghan, M. (2000). *Bacillus thuringiensis*: Biology, Ecology and Safety. John Wiley and Sons, Chichester, UK.

9. Glare, T. R., and O'Callaghan, M. (2003). Environmental impacts of bacterial biopesticides. Pages 119-149 in: Environmental Impacts of Microbial Insecticides: Need and Methods for Risk Assessment. H. M. T. Hokkanen and A. E. Hajek（eds.）. Kluwer Academic Publishers, Boston. 269 pp.

10. Harrison, L. M. (1989). Canola disease survey in the Peace River region in (1988). *Canadian Plant Disease Survey,* 69: 59.

11. Howard, R. J., Moskaluk, E. R., and Sims, S. M. (1990). Survey for seedling blight of saf.ower. *Canadian Plant Disease Survey,* 70: 82.

12. Hsueh, P. R., Teng, L. J., Pan, H. J., Chen, Y. C., Sun, C. C., Ho, S. W., and Luh, K. T. (1998). Outbreak of *Pseudomonas fluorescens* bacteremia among oncology patients. *Journal Clinic Microbiology,* 36:2914-2917.

13. Huang, H. C., and Erickson, R. S. (2004). Impact of pink seed of pea caused by *Erwinia rhapontici.* P*lant Pathology Bulletin,* 13: 177-184.

14. Huang, H. C., Phillippe, L. M., and Phillppe, R. C. (1990). Pink seed of pea; A new disease caused by *Erwinia rhapontici. Canadian Journal of Plant Pathology,* 12: 445-448.

15. Huang, H. C., Erickson, R. S., Yanke, L. J., Mundel, H. H., and Hsieh, T. F. (2002a). First report of pink seed of common bean caused by *Erwinia rhapontici. Plant Disease,* 86: 921.

16. Huang, H. C., Kodama, F., Akashi, K., and Konno, K. (2002b). Impact of crop rotation on soilborne diseases of kidney bean: A case study in northern Japan. *Plant Pathology Bulletin,* 11: 87-96.

17. Huang, H. C., Hsieh, T. F., and Erickson, R. S. (2003a). Biology and epidemiology of *Erwinia rhapontici,* causal agent of pink seed and crown rot of plants. *Plant Pathology Bulletin,* 12: 69-76.

18. Huang, H. C., Erickson, R. S., Yanke, L. J., Hsieh, T. F., and Morrall, R. A. A. (2003b). First report of pink seed of lentil and chickpea caused by *Erwinia rhapontici* in Canada. *Plant Disease,* 87: 1398.

19. Kageyama, K., and Ui, T. (1982). Survival structure of *Pythium* spp. in the soils of bean fields. *Annals of Phytopathological Society of Japan,* 48: 308-313.

20. Kageyama, K., and Ui, T. (1983). Host range and distribution of *Pythium myriotylum* and unidentified *Pythium* sp. contributed to the monoculture injury of bean and soybean plants. *Annals of Phytopathological Society of Japan,* 49: 148-152.

21. Kips, R. H. (1985). Environmental aspects. Pages 190-199 in: Pesticide Application: Principles and Practice. P. T. Haskell（ed）. Clarendon Press, Oxford.

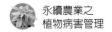

22. Liang, X. Y., Huang, H. C., Yanke, L. J., and Kozub, G. C. (1996). Control of damping-off of safflower by bacterial seed treatment. *Canadian Journal of Plant Pathology,* 18: 43-49.

23. Macfarlane, L., Oppenhein, B. A., and Lorrigan, P. (1991). Septicaemia and septic arthritis due to *Pseudomonas putida* in a neutropenic patient. J. Infect. 23:346-347.

24. McMullen, M. P., Stack, R. W., Miller, J. D., Bromel, M. C., and Youngs, V. L. (1984). *Erwinia rhapontici,* a bacterium causing pink wheat kernels. Proceedings of North Dakota Academy Science 38:78.

25. Paulitz, T. C., Huang, H. C., and Gracia-Garza, J. A. (2002). *Pythium* spp., Damping-off, Root and Crown Rot（Pythiaceae）. Pages478-483 *in:*Biological Control Programmes in Canada 1981-2000. P. G. mason, and J. T. Huber（eds）.CAB International, Wallingford, UK. 583 pp.

26. Roberts, P. (1974). *Erwinia rhapontici*（Millard） Burkholder associated with pink grain of wheat. *Journal of Apply Bacteriology,* 37:353-358.

中文索引

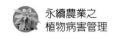

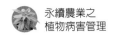
英文索引

【A】

Aberrant strain　43

abnormal sclerotia　26, 33, 35, 37, 40, 47, 51, 52

Acremonium lactucae　226, 239

Adaptation　31

aeciospores　124

aflatoxin　109

Agrobacterium　8, 235

airborne　82, 109

Albugo bliti　9

alfalfa　78, 79, 80, 82, 83, 87, 92, 93, 94, 97, 99, 103, 105, 113, 118, 119, 120, 121, 129, 132, 133, 134

alfalfa cubes　97

alfalfa leafcutter bee　82, 87, 93

alfalfa pellets　97

alfalfa weevil　83, 99, 103

allelochemicals　143, 144, 147

allelopathic chemicals　137

allelopathy　136, 143, 147, 154, 156

allergens　77, 78

Alternaria alternata　16, 116, 189

Alternaria brassicicola　9, 211, 239

Alternaria carthami　120

Alternaria solani　173, 174, 219

antagonism　158, 159, 162

anther　68

antibiotics　24, 158, 162, 253

Apium graveolens　258

Apium spp.　260

Apis mellifera　83

apothecia　27, 42, 52, 148, 155

appressoria　29, 168, 222

Armicarb 100®188

ascospores　27, 33, 42, 52, 95, 148, 253

ascus　27

Aspergillus flavus　109

Aspergillus parasiticus　188

Athelia rolfsii　54, 228

Atrazine　150, 151

atrophy　4

autoecious fungus　123

Azadirachtin　198

azalea flower spot　85

【B】

Bacillus spp.　162

Bacillus thuringiensis　275

bacterial wilt of beans　110

bacteria　3, 33, 78, 80, 109, 110, 118, 119, 164, 168, 210, 263, 267, 276, 278

barberry　124, 132

basidiomycetes　55

basidiospores　55

bicarbonate　182, 184, 186, 187, 193, 194, 195, 196

Bio-Film　173, 174, 175, 179

biocontrol agent　34, 94, 155, 158, 168

biological control agents　77

bird's-foot trefoil　82, 94

black fellow's bread　36

black sclerotia　38

blue stain　7

Bordeaux mixture　146, 266

Botryosphaeria dothidea　5, 17

Botrytis allii　15

Botrytis elliptica　178, 181, 213, 214

Botrytis cinerea　70, 71, 73, 76, 78, 79, 85, 94, 161, 168, 174, 180, 181, 182, 189, 195, 212, 213, 214, 215, 218, 221, 223

Botrytized wine　244, 245

Brassica napus　69

brown sclerotia　26, 35, 37, 39

bumble bees　86

【C】

【D】

【E】

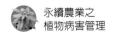

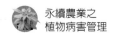

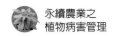

國家圖書館出版品預行編目資料

永續農業之植物病害管理／黃鴻章、黃振文、
謝廷芳編著. －－初版.－－臺北市：五南,
2017.04
　面；　公分
ISBN 978-957-11-9099-0(平裝)
1.植物病蟲害　2.植物病理學　3.植物檢疫
4.永續農業
433.4　　　　　　　　　　106003440

5N14

永續農業之植物病害管理

作　　者 ― 黃鴻章、黃振文、謝廷芳

發 行 人 ― 楊榮川

總 經 理 ― 楊士清

總 編 輯 ― 楊秀麗

主　　編 ― 李貴年

責任編輯 ― 周淑婷

出 版 者 ― 五南圖書出版股份有限公司

地　　址：106台北市大安區和平東路二段339號4樓

電　　話：(02)2705-5066　　傳　　真：(02)2706-6100

網　　址：http://www.wunan.com.tw

電子郵件：wunan@wunan.com.tw

劃撥帳號：01068953

戶　　名：五南圖書出版股份有限公司

法律顧問　林勝安律師事務所　林勝安律師

出版日期　2017年4月初版一刷
　　　　　2020年7月初版二刷

定　　價　新臺幣600元

經典永恆·名著常在

五十週年的獻禮——經典名著文庫

五南，五十年了，半個世紀，人生旅程的一大半，走過來了。

思索著，邁向百年的未來歷程，能為知識界、文化學術界作些什麼？

在速食文化的生態下，有什麼值得讓人雋永品味的？

歷代經典·當今名著，經過時間的洗禮，千錘百鍊，流傳至今，光芒耀人；

不僅使我們能領悟前人的智慧，同時也增深加廣我們思考的深度與視野。

我們決心投入巨資，有計畫的系統梳選，成立「經典名著文庫」，

希望收入古今中外思想性的、充滿睿智與獨見的經典、名著。

這是一項理想性的、永續性的巨大出版工程。

不在意讀者的眾寡，只考慮它的學術價值，力求完整展現先哲思想的軌跡；

為知識界開啟一片智慧之窗，營造一座百花綻放的世界文明公園，

任君遨遊、取菁吸蜜、嘉惠學子！